BOULANGERIE
PATISSERIE
FINE
GÂTEAUX
FRANÇAIS
CROISSANTS
BRIOCHES
ET
PAINS

金子美明
法式甜點經典配方

金子美明——著 郭欣惠——譯

瑞昇文化

金子美明
法式甜點經典配方

LES CRÉATIONS DE LA PÂTISSERIE PARIS S' ÉVEILLE

金子美明——著 郭欣惠——譯

瑞昇文化

Il est cinq heures.

Paris s'éveille.

2003年初夏，在東京自由之丘開了一家名為Paris S'éveille的店。靜靜地佇立在街角一隅，店名讓人聯想到〈巴黎甦醒〉，不僅要做出比平常更高級，如同寶石般的甜點，更追求融入日常生活的高雅質感。於是Paris S'éveille團隊開始啟動。

自此13年後，我試著重新簡化甜點的製作過程，結果基本組合的比例慘不忍睹。那些大部分存於想像世界中，相當不切實際。我在想是要讓想像世界如實成真，還是要具體化。尤其甜點師傅的世界比起哲學更傾向化學與科學，不過我把它當成道具來用。請不要誤會，我不是輕視化學、科學。歷經長久時間學到的技術、辛苦返家後鑽研的訣竅或科學，亦或學生時代擅長的數學、最喜歡的化學、科學等，如果想像世界觀中不存在夢想或驚喜，就不會出現。

那麼，說到我的想像抽屜是從哪裡開啟？就從孩提時代雙親買的書桌右邊有4個抽屜，從下方數來的第2個開始的。小時候，我很喜歡超市的點心區，存錢瞞著雙親（他們一定知道吧）買的盒裝或袋裝點心就收在下方數來第2個抽屜，我喜歡看著自己喜愛的「點心世界」，把點心拿出來擺在桌上，或是再放入新貨，小口小口珍惜地吃掉舊品。新點心、包裝盒漂亮的點心、當紅的主題人物點心、職棒小點、在「Kiosk」買的硬糖，或是擺在百貨公司點心區，價格太貴很少買的進口點心……這些都曾是我從繪本上看到的「糖果屋」構思出的幻想盒。小時候累積的想像力、世界觀，青年期很多覺得感動的事物，成年後比親身體驗更感動的事物，對自己而言都很重要。然後不知不覺，開啟了屬於自己獨一無二的抽屜。反過來說，如果沒有感動或想像，就算打開抽屜也是空無一物。

將想像世界變成現實。在巴黎名店的東京分店工作是我邁向甜點師傅的第一步。對於未臻成熟的自己而言是實現想像世界的漫長之旅源頭。雖然自認為腦袋裡的世界不輸給任何人，但眼前的自己就是無法將其付諸實際。為了實現想像，每天反覆練習學到的技術、素材特性、科學認知與數學。有時還有歷史或地理。擁有這些知識，自己的想像開始具體化，偶爾化為說服力，一點一滴淺顯易懂地讓感動人們的味道轉變成實物。

於是13年前開啟的Paris S'éveille夢想盒，成為我把蓄積多時的想像世界具體化的地點。接著，一同打拚的工作團隊讓尚未成形的物體付諸實際。時有追求100分卻做出120分等預估外的成品。眾多想像力加上習得的技術或科學常識後，呈現出意想不到的形體。

本書介紹這13年來我從不停累積、變化的想像抽屜中套上「點心」形體的物品。請先看照片感受氣氛，再從文章做想像，試著實際理解每個甜點。就像我小時候從很多事物中發揮想像力般，如果本書能讓讀者的想像抽屜獲得靈感，將是我的榮幸。

目錄

SOMMAIRE

法式小點和甜點

Les petits gâteaux et les entremets

1

遇見雷諾特

La rencontre avec Lenôtre

2

對巴黎的憧憬

Paris m'inspire

附餐甜品

Les desserts à l'assiette

7

餐廳之樂

Le plaisir sucré au restaurant

基礎配料與動作

Les préparations de base

取材·文／瀬戸理恵子
撮影／合田昌弘
ポラロイド撮影／金子美明
アートディレクション／成澤 豪（なかよし図工室）
デザイン／成澤宏美（なかよし図工室）
フランス語校正／高崎順子
編集／鍋倉由記子

用語解說

內餡　appareil　液體質地。

浸泡　infuser　萃取風味。

甜點杯　verrine　玻璃杯甜點。

初階糖　vergeoise　粗糖。

泡沫醬汁　émulsion　乳化後的液體。

生命之水　eau-de-vie　以水果或穀物釀製的蒸餾酒。

OPP紙　透明片。

乳霜狀　onctueuse　滑順黏稠狀態。

框模　cadre　方形邊框，沒有底部的模具。

糕點　gâteau　甜點、蛋糕。

甘納許　ganache　巧克力加鮮奶油或牛奶攪拌均勻的材料。

填料　garniture　塞在糕點內的餡料。

焦糖化　caramèliser　糖類加熱至焦褐色。

熬煮焦糖　caramel à sec　製作焦糖時，不加水煮至焦糖化。

調溫巧克力　couverture　可可脂含量高的烘焙用巧克力。

庫利　coulis　蔬菜或水果磨碎製成的濃稠液體。

橄欖形　qunelle　紡錘形（兩端呈尖頭狀的圓柱體）。

淋醬　glaçage　淋在甜點表面的醬料。

冰　glace　冰淇淋。

蛋白糖霜　glace royale　又稱皇家糖霜。以糖粉、蛋白製成的高黏性糖衣。

奶酥　crumble　低筋麵粉加砂糖、奶油揉成麵團後搓至鬆散狀。

Griotte櫻桃　griotte　歐洲品種的酸櫻桃。

酒漬酸櫻桃　griottine　浸漬櫻桃白蘭地的Griotte櫻桃。

脆　croustillant　口感酥脆。

奶油　crème　奶油醬。

安格列斯醬　crème anglaise　蛋黃加牛奶、砂糖做成的香草風味奶油醬。

法式奶油霜　crème au beurre　鮮奶油霜。

杏仁鮮奶油　crème d'amande　杏仁鮮奶油。

甜點師奶醬　crème pâtissière　卡士達醬。

黑醋栗　groseille　黑醋栗。

脆的　croquant　口感脆硬有咬勁。

捲片　copeau　削下巧克力的捲碎片。

錐形紙袋　cornet　圓錐形。用紙捲成圓錐形的擠花袋。

糖漬　confit　浸泡於砂糖或糖漿中，或是浸漬過的配料。

果醬　confiture　果醬。

糖煮　compote　用糖水熬煮的工序。

蘇打槍　sifon　把氣體注入液體，做成氣泡水的料理工具。

錐形濾網　chinois　圓錐形濾網。

絲狀　julienne　切成細絲。

果凍　gelèe　果凍。

急速冷凍櫃　急速冷凍櫃。

矽膠烤墊　用矽膠和玻璃纖維製成的矽膠烤墊。

網狀矽膠烤墊　Demarle公司生產的細網狀矽膠烤墊。

出水　suer　翻炒食材逼出水分不上色的炒法。

慕斯圈　cercle　沒有底部的圓形模。

酥皮麵團　dètrempe　千層酥的酥皮麵團。

大理石台調溫法　tablage　主要用來調整調溫巧克力的溫度。

增豔蛋黃液　dorure　塗在糕點表面的蛋液。

轉化糖　trimoline　轉化糖。

鏡面果膠　nappage　提升糕點光澤的果膠。

透明果膠　nappage neutre　無色透明的鏡面果膠。

榛果　noisette　榛果。

免調溫巧克力　pâte à glacer　披覆用巧克力。

炸彈麵糊　pâte à bombe　糖漿加蛋黃打發。

壓麵機　壓平千層酥皮的機器。

糖花膏　pastillage　裝飾用糖花麵團。

抹刀　塗奶油或抹平表層的金屬抹刀。

噴霧器　pistolet　噴灑配料的工具。

薄餅碎片　feuillantine　切碎的薄餅皮。

酥皮　feuilletage　千層派皮。

法式卡士達粉　poudre de flan　卡士達粉。

塔皮入模　fonçage　把麵團鋪平在模型底部或內側。

刮板　plaquettes　小型薄板。

果仁糖　praliné　沾滿糖衣的堅果粒。

泛白　blanchir　變白。雞蛋加糖打發至蛋液泛白。

覆盆子　framboise　又名野莓、木莓。

白利糖度（Brix）　以白利糖度計（折射率糖度計）測出的糖度。

莓果　fruits rouges　紅色漿果類。

絲絨巧克力　flocage　裝在噴霧器內做出絲絨質感的巧克力液。

壓拌混合　macaronnage　製作馬卡龍時，一邊擠壓氣泡一邊把粉類和蛋白霜混合均勻的手法。

杏仁膏　又名杏仁糖泥。分成填充用杏仁內餡和裝飾用杏仁糖衣。

浸漬　macérer　泡在液體中。浸泡。

義式蛋白霜　meringue italienne　義式蛋白霜。

薔薇花狀　rosace　薔薇花。用星形花嘴擠成圓圈的形狀。

製作須知

●食譜以「Paris S'éveille」店內製作的單位為基準。本書配方另有調整時，會用小型字體標明。另外，大量製作分批保存的材料，或適合少量製作者，完成的數量不一定是甜點的必要數量。
●雞蛋沒有特別註明時，事先恢復常溫備用。1顆約55g（蛋黃約20g、蛋白約35g）。
●奶油沒有特別註明時，使用無鹽奶油。
●粉類（包括杏仁粉、可可粉或糖粉）事先過篩備用。
●手粉沒有特別註明時，使用高筋麵粉。
●吉利丁片浸泡於冰水中約20分鐘吸水膨脹後洗淨，用手充分擰乾以廚房紙巾包好，輕輕擦乾水分後再使用。使用「軟化的吉利丁片」時，請放入耐熱容器以微波爐加熱溶解後再用。
●調溫巧克力、可可膏、免調溫巧克力，可選用方便的顆粒狀產品，若是塊狀巧克力，請切碎再使用。
●果泥沒有特別註明時，使用冷凍品。使用前先放入冷藏室解凍。
●20g蛋黃打散後加入10g鮮奶油攪拌均勻成增豔用蛋黃液。
●攪拌機裝上打蛋器進行攪拌（如果改用平攪拌槳或麵團鉤會另行註明）。
●用攪拌機或食物處理機進行攪拌時，需要「用橡皮刮刀（或刮板）刮除時」，請暫停機器，用橡皮刮刀或刮板把黏在攪拌盆內側或零件上的麵團、奶油刮乾淨。
●烤箱的溫度或烘焙時間僅供參考。請依烤箱機種或特性適當調整。
●烘焙途中請取出烤盤對調前後方向後再放入烤箱，讓糕點均勻上色。
●建議室溫為25℃。

＊以下商品是Paris S'éveille目前使用的材料。包括本書中的素材請斟酌使用自己喜歡的食材。
●吉利丁片使用愛唯（Ewald）的「（金級）吉利丁片」。
●香草莢使用大溪地香草莢。
●卡士達粉使用ARTISAN的「卡士達粉」。

＊製作前請先參閱p.248～「基礎配料與動作」。

烤盤贊助廠商／ZUKO、UTUWA

Les petits gâteaux et les entremets

法式小點和甜點

1

遇見雷諾特

La rencontre avec Lenôtre

小學高年級時，父親帶我去大阪梅田車站附近的旭屋書店，那是我的幻想起源地。有很多烹調、甜點專業書籍，一翻開內頁，映入眼簾的是和學校功課、日常生活截然不同的世界，我著迷地看著如繪本般的書。這輩子鐵定吃不到這些吧，那就要徹底了解清楚，這絕對是同學不認識的世界。學會那裏的一切就像保有私人秘密般讓我開心不已。那本夢幻書籍是辻靜雄先生監修的《歐洲甜點》（鎌倉書房）。如美麗相片書般的奇妙世界風景，帶領我前往和當時糕餅店截然不同的甜點世界。當中如黑醋栗雪酪原色般的鮮豔色彩至今仍歷歷在目。

中學畢業後，我立志當甜點師傅來到東京。邊走邊看許多家店，「雷諾特（LENÔTRE）」突然出現在眼前。雖然店名是我看不懂的歐洲文字，但排列在櫃內的甜點也好，主廚Gaston Lenôtre先生也好，都讓我有「在這裡會有精彩好事發生！」的直覺。總覺得這裡似曾相識，再次翻閱山本益博先生的《巴黎的甜點店（パリの菓子屋さん）》（文化出版局）時，發現「就是這裡！」。說到分店，明明在日本，卻可以到書上刊登的店家工作，這麼令人振奮的結果，連自己都覺得驕傲。

我如願以償地開始到雷諾特工作，16歲時結束外送業務進入廚房。從甜點到熟食都是沒看過也沒吃過的東西，好像變成間諜潛入寶山探險。打開放在冷藏室的鍋蓋，浮在高湯上的豬頭帶來的視覺驚嚇度、和首次吃到兔肉糜那特殊的腥味與味道，讓人難以忘懷。那時候雖然不覺得好吃，卻能坦率接受「這就是法國美味！」。吃到香緹蛋白霜餅時，有別於外觀既不鬆軟也不濕潤的脆硬口感，和甜到腦袋發疼的味道，令人驚奇不已。就連薩瓦蘭蛋糕的濃烈酒味、熔岩巧克力的甜味、熬煮濃稠的果醬滋味，都讓我震撼連連。即便如此每天依舊沉浸在「這就是法國甜點美味之處！」的感動中。如今想來，我認為自己是用舌頭和身體牢牢記住那和濕潤鬆軟的奶油蛋糕完全不同，味濃且口感鮮明的法國甜點滋味。果醬或果仁糖等配料多是全程自製，能接觸到美味本質實在幸運。那3年我埋頭學習，對任何事物都感興趣，都想試試看。毫無疑問那是奠定我製作甜點基礎的重要時期。

我至今仍和雷諾特出身的人們保持來往，得到各方面的支援。當時所有人就像狼般兇猛，如今卻是相處融洽的夥伴。我何其有幸能在Gaston Lenôtre這位偉大的甜點師傅底下，遇到不僅追求法國甜點的技術，還深入探索其精髓的熱情職人們。現在只要相聚就會不停地回想當時，一邊大笑「那些話聽好多次了」一邊聊著過往回憶。雖然嘴上說著「該回家了」卻沒有起身離開，不知不覺就天亮了……。我想這樣的關係會一直保持下去吧。

右上：甜點師傅或麵包師傅的守護神，聖米歇爾／右下：晚秋的香榭麗舍大道／左上：綠意盎然的聖馬丁運河／左下：古老美好的麵包店正門

29
BOULA

Bagatelle
巴葛蒂爾

在「雷諾特」出身的師傅間會提到幾款傳說甜點。「輪盤（Casino）」、「天堂」、「蛋白脆餅」、「進步（Progrés）」，還有這款「巴葛蒂爾」……。每道都是在雷諾特學到，充滿法國甜點精髓魅力的招牌點心。有時按照原作法，有時加點變化，是甜點櫃裡的常見糕點。「巴葛蒂爾」名稱取自巴黎布洛涅森林裡的巴葛蒂爾公園（Bagatelle Park），用傑諾瓦士蛋糕夾著法式奶油霜和草莓，又名「法式草莓蛋糕（Fraisier）」。表面覆蓋綠色的杏仁膏，呈現公園綠意。以油脂含量高的香甜奶油霜搭配多汁的草莓酸味，還有加了烈酒的辛辣杏仁膏美味，味道濃烈鮮明。我記得很清楚，Lenôtre大師每次來到日本都會嚴格確認每顆草莓是否均勻沾滿糖漿等細節。我把傑諾瓦士蛋糕和奶油換成開心果風味，用炸彈麵糊取代法式奶油霜做成口感柔和的蛋糕。在杏仁膏上施以華麗圖樣，凸顯出王道高級甜點的氣氛。

從上到下
- 杏仁膏
- 櫻桃白蘭地糖漿
- 開心果傑諾瓦士蛋糕體
- 開心果慕斯琳奶油餡
- 草莓
- 櫻桃白蘭地糖漿
- 開心果傑諾瓦士蛋糕體

在最上層的綠色杏仁膏上，押出花草圖樣，撒上糖粉呈現立體感紋路。

巴葛蒂爾 Bagatelle

材料 （36×11cm、高5cm的框模・1個份）

開心果傑諾瓦士蛋糕體
Génoise à la pistache

（60×40cm 烤盤1片份）
全蛋 œufs entiers 616g
細砂糖 sucre semoule 396g
中筋麵粉* farine 231g
開心果粉 pistaches en poudre 215g
融化的奶油 beurre fondu 132g
*中筋麵粉使用日清製粉的「百合花（LYS D'OR）」麵粉。

櫻桃白蘭地糖漿 sirop à imbiber kirsch

基底糖漿（p.250） base de sirop 150g
櫻桃白蘭地 kirsch 53g
*材料混合均勻備用。

開心果慕斯琳奶油餡
Crème mousseline à la pistache

法式奶油霜（p.249）
crème au beurre 500g
卡士達醬（p.248）
crème pâtissière 200g
開心果醬 A* pâte de pistache 19g
開心果醬 B* pate de pistache 12g
*法式奶油霜和卡士達醬回復室溫備用。
*開心果醬 A 使用Fouga公司的「開心果醬」，開心果醬 B 使用Sevarome公司的「開心果泥」。

草莓（M size） fraises 52～56個

杏仁膏 pâte d'amandes
糖粉（手粉） sucre glace 適量
杏仁膏（市售品）
pâte d'amandes crue 300g
色粉（綠、黃） colorant vert et jaune
各適量
防潮糖粉（p.264） sucre décor 適量
*色粉加10倍量的櫻桃白蘭地溶解備用。

作法

開心果傑諾瓦士蛋糕體

① 攪拌盆中放入全蛋和細砂糖放入稍微攪拌。隔水加熱，一邊用打蛋器攪拌一邊加溫到40℃左右。
② 移開熱水，以攪拌機高速打發蛋糊至蓬鬆充滿空氣。轉中速續打至蛋糊氣泡變細再轉低速調整質地（1）。
*調整質地讓蛋糊充滿細緻氣泡，烤出蓬鬆不回縮的蛋糕體。
③ 從攪拌機取下，撒入過篩混合的中筋麵粉和開心果粉。用刮板混拌至看不到粉粒且麵糊產生黏性（2）。
*因為麵粉容易結塊，混拌動作要迅速。
④ 在約60℃的融化奶油中加入一勺③，用打蛋器攪拌均勻。一邊倒回③一邊用刮刀混拌到出現光澤。
⑤ 倒在鋪上烘焙紙的烤盤上抹平（3）。放入175℃的旋風烤箱中烤約17分鐘。連同烤盤置於室溫下放涼（4）。
*烤盤角落也要鋪滿麵糊，烤出漂亮的邊角。
⑥ 切掉傑諾瓦士蛋糕體頭尾，再切成每片36×11cm（每個使用2片）。2片蛋糕體間，放在上層者沿著1.3cm高的鐵棒切除表皮（5）。另1片底部切薄後，再配合1cm高的鐵棒切除表面烤皮。

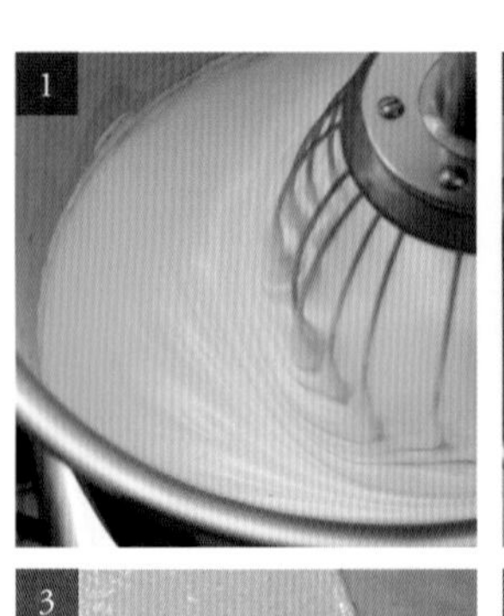
1

2

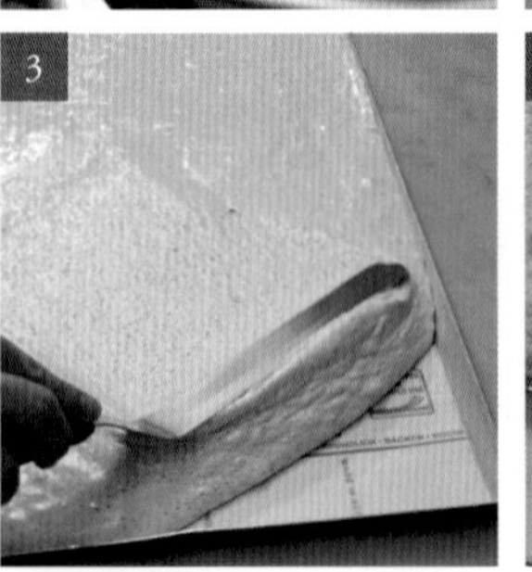
3

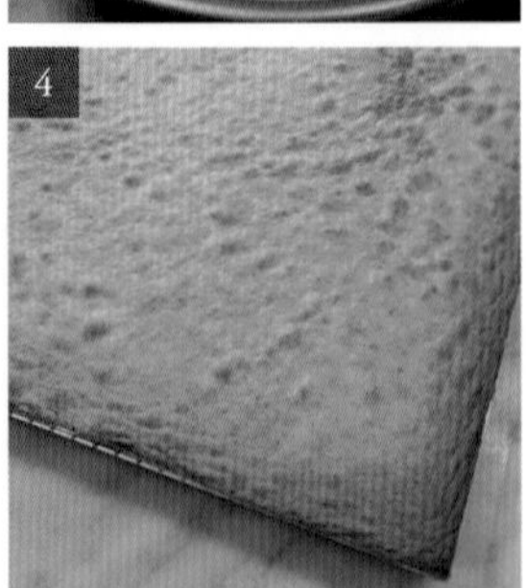
4

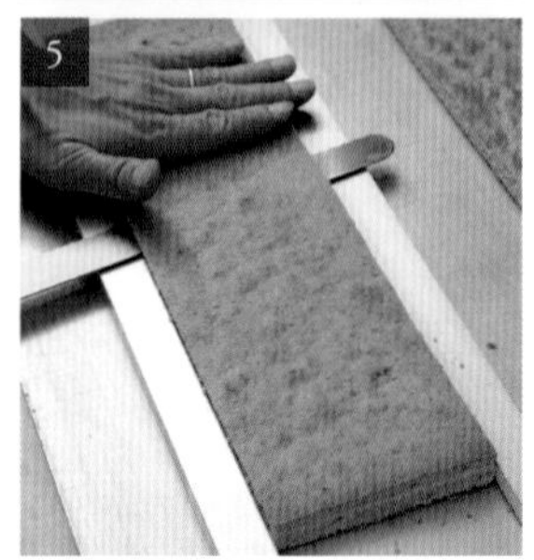
5

開心果慕斯琳奶油餡

① 鋼盆中倒入開心果醬A和B，加入一勺卡士達醬用橡皮刮刀攪拌均勻（6）。以同樣的方法加入剩下的卡士達醬，每次都要充分攪拌乳化。

＊接著為了與法式奶油霜充分拌勻，要確實攪拌到開心果的油脂和卡士達醬的水分完全乳化為止。

② 攪拌機裝上平攪拌槳以中高速攪打法式奶油霜，分5次加入①攪拌均勻。攪拌完半量和攪拌結束時，都要用橡皮刮刀刮下黏在攪拌盆或平攪拌槳上的奶油，由底部往上撈的方式混拌均勻（7）。

組合

① 切掉草莓蒂頭讓高度一致，切口朝下排在廚房紙巾上吸除水分。

② 把底部用的傑諾瓦士蛋糕體放在烤盤上。用刷子沾取櫻桃白蘭地糖漿充分沾濕切除表皮的蛋糕面和側面（8）。放入框模中（9）。

＊沾濕用的糖漿約是70g。

③ 把慕斯琳奶油餡放入裝上口徑14mm圓形花嘴的擠花袋中。沿著②的邊緣擠上一圈奶油後，中間再擠入3條。

＊奶油厚度約1cm。

④ 用刮板抹平，於長邊框模側面再抹上一層薄奶油（連結用(cheminée) 10）。

⑤ 4顆草莓縱剖成兩半，切口貼在短邊框模的內側，塞入奶油內（11）。

⑥ 剩下的草莓整顆使用。一邊塞入奶油內一邊排整齊。排完後也和⑤一樣放入縱切成兩半的草莓。

＊塞入草莓時要碰到鋪在底部的傑諾瓦士蛋糕體。

⑦ 在每顆草莓間擠滿慕斯琳奶油餡（12）。上面也擠上薄奶油蓋住草莓，用抹刀抹平（13）。

＊為了放入上層傑諾瓦士蛋糕體，抹平奶油時建議低於模型1cm。

⑧ 用櫻桃白蘭地糖漿輕輕沾濕上層傑諾瓦士蛋糕體切除表皮的蛋糕面和側面。此面朝下蓋在⑦上，用手掌輕壓。放在烤盤從上方壓緊密合。表面也充分沾濕糖漿（14）。

＊和②合計使用100g糖漿。

⑨ 在表面薄薄地抹上一層剩餘的開心果慕斯琳奶油餡（15）。用抹刀刮除多餘奶油，放入冰箱冷藏凝固。

＊塗上慕斯琳奶油餡阻隔濕氣，避免沾濕表面的杏仁膏。

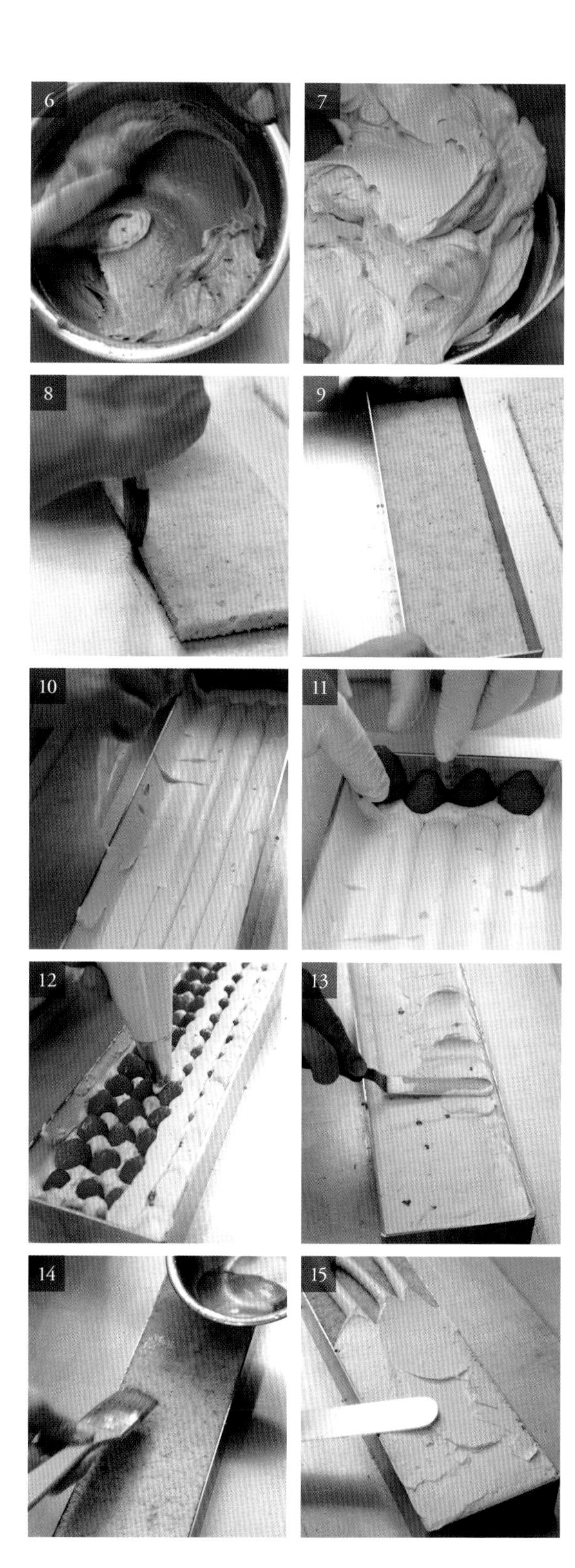

裝飾

① 一邊撒上大量糖粉當手粉，一邊用手搓揉杏仁膏到稍微硬化。

＊搓揉至類似耳垂硬度即可。須留意撒太多糖粉會讓杏仁膏變乾。

② 滴入少許加櫻桃白蘭地調開的色粉，一邊撒上糖粉一邊用手將顏色搓揉均勻。分次滴入少許色粉揉製成嫩綠色（16、17）。

③ 揉成團後撒上糖粉稍微整成正方形。用擀麵棍配合3mm高的鐵棒擀成長方形，切成45×20cm。

＊切成約大於蛋糕（36×11cm）二圈的尺寸備用。

④ 杏仁膏表面撒上防潮糖粉，拿花草圖案的印章不規則地蓋滿（18、19）。隨時用刷子刷落掉入印章縫隙的糖粉。

＊部分圖案重疊也沒關係，請蓋滿表面。

⑤ 撒上防潮糖粉用手輕輕抹開，做出白色立體圖案（20）。如果還有留白再蓋上印章，並撒上防潮糖粉用手輕輕抹勻。切成11cm寬。

⑥ 用噴槍稍微加熱框模，取出甜點。把⑤覆蓋在上面並整形（21），切除多餘的杏仁膏。

＊分切時，用噴槍稍微加熱平面蛋糕刀，一邊輕輕地前後移動刀刃，一邊從上面切到開心果傑諾瓦士蛋糕體，再次加熱蛋糕刀後往下切到底即可。

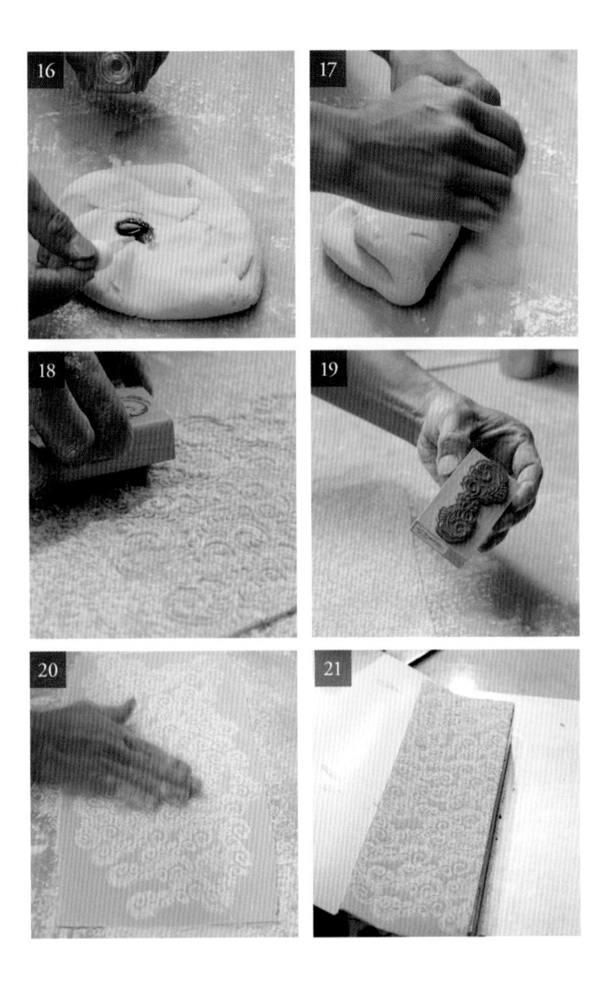

重點在於乳化法式奶油霜。然而，「雷諾特」以安格列斯醬做基底不好乳化，製作困難。當時我以為做不好是自己技術欠佳，但好像每位出自雷諾特的師傅都有同樣的經驗。聽取大家的意見後才敢說出來。

Paris S'éveille

Succès nougat abricot
杏桃蛋白脆餅

在「雷諾特」工作時，常有人說這道蛋白霜甜點「雖然不受日本人歡迎，法國人卻很喜歡」。剛入口時，會被有別於鬆軟口感，直接衝到頭頂的甜度嚇到。就算這樣，還是想著「如果連這點都無法克服，就不能說喜愛法國甜點」，神奇的是嚐了幾次後自然就會覺得好好吃。當中的「蛋白脆餅」，在加了杏仁的蛋白霜間，參雜碎牛軋糖的法式奶油霜夾層，那表面酥脆、內部濕潤的蛋白霜餅堪稱絕品。加了義式蛋白霜的奶油，輕柔的口感令人印象深刻。暗自決定將來要是擁有自家店面，就做這道法國味十足的甜點。「杏桃蛋白脆餅」是依照原始基本組合，再配合現代口味均衡考量後做出的變化款單品。用杏桃凍和糖漬杏桃帶出酸味，與濃郁的法式奶油霜搭配得天衣無縫。脆硬的蛋白霜餅口感同時帶來無比樂趣。

從上到下
・金箔
・糖漬杏桃
・蛋白脆餅
・牛軋糖法式奶油霜
・杏桃果凍（中間）
・蛋白脆餅
・側邊是杏仁脆餅

杏桃蛋白脆餅　Succès nougat abricot

材料　（直徑6.5cm・30個份）

蛋白脆餅　Fond de succés

蛋白*　blancs d'œufs　300g
細砂糖　sucre semoule　90g
玉米澱粉　fécule de maïs　60g
榛果粉（帶皮）　noisettes en poudre　240g
糖粉　sucre glace　240g
*蛋白冷藏備用。

杏桃果凍　Gelée d'abricot

（每個使用12g）
杏桃果泥　purée d'abricot　880g
檸檬汁　jus de citron　44g
細砂糖　sucre semoule　176g
吉利丁片　gélatine en feuilles　15g

牛軋糖法式奶油霜
Crème au beurre à la nougatine

法式奶油霜（p.249）
crème au beurre　1200g
義式蛋白霜（p.249）
meringue italienne　240g
杏仁牛軋糖（p.257）
nougatine d'amandes　355g
*法式奶油霜和義式蛋白霜回復室溫備用。

白酒風味糖漬杏桃
Compote d'abricots au vin blanc

白酒　vin blanc　375g
杏桃（果乾）　abricots secs　350g
細砂糖　sucre semoule　90g

杏仁脆餅
Croquants aux amandes bâtonnets

（容易製作的份量）
杏仁條　amandes　200g
糖粉　sucre glace　50g
蛋白　blancs d'œufs　15g

防潮糖粉（p.264）　sucre décor　適量
透明果膠　nappage neutre　適量
金箔　feuille d'or　適量

作法

蛋白脆餅

① 把榛果粉倒在烘焙紙上鋪平，放入150℃的旋風烤箱烤約18分鐘稍微上色。置於室溫下放涼（1）。

② 攪拌機高速打發蛋白。打至4分發、6分發和8分發時，各加入1/3量的細砂糖，充分打發到尾端挺立（2）。
*4分發的狀態是泡沫泛白孔洞粗大，打蛋器上開始有薄沫殘留。打到6分發時，體積膨脹變大，用打蛋器可以撈起不少泡沫。打到8分發時，泡沫變細緻，用打蛋器舀起時呈蓬鬆的發泡狀態。

③ 把蛋白霜放入鋼盆中，一次倒入混合均勻的玉米澱粉、①和糖粉，用橡皮刮刀混拌至看不到粉末顆粒（3）。
*因為粉粒容易結塊，要一次倒入粉類充分混合均勻。

④ 把③倒入裝上9齒11號星形花嘴的擠花袋中，擠出30個直徑6cm的環狀麵糊（4）。
*在烤盤依序鋪上畫好直徑6cm圓形的畫紙及烘焙紙，配合圖形大小擠出麵糊。接著抽離畫紙。

⑤ 把③倒入裝上口徑10mm圓形花嘴的擠花袋中，擠出30個直徑6cm的漩渦狀圓盤（5）。連同④一起輕輕撒上糖粉（6）。
*和④一樣在烤盤依序鋪上畫好直徑6cm圓形的畫紙及烘焙紙，配合圖形大小擠麵糊。再抽走畫紙。

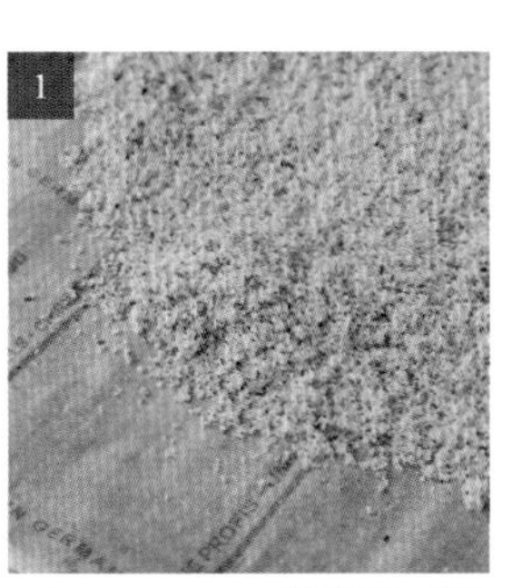
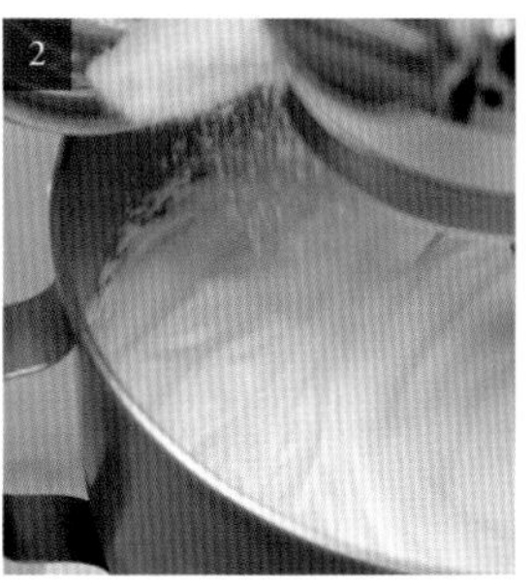

⑥　放入130℃的旋風烤箱中烤約3小時（7、8）。連同烘焙紙取出放在網架上置於室溫下放涼，再和乾燥劑一起放入密封罐保存。

杏桃果凍

①　杏桃果泥加熱到人體體溫左右。倒入檸檬汁、細砂糖，用橡皮刮刀攪拌溶解。

②　取1/5量的①，少量多次地倒入軟化的吉利丁片中並用橡皮刮刀攪拌。再一邊倒回剩餘的①中一邊攪拌均勻（9）。

③　在直徑4cm、高2cm的圓形矽膠膜中各倒入12g，放入急速冷凍櫃中冰凍。凝固後脫模冷凍備用（10）。

牛軋糖法式奶油霜

①　取1/5量的義式蛋白霜分4次加入法式奶油霜中，每次攪拌時奶油霜就像穿過打蛋器間的鋼圈般動作輕柔，盡量不要破壞氣泡（11）。快要攪拌均勻前，再倒入下次份量的蛋白霜。

＊法式奶油霜剛從冰箱取出時，先放在室溫下回溫，再以攪拌機高速攪打至滑順後使用。

②　倒入剩下的義式蛋白霜和杏仁牛軋糖（12），用橡皮刮刀混拌。因為容易油水分離，請不要過度攪拌。

組合

①　在貼上OPP紙的烤盤上，排好直徑6.5cm、高2.5cm的慕斯圈。把牛軋糖法式奶油霜倒入裝上口徑17mm圓形花嘴的擠花袋中，擠到慕斯圈的一半高度（13）。

②　在慕斯圈側邊用湯匙背面添入奶油，整形成研磨缽狀。

③　中間放上冷凍的杏桃果凍，用手指壓入直到表面和奶油同高（14）。

④　擠入剩餘的①直到填滿圈模，用抹刀抹平表面（內餡、15）。

白酒風味糖漬杏桃

①　白酒煮到沸騰，開大火焰燒後關火。加入杏桃，煮滾後轉小火不時用刮鏟攪拌續煮1～2分鐘。

＊因為杏桃會硬化，此時先不要加入細砂糖。

②　煮到杏桃皮和果肉膨脹泛白，再加入細砂糖（16）。以小火煮至收汁。

③　杏桃煮軟後關火，倒入鋼盆浸泡在湯汁中放涼（17）。放入冰箱靜置一晚。

杏仁脆餅

①　用橡皮刮刀把糖粉和蛋白攪拌均勻。加入杏仁條充分混合至沾滿糖粉蛋白。

②　把杏仁條倒入鋪好矽膠烤墊的烤盤上並用手撥散。放入170℃的旋風烤箱中烤約8分鐘直到稍微變硬。

③　先從烤箱中取出，用刮板以剷除的動作混合整體（18）。再鋪平放入烤箱中烤約3分鐘讓整體上色均勻。置於室溫下放涼，和乾燥劑一起放入密封罐中保存。

裝飾

① 用噴槍加熱慕斯圈側面，取出〈組合〉的內容物，放入冷藏室解凍。

＊在冷凍狀態下組合的話會弄濕餅皮，因此先解凍。

② 圓盤狀的蛋白脆餅烤面朝上放好，擺上①（19）。用指尖輕壓使其貼合。

③ 環狀蛋白脆餅烤面朝上排好，中間用口徑15mm的圓形花嘴轉圈鑽出孔洞（20）。

＊因為容易碎裂，在鑽到底部前先暫停，最後用小刀尖端慢慢敲碎鑽洞。

④ 把③放在②上，用手指輕壓使其貼合。

⑤ 側面不規則地黏上杏仁脆餅（21）。再撒上防潮糖粉。

＊為了讓造型立體，以插進奶油霜的動作放上杏仁條。

⑥ 把糖漬杏桃排在廚房紙巾上吸乾水分。表面塗上一層薄薄的透明果膠，直立擺在③的孔洞上。再放上金箔即可（22）。

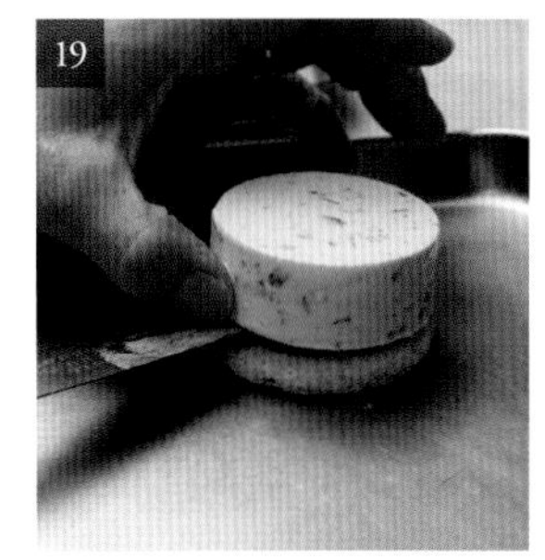
19

20

21

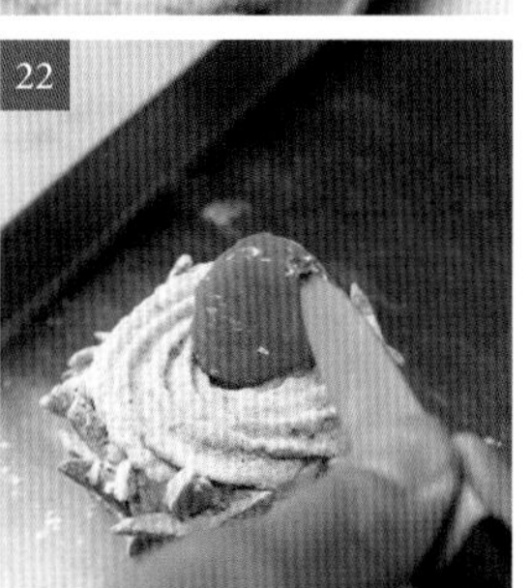
22

畢竟法式蛋糕（entremets）是很難分切的甜點。我認為像這樣做成1人份大小最剛好，但因為是日本人才會注意到這點的吧。「蛋白脆餅（succés）」在法文是「成功」的意思。據說Lenôtre大師從地方甜點得到靈感，製作出這款頗受好評的甜點，成為命名由來。

Paradis 天堂

夏洛特是目前常見的基本款法式甜點，不過對於剛踏入這條道路的我而言，是強而有力的必勝王道甜點。像這樣裝飾對稱，從任何角度下刀都能切出形狀相同的經典漂亮甜點，是美味與美麗兼具的法式蛋糕範本。口感脆硬的手指餅乾，和大量的巴伐利亞奶油……好漂亮！好好吃！還需要其他讚賞嗎？每次製作時心情都很興奮。我做的「天堂」，在微微散發出櫻桃白蘭地香氣的巴伐利亞奶油上，疊放上莓果凍和慕斯，是擺放很多莓果，充滿果實感的夏洛特蛋糕。就算在我的法國凡爾賽甜點店「Au Chant du Coq」中，也是老少咸宜相當受歡迎的品項。其實在「雷諾特」也有款名稱相同的巧克力蛋糕。雖然味道和內容完全不同，但真誠的美味同樣帶給大家幸福的感覺。恰如天堂給人的感受，便以此命名。

從上到下
- 沾滿果醬的莓果
- 莓果慕斯
- 莓果凍
- 櫻桃白蘭地風味的巴伐利亞奶油
- 草莓糖漿
- 杏仁傑諾瓦士蛋糕體
- 側邊是手指餅乾

材料 （直徑15cm、高4cm的慕斯圈・5個份）

手指餅乾
Biscuit à la cuiller rosé
（5×1.8cm、約120根）

細砂糖 sucre semoule 70g
色粉（紅） colorant rouge 適量
蛋白* blancs d'œufs 80g
蛋黃 jaunes d'œufs 40g
低筋麵粉 farine ordinaire 50g
玉米澱粉 fécule de maïs 13g
糖粉 sucre glace 適量
＊蛋白充分冷藏備用。

杏仁傑諾瓦士蛋糕體
Genoise aux amandes
（60×40cm 烤盤・1片份）

全蛋 œufs entiers 504g
細砂糖 sucre semoule 360g
低筋麵粉 farine ordinaire 162g
卡士達粉 flan en poudre 126g
杏仁粉 amandes en poudre 126g
融化的奶油 beurre fondu 54g

草莓糖漿 Sirop à imbiber fraise
（每個使用30g）

草莓果泥 purée de fraise 76g
基底糖漿（p.250） base de sirop 76g
水 eau 46g
草莓酒* crème de fraise 14g
＊所有材料混合均勻。
＊草莓酒使用「Crème de Fraise」（以下皆是）。

莓果凍
Compote de fruits rouges

草莓（冷凍） fraises 400g
覆盆子（冷凍） framboises 130g
野莓（冷凍） fraises des bois 200g
細砂糖 sucre semoule 100g
檸檬汁 jus de citron 30g
吉利丁片 gélatine en feuilles 11.5g
草莓酒 crème de fraises 15g

櫻桃白蘭地風味的巴伐利亞奶油
Bavaroise au kirsch
（每個使用140g）

牛奶 lait 300g
香草莢 gousse de vanille ½根
蛋黃 jaunes d'œufs 105g
細砂糖 sucre semoule 96g
吉利丁片 gélatine en feuilles 8g
覆盆子白蘭地
eau-de-vie de framboise 5g
櫻桃白蘭地 kirsch 5g
鮮奶油（乳脂肪35%）
crème fraîche 35% MG 260g

莓果慕斯
Mousse aux fruits rouges

草莓果泥 purée de fraise 429g
覆盆子果泥 purée de framboise 75g
細砂糖 sucre semoule 86g
吉利丁片 gélatine en feuilles 18g
石榴糖漿 grenadine 32g
草莓酒 crème de fraise 39g
鮮奶油（乳脂肪35%）
crème fraîche 35% MG 343g

莓果醬
Confiture de fruits rouges
（容易製作的份量）

草莓果泥 purée de fraise 300g
覆盆子果泥 purée de framboise 200g
細砂糖 A sucre semoule 300g
NH 果膠粉 pectine 6g
細砂糖 B sucre semoule 50g

草莓（小顆） fraises 適量
覆盆子 framboises 適量
藍莓 myrtilles 適量
黑莓（糖漬） mûres 適量
紅醋栗 groseilles 適量
香緹鮮奶油（p.248）
crème Chantilly 適量
莓果醬 confiture de fruits rouges 適量
基底糖漿（p.250） base de sirop 適量

作法

手指餅乾

① 取少許細砂糖，加入色粉用手指調勻備用（1）。

② 攪拌盆中倒入蛋白和①，用打蛋器稍微攪打後，換用攪拌機高速打發。剩下的細砂糖分3次在蛋白打至4分發、6分發和8分發時加入，打發到蛋白蓬鬆，拿起打蛋器時尾端挺立不掉落（2）。

＊打發的標準請參閱p.21〈蛋白脆餅〉②。

③ 加入打散的蛋黃，以高速稍微攪拌。

④ 拿開攪拌器，一邊加入過篩混合的低筋麵粉和玉米澱粉，一邊用橡皮刮刀混拌均勻（3）。

⑤ 把④倒入裝上口徑10mm圓形花嘴的擠花袋中，擠出120根長5cm、寬1.8cm的條狀麵糊（4）。連同烘焙紙一起放在烤盤上，輕撒上糖粉，靜置片刻待糖粉融化後再撒1次。

＊在烤盤依序鋪上畫好長5cm線條的畫紙及烘焙紙，把麵糊擠在線上大小就會一致。再抽離畫紙。

⑥ 放入上火210℃，下火190℃的電烤箱中烤約8分鐘。連同烘焙紙放在網架上置於室溫下放涼（5）。

杏仁傑諾瓦士蛋糕體

① 攪拌盆中倒入全蛋和細砂糖稍微攪打均勻。隔水加熱，用打蛋器一邊攪拌一邊加熱至40℃左右（6）。

② 用攪拌機高速打發至充滿空氣的鬆軟狀態。降至中速，當氣泡變細後轉低速調整質地（7）。

③ 一邊迅速地倒入混合均勻的低筋麵粉、卡士達粉和杏仁粉，一邊用刮板混拌至看不到粉末顆粒，變得黏稠。

④ 在約60℃的融化奶油中加入一勺③並攪拌均勻。再一邊倒回③中一邊用刮板混拌至出現光澤（8）。

＊用刮板撈起時，流下來的麵糊呈現清晰的摺痕。

⑤ 把④倒入鋪上烘焙紙的烤盤中抹平（9）。

⑥ 放入175℃的旋風烤箱中烤約17分鐘。連同烤盤置於室溫下放涼（10）。

莓果凍

① 把草莓、覆盆子和野莓的冷凍品直接放入銅鍋中，倒入細砂糖和檸檬汁開火加熱。一邊用打蛋器前端稍微擠壓果實一邊煮（11）。

② 沸騰後關火，加入吉利丁片用橡皮刮刀攪拌溶解（12）。倒入鋼盆中墊著冰水冷卻，加入草莓酒混合均勻。倒入貼上OPP紙的方盤中放入急速冷凍櫃中冰凍。

③　凝固後用直徑13cm的圓模切取（13）。放在急速冷凍櫃中冷藏備用。

組合1

①　從烤盤取下杏仁傑諾瓦士蛋糕體，底部用鋸齒刀薄薄地切去一層。
②　配合直徑15cm的慕斯圈內側，用鋸齒小刀切下蛋糕體（14）。沿著1cm高的鐵棒用鋸齒刀切除烤皮（15）。
③　用草莓糖漿充分沾濕步驟②中蛋糕體的切除面。將此面朝上放入慕斯圈中（16）。

櫻桃白蘭地風味的巴伐利亞奶油

①　銅鍋中倒入牛奶、香草籽和香草莢開火煮沸。
②　同時把蛋黃和細砂糖倒入鋼盆中，用打蛋器攪拌至砂糖溶解。
③　一邊取1/3量的①倒入②中一邊用打蛋器充分攪拌。再倒回銅鍋開中火，用刮鏟一邊攪拌一邊煮至82℃（安格列斯醬／17）。
*快到82℃前就關火，用餘溫加熱，以免煮過頭。
④　加入吉利丁片攪拌溶解。用篩網過濾（18），墊著冰水用刮鏟一邊攪拌一邊降溫至25℃左右。加入覆盆子白蘭地和櫻桃白蘭地混合均勻（19）。
⑤　鮮奶油打至7分發，取1/3量加入④中稍微攪拌。一邊少量多次地倒入剩餘的鮮奶油一邊用打蛋器攪拌均勻（20）。
⑥　為了避免底部殘留，倒回鮮奶油的鋼盆中，用打蛋器充分攪拌至色澤均勻一致。
⑦　在〈組合1〉的慕斯圈中各倒入140g（21），放入急速冷凍櫃中冰凍。

莓果慕斯

①　草莓和覆盆子的果泥加熱至40℃左右。倒入細砂糖用橡皮刮刀攪拌溶解。
②　在軟化的吉利丁片中加入少許①攪拌均勻。再倒回①中充分拌勻。
③　石榴糖漿和草莓酒混合後倒入②中，用橡皮刮刀攪拌（22）。墊著冰水一邊攪拌一邊降溫至25℃左右。
④　鮮奶油打到7分發，取1/3量加入③中，用打蛋器稍微攪拌均勻。一邊加入剩餘的鮮奶油一邊攪拌，大致攪拌後換用橡皮刮刀混拌均勻（23）。為了避免底部殘留，倒回鮮奶油鋼盆，攪拌至色澤均勻一致。

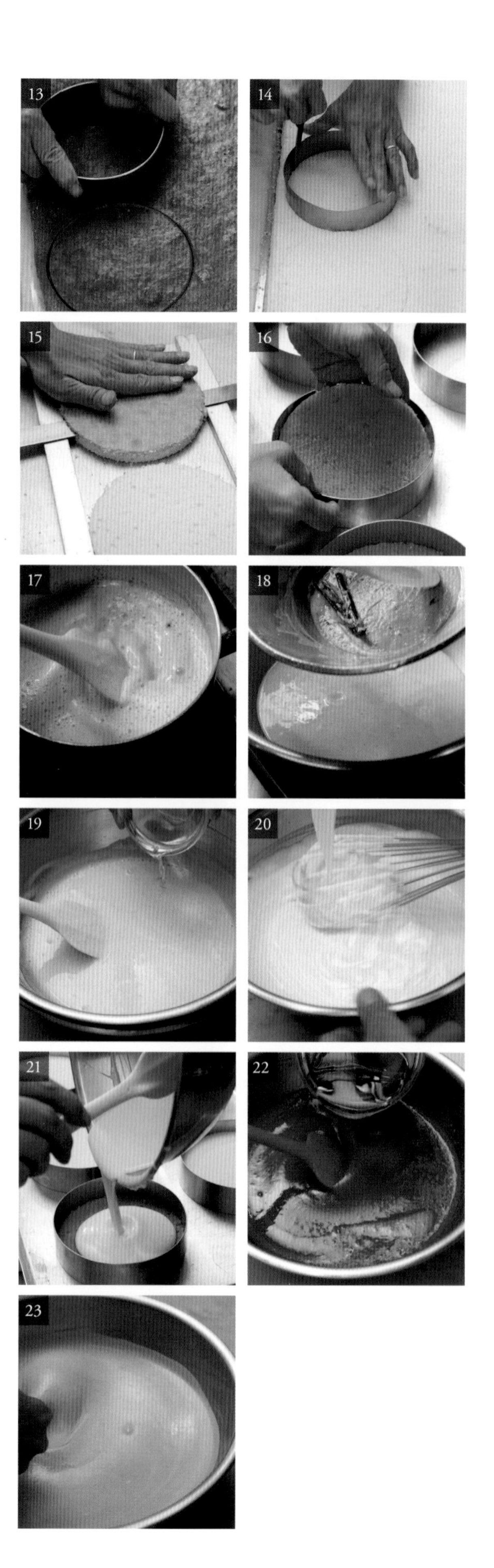

組合2

① 把莓果凍放在櫻桃白蘭地風味的巴伐利亞奶油上，用手指輕壓密合（24）。

② 在慕斯圈中倒入大量的莓果慕斯（25），放入急速冷凍櫃中冰凍。

莓果醬

① 把草莓和覆盆子的果泥、細砂糖 A 倒入銅鍋中開大火加熱。一邊用刮鏟攪拌一邊煮沸。

② 果膠粉和細砂糖 B 混合後加入①中，用打蛋器充分攪拌（26）。一邊用刮鏟攪拌一邊熬煮到糖度63% brix（27）。

③ 倒入方盤中，用保鮮膜包好。置於室溫下放涼，倒入容器中放進冰箱保存。

裝飾

① 取出1顆草莓保留蒂頭備用，其餘的切除蒂頭。當中的半數縱切成兩半。

② 用噴槍加熱慕斯圈側邊取出〈組合2〉的甜點，放在旋轉台上。在手指餅乾的背面塗上少許打發的香緹鮮奶油，並排黏在側面（28）。

＊每個建議黏19片。

③ 莓果醬加少許基底糖漿調勻。均勻沾滿覆盆子、藍莓和草莓（留有蒂頭的除外）（29）。

④ 把③和黑莓錯開顏色且立體地擺在甜點表面，讓莓果看起來生動誘人。最後再放上紅醋栗和①帶蒂頭的草莓。

⑤ 把莓果醬放入錐形紙袋中，在手指餅乾的縫隙間從上往下擠到約1/2高（30）。

甜點師傅的工作大多是日復一日做著同樣的事。認真製作不偷工減料的成果會表現在甜點上，所以須時時注意仔細做好每一道工序。舉例來說，製作巴伐利亞奶油或慕斯時，為了不讓底部殘留造成攪拌不均，最後要換到鋼盆再攪拌一次。連細節都不放過。

Savarin vin rouge
紅酒薩瓦蘭

初次吃到「雷諾特」的「薩瓦蘭」時，內心大受衝擊，對於和日本西點間的差異震撼不已。雖然浸泡在蘭姆酒糖漿中，但濃烈辛辣的酒味實在令人驚訝！心想之前吃的薩瓦蘭到底是什麼啊。和是否吸飽糖漿無關，濃郁蛋糕體的極致美味令人記憶猶存。雖然現在有很多不含酒的薩瓦蘭蛋糕，但對我而言薩瓦蘭不能沒有酒。「紅酒薩瓦蘭」的靈感來自桑格莉亞（sangria）。使用紅酒、柳橙和肉桂等調製桑格莉亞的素材，完美結合奶油與果凍，做成多汁的甜點杯（玻璃杯甜點）。考量到「清爽無負擔的味道」，香緹鮮奶油採用法式甜點中少見的優格風味，搭配得恰到好處。雖然薩瓦蘭蛋糕體的傳統作法是要充分揉出麩質（出筋），但我只揉到麵糊黏結成團。法國籍的甜點師傅們說：「雖然質地細緻口感優雅，但總歸是薩瓦蘭風味。」

從上到下
- 糖漬橙皮絲
- 焦糖杏仁凍
- 優格肉桂香緹鮮奶油
- 柳橙果肉
- 紅酒覆盆子果凍
- 柑橘醬
- 泡過紅酒糖漿的薩瓦蘭蛋糕體
- 卡士達鮮奶油

材料 （口徑5.5cm、高7cm的玻璃杯・20個份）

薩瓦蘭蛋糕體 Pâte à savarin

（口徑5cm、高3cm 的馬芬模20個份。每個使用20g）

新鮮酵母 levure fraîche 16g

水* eau 75g

全蛋 œufs entiers 80g

高筋麵粉 farine de gruau 167g

細砂糖 sucre semoule 10g

脫脂奶粉 lait écrémé en poudre 8.5g

鹽 sel 3.2g

融化的奶油 beurre fondu 50g

＊水溫是23℃。

紅酒糖漿

Sirop de trampage au vin rouge

紅酒 vin rouge 1650g

橙皮* zestes d'orange 2顆份

檸檬皮* zestes de citron 2顆份

細砂糖 sucre semoule 730g

柳橙汁 jus d'orange 180g

柑曼怡橙酒 Grand-Marnier 18g

＊橙皮和檸檬皮削薄備用。

紅酒覆盆子果凍

Gelée au vin rouge et à la framboise

（每個使用15g）

紅酒糖漿*

sirop de trampage au vin rouge 260g

覆盆子果泥 purée de framboise 36g

吉利丁片 gélatine en feuilles 4g

＊泡過薩瓦蘭蛋糕體的紅酒糖漿。

優格肉桂香緹鮮奶油

Crème Chantilly yaourt à la cannelle

（每個使用30g）

優格香緹* "yaourt Chantilly" 373g

鮮奶油（乳脂肪40%）

crème fraîche 40% MG 187g

肉桂粉 cannelle en poudre 1g

糖粉 sucre glace 56g

＊「優格香緹」是中澤乳業的優格風味發酵乳。可打發。

卡士達鮮奶油

Crème diplomate

（每個使用30g）

卡士達醬（p.248） crème pâtissière 500g

香緹鮮奶油（p.248） crème Chantilly 100g

焦糖杏仁（p.256） amandes caramelisées 適量

糖漬橙皮絲（p.263）

écorces d'orange julliennes confites 適量

柑橘醬 marmalade d'orange 240g

柳橙果肉* oranges 80片

＊每顆切成4片備用。

作法

薩瓦蘭蛋糕體

① 攪拌盆中放入剝成小塊的新鮮酵母和水，用打蛋器攪拌溶解。倒入打散的全蛋再混合均勻（1）。

② 高筋麵粉、細砂糖和脫脂奶粉混合過篩後倒入①中。攪拌機裝上麵團鉤以低速混拌至看不到粉粒（2）。

＊脫脂奶粉容易結塊，過篩後要立刻混拌。

③ 加入鹽以低速攪拌。暫停攪拌機，用刮板刮下黏在麵團鉤和攪拌盆上的麵團。

④ 待鹽溶解後提升到中低速揉製。當麵團打到稍微撐開後（3），關掉攪拌機，刮下麵團。

＊為了保有鬆軟口感，不須大力揉到麵團出筋。

⑤ 一邊用低速揉製，一邊分3次倒入體溫左右的融解奶油，每次都要充分攪拌至黏結成團（4）。

＊只要加入奶油麩質就會呈現油水分離的狀態，繼續揉捏就會再次黏結成團產生「拉力」。

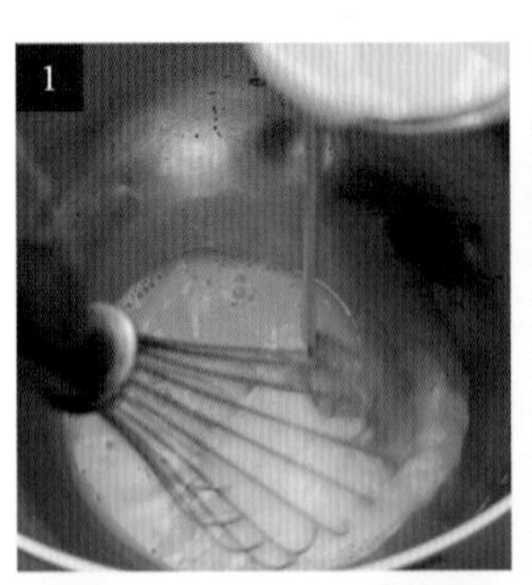

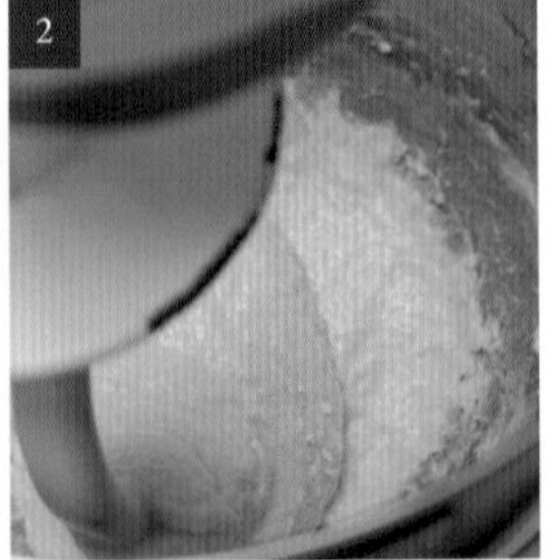

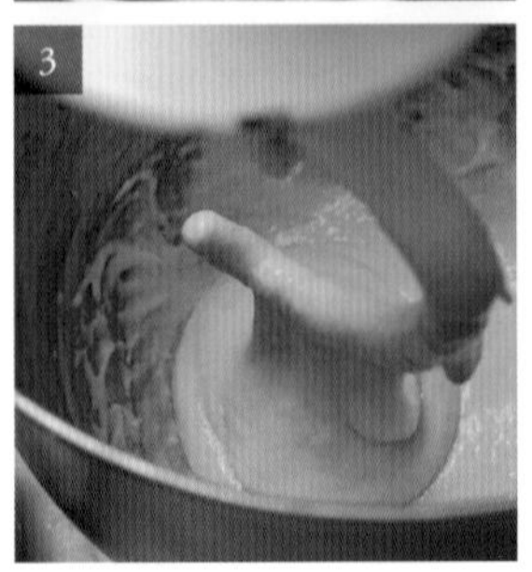

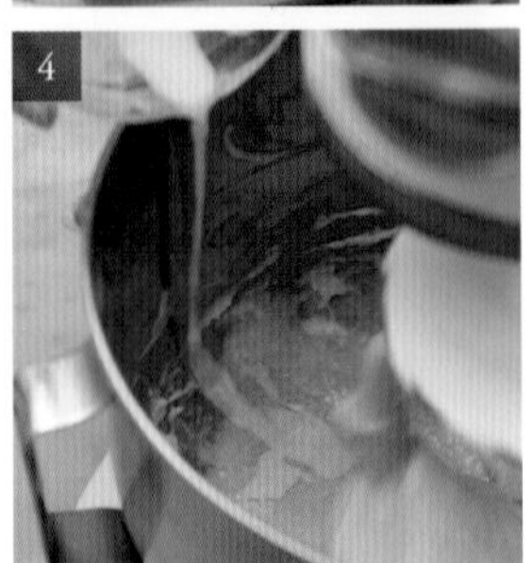

⑥　自攪拌機取下，用橡皮刮刀充分混合均勻。完成後的麵團呈柔軟黏稠的狀態（5）。

＊薩瓦蘭麵團的特色是質地看起來不夠滑順像是要斷掉般。

⑦　放入裝上口徑16mm圓形花嘴的擠花袋中，在矽膠模上噴油（食品級脫模劑）後，各擠入20g（6）。

⑧　置於室溫下發酵10～15分鐘，待麵團膨脹成2倍大（7）。

⑨　放入190℃的旋風烤箱中烤約12分鐘。倒扣矽膠模取出薩瓦蘭蛋糕體，放到烤盤上。

⑩　放入160℃的旋風烤箱中再烤約20分鐘，烤乾水分（8）。置於室溫下放涼。

紅酒糖漿

①　銅鍋中倒入半量紅酒、柳橙皮和檸檬皮開火加熱。煮沸後關火，蓋上鍋蓋浸泡約5分鐘（9）。

②　另取一鍋倒入剩下的紅酒、細砂糖和柳橙汁加熱至45～50℃溶解細砂糖。

③　把①和②倒到深方盤混合均勻。加入糖漬橙皮混合（10）。

＊此時糖漿約為55℃。

組合

①　薄薄地切下薩瓦蘭蛋糕體的圓弧狀表面。

②　切面朝下浸泡於紅酒糖漿中。蓋上鍋蓋靜置約5分鐘，翻面再浸漬45分鐘（11）。接著放在網架上，瀝乾多餘糖漿。

紅酒覆盆子果凍

①　把紅酒糖漿和覆盆子果泥倒入鍋中，加熱至人體溫度左右。

②　在軟化的吉利丁片中分2次加入少許①，每次都用打蛋器攪拌均勻（12）。倒回①中，用打蛋器攪拌後過濾。

優格肉桂香緹鮮奶油

①　用打蛋器攪打優格香緹（13）至滑順狀態。分3次加入鮮奶油，每次都要攪拌均勻。

②　加入肉桂粉攪拌（14），包上保鮮膜放入冰箱靜置一晚。

＊靜置一晚讓肉桂粉充分融入整體。

③　使用前再加入糖粉，用攪拌機高速打發成尾端挺立的鮮奶油（15）。

＊這款奶油很難打發，就算充分打發也不會乾裂。

卡士達鮮奶油

①　卡士達醬用橡皮刮刀攪拌滑順，加入充分打發的香緹鮮奶油混拌到均勻一致（16）。

裝飾

① 沿著2.5cm高的鐵棒切開〈組合〉中的薩瓦蘭蛋糕體。從切口挖除部分呈倒圓錐形（17）。

＊使用鋸齒刀，一邊旋轉蛋糕體一邊切比較好挖除。

② 把卡士達鮮奶油放入裝上口徑12mm圓形花嘴的擠花袋中，每個玻璃杯各擠入30g。在布巾上輕敲玻璃杯，整平奶油。

③ ①的切口朝下放入②中。從上輕壓，使其與卡士達鮮奶油密合（18）。

④ 中間各盛入12g的柑橘醬，用湯匙背面整平。

⑤ 紅酒覆盆子果凍調整至室溫狀態，在④中各倒入15g。

⑥ 放入4片柳橙果肉排列成薔薇狀。放入冰箱冷藏至果凍凝固（19）。

⑦ 在⑥中擠滿優格肉桂香緹鮮奶油，用抹刀抹勻至沒有空隙。表面整形成光滑的研磨缽狀。

⑧ 把剩下的優格肉桂香緹鮮奶油放入裝上8齒10號星形花嘴的擠花袋中，擠成隆起的薔薇狀（20）。

⑨ 焦糖杏仁切成3～5mm小丁，分成大顆粒和碎屑（21）。依序撒在⑧的表面上。

＊撒上杏仁碎屑給人自然的印象。

⑩ 用鑷子擺上鬆開的糖漬橙皮絲（22）即可。

17

18

19

20

21

22

住在巴黎郊區的楠泰爾時，當地市集曾有農家乳製品業者來擺攤。我在那裏看到焦糖優格並試吃，超好吃。意外發現「優格和各種素材都對味」。

2

對巴黎的憧憬

Paris m'inspire

我喜歡巴黎。就算問我喜歡哪裡也答不上來的莫名憧憬。一旦說出口又覺得害羞，就是傳達不出自己對巴黎的想法。我一直在想為什麼會這樣。腦海中浮現的巴黎，有別於旅遊書或時裝雜誌上出現的時髦優雅閃亮姿態，而是灰色調的街道。我打從心裡認為倒映著多雲天空的塞納河、石造建築無限延伸的街道相當美麗。25歲首度到訪巴黎時正值冬季，雖然沒下雪卻很冷，我感受到濃濃的巴黎味。我想或許和愛看電影的母親有關，小時候曾在法國老電影中看過那片原始風貌吧。

中學時代開始進出販售電影畫冊的商店，有很多像是贈品的老電影手冊或海報。在那裏看到風格相當成熟的《陽光普照（太陽がいっぱい）》海報，是我喜歡的電影導演雷奈．克萊門特的作品。我在《居酒屋》中，感受到充滿法國味的早期男僕裝扮和行為舉止，在《禁忌的遊戲（禁じられた遊び）》中，知道世界上有那麼多可怕的事物。《視死如歸（パリは霧に濡れて）》這部心理懸疑片中充斥的神祕感也讓我著迷……。他的每部作品都和華麗非日常性的娛樂效果大相逕庭，充滿現實生活感。正因為這樣，畫面中出現的街道才顯得真實，彷彿就在你我身邊。從他的電影傳達出的訊息，無論是故事性或氛圍，看不到灰色調以外的事物，對我而言那自然就是巴黎風景。不僅是電影，在舊《VOGUE》雜誌中看到的巴黎街景、愛書山本益博先生的《巴黎的甜點店（パリのお菓子屋さん）》（文化出版局）中出現的街道氛圍，也同樣屬於灰色系。

實際到巴黎進修，近距離接觸的地點是塞納河右岸區。古老美好餐酒館「Bouillon Chartier」、「À la mère de famille」的所在地2區和9區，都是吵雜的平民區，我到現在還是很喜歡。那和我從《巴黎的甜點店》或辻靜雄先生書中描繪出的巴黎景色重疊，內心激動不已。再過去有巴黎歌劇院和西堤島，沿著巷弄漫步也很有趣，經常越走越遠。思考事情時，只要坐在步道旁看著塞納河靜靜地流過，情緒就會沉澱下來。清晨沿著上坡從巴黎大堂走到蒙馬特，出現了紅磨坊的夢幻風景！我覺得這些難以用言語表達的景色或風情相當棒。店名「Paris S'éveille」雖然也是歌曲和電影的名稱，但日文直譯成《巴黎甦醒（パリが目覚める）》，絕對無法傳達出對法國景緻與風情的感受。來到店內的法國人必定先稱讚店名再看甜點。

在巴黎有空時，無論過去或現在一律先去塞納河右岸的咖啡館。坐在椅子上喝2杯濃縮咖啡，發呆看書。肚子餓了就點牛排薯條、蕾蒂斯沙拉（Salade Landaise，朗德地區的多料沙拉）或尼斯沙拉（Salade Niçoise，尼斯風沙拉）大快朵頤一番，真滿足。我最喜歡這樣悠哉清閒的時刻。

右上：浮在塞納河上的小船／右下：傍晚的塞納河／左上：夕陽餘暉下的塞納河和艾菲爾鐵塔／左下：蒙馬特的清晨

Suprême
頂尖

在法國能和阿諾拉耶（Arnaud Larher）先生碰面，是我最寶貴的收穫。他繼承前任店主的甜點小舖「Peche Mignon」。初次拜訪當地時的耀眼情景，至今仍無法忘懷。雖然每種甜點只擺放幾個，但看得出來每一個都是精心製作的成品。那時我吃了「頂尖」。外圍的巧克力口感清脆。內餡質地柔軟味道彼此融合，帶著黑莓和紅茶的巧克力滋味在口中蔓延開來，令人感動不已。之後在搬遷並改名為「Arnaud Larher」的店內，有幸得以和他並肩在廚房工作。我們最大的共通點是不辜負顧客的期待，只想表達出單純的美味，屬於布列塔尼人特有的直率態度。看到那家獨立小店的原點我就覺得該決定自己前進的方向了。因此回國時，阿諾先生允許我在日本製作這道甜點。現在我們的關係已經超越主廚、員工及國界，成為從經營者的角度彼此討論指導的朋友夥伴。

從上到下
- 黑莓
- 可可粒牛軋糖
- 黑巧克力鏡面淋醬
- 黑莓風味巧克力慕斯
- 黑醋栗覆盆子糖漿
- 杏仁巧克力蛋糕體
- 黑莓風味巧克力慕斯
- 黑莓茶奶油
- 黑莓風味巧克力慕斯
- 黑醋栗覆盆子糖漿
- 杏仁巧克力蛋糕體
- 側邊是黑巧克力片

材料　（4.5×4.5×高4cm・48個份）

杏仁巧克力蛋糕體

Biscuit aux amandes au chocolat

（57×37cm、高1cm的模板・1個份）

杏仁膏　pâte d'amande　221g
糖粉　sucre glace　83g
蛋黃　jaunes d'œufs　138g
全蛋　œufs entiers　83g
蛋白*　blancs d'œufs　200g
細砂糖　sucre semoule　198g
低筋麵粉　farine ordinaire　69g
可可粉　cacao en poudre　69g
融化的奶油　beurre fondu　69g

＊蛋白冷藏備用。

黑醋栗覆盆子糖漿

Sirop à imbiber cassis et framboise

基底糖漿（p.250）　base de sirop　150g
黑醋栗酒*　crème de cassis　75g
覆盆子白蘭地　eau-de-vie de framboise　38g

＊所有材料混合均勻。

＊黑醋栗酒選用「Crème de cassis」。

黑莓風味巧克力慕斯

Mousse chocolat à la mûre

調溫巧克力A*（苦甜，可可含量64%）
couverture noir　257g
調溫巧克力B*（牛奶，可可含量40%）
couverture au lait　153g
黑莓果泥　purée de mûre　295g
鮮奶油A（乳脂肪35%）
crème fraîche 35% MG　165g
奶油　beurre　42g
蛋黃　jaunes d'œufs　83g
細砂糖　sucre semoule　83g
鮮奶油B（乳脂肪35%）
crème fraîche 35 % MG　365g
鮮奶油C（乳脂肪35%）
crème fraîche 35% MG　580g

＊調溫巧克力A使用「孟加里（Mangari）黑巧克力」、B使用「吉瓦納牛奶巧克力（Jivara Lactee）」（皆是法芙娜（Valrhona）的產品）。

黑莓茶奶油

Crème au thé mûre

鮮奶油（乳脂肪35%）
crème fraîche 35% MG　525g
黑莓茶葉　thé de mûrier　35g
蛋黃　jaunes d'œufs　130g
細砂糖　sucre semoule　210g
吉利丁片　gélatine en feuilles　7g

黑莓（糖漬品）　compote de mûre　48顆
黑巧克力鏡面淋醬（p.259）
glaçage miroir chocolate noire　適量
黑巧克力片（p.253）
plaquette de chocolate noir　每個使用4片
可可粒牛軋糖（p.257）
nougatine grué　適量

作法

杏仁巧克力蛋糕體

① 杏仁膏加熱到約40℃後放入攪拌盆並撒上糖粉（1）。用裝上平攪拌槳的攪拌機以低速攪拌至鬆散狀態。

② 全蛋和蛋黃打散，加熱到40℃左右。取半量分次少量地加入①中攪拌。當攪拌完1/3量和半量時，用橡皮刮刀刮下黏在平攪拌槳和攪拌盆上的蛋糊。

③ 剩下的蛋液全部倒入攪拌盆中，轉高速攪拌。攪打至充滿空氣呈泛白黏稠狀後，從中速→中低速→低速地降低速度，調整質地（2）。當蛋糊滴落呈現清晰摺痕後，倒入鋼盆中。

④ 在③轉低速攪打時，另取一攪拌機高速打發蛋白。在打到4分發、6分發、8分發時，各加入1/3量的細砂糖，做成細緻黏稠的蛋白霜。

＊打發的標準請參閱p.21〈蛋白脆餅〉②。若是過度打發，烘烤時會先膨脹再塌陷，所以請提前停止攪拌。

⑤ 自攪拌機取下，用打蛋器攪拌調整質地。取1/3量加入③中，用橡皮刮刀混合均勻（3）。

⑥ 一邊倒入過篩混合的低筋麵粉和可可粉一邊混拌，大致拌勻後，分次少量地加入剩下的蛋白霜，攪拌到均勻一致（4）。

1

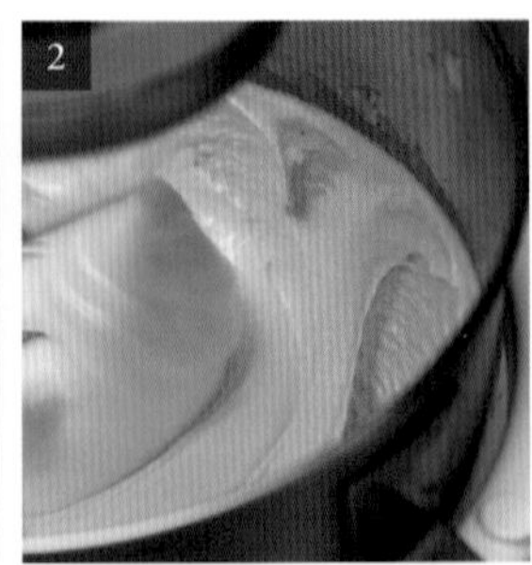
2

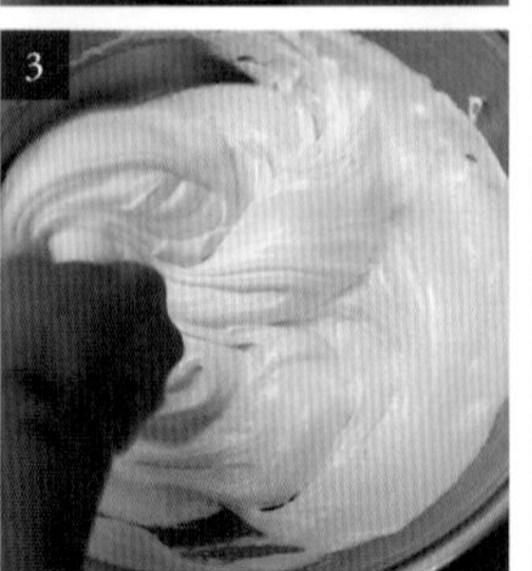
3

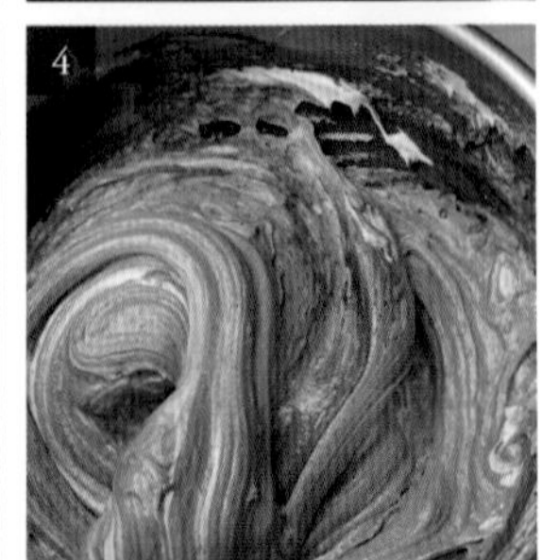
4

⑦　加入一勺約60℃的融化奶油，用打蛋器攪拌均勻。再倒回⑥用橡皮刮刀混拌至略帶光澤。

⑧　把57×37cm、高1cm的模板放在烘焙紙上，倒入⑦並抹平（5）。

⑨　取下模板，連同烘焙紙放在烤盤上，放入175℃的旋風烤箱中烤約17分鐘。連烘焙紙一起放在網架上置於室溫下放涼（6）。

＊用杏仁膏打發製作的麵團質地偏厚重。而蛋白霜中也加入較多砂糖，烤出濕潤細緻的蛋糕。

組合1

①　切除杏仁巧克力蛋糕的表皮（7）。切下蛋糕邊，配合37×28.5cm、4cm高的框模外側切成2片。

②　把框模放在烤盤上，取1片蛋糕，表皮切除的部分朝上鋪滿框模內側。另1片包上保鮮膜備用。

③　取125g的黑醋栗覆盆子糖漿用刷子均勻沾溼蛋糕表面（8）。

黑莓風味巧克力慕斯

①　2種調溫巧克力隔水加熱融化約1/3。

②　銅鍋中加入黑莓果泥、鮮奶油A和奶油煮沸（9）。

③　同時另取一鋼盆放入蛋黃打散，加入細砂糖用打蛋器攪拌。

④　取1/3量的②加入③中，攪拌均勻（10）。再倒回②開中火加熱，依安格列斯醬的製作要領，一邊用刮鏟攪拌一邊加熱至82℃（11）。

⑤　④過濾後倒入①中，用打蛋器從中間開始混拌，慢慢地往周圍移動整體攪拌均勻（12）。

⑥　用攪拌棒攪打至出現光澤乳化滑順（13）。

＊因為加了黑莓果泥，質地帶有少許顆粒感。

⑦　從⑥取390g倒入鋼盆中，將溫度調整至40℃的鮮奶油B打至7分發，從中取1/4量加入鋼盆中，用打蛋器攪拌至色澤一致（14）。

＊剩下的黑莓鮮奶油用於〈組合2〉。

⑧　一邊把⑦慢慢地加入剩下的3/4鮮奶油B中，一邊混合均勻。換拿橡皮刮刀從底部往上混拌至色澤一致。

⑨　倒入〈組合1〉的蛋糕體上，用抹刀抹平（15）。連同烤盤在工作台上輕敲幾下整平表面。放入急速冷凍櫃中冰凍。剩下的慕斯備用。

黑莓茶奶油

①　鮮奶油煮沸，關火後放入黑莓茶茶葉。蓋上鍋蓋浸泡10分鐘。

②　過濾後倒入銅鍋中。用橡皮刮刀壓緊茶葉並用力擠出奶油，取525g（16）。不夠的部分加鮮奶油（份量外）補足，開中火加熱。

③　同時攪拌蛋黃和細砂糖直到砂糖溶解。

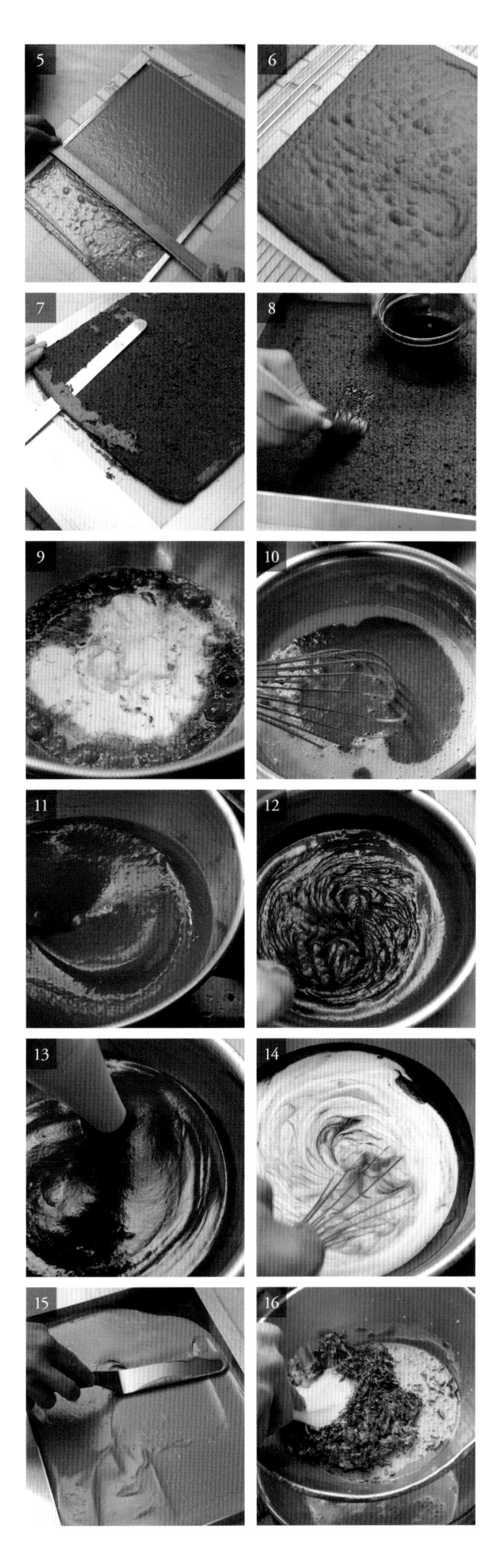

④　②煮到咕嚕咕嚕沸騰後取1/3量倒入③，用打蛋器充分攪拌。再倒回②中。開中火依安格列斯醬的製作要領，一邊用刮鏟攪拌一邊加熱至82℃（17）。
⑤　關火，加入吉利丁片攪拌溶解。過濾後墊著冰水一邊攪拌一邊降溫至15℃（18）。
⑥　把所有的⑤倒在〈黑莓風味巧克力慕斯〉⑨中的冷凍慕斯上（19）。用抹刀抹平表面，連同烤盤在工作台上輕敲幾下整平表面。放入急速冷凍櫃中冰凍。

組合2

①　取出備用的黑莓風味巧克力慕斯加熱至約40℃，用攪拌棒攪拌成滑順的乳化狀態。
②　鮮奶油C打至7分發，取1/4量加入①中用打蛋器攪拌。
③　一邊把②加入剩下的鮮奶油中，一邊輕輕攪拌（20）。換用橡皮刮刀混拌至色澤一致。
④　取750g的③倒入冷凍的黑莓茶奶油上，用抹刀抹平表面（21）。剩下的慕斯備用。
⑤　將備用的杏仁巧克力蛋糕，表皮切除部分朝下蓋在④上。放在方盤上從上輕壓，使其貼合並壓平蛋糕體。
⑥　取138g的黑醋栗覆盆子糖漿，用刷子均勻沾溼蛋糕。
⑦　在框模下放入高1cm的鐵棒，墊高框模1cm，倒入剩下的④（22）。用抹刀抹平表面後取平面蛋糕刀滑過整體表面整平，刮除黏在邊框的慕斯。放入急速冷凍櫃中冰凍。
＊塞進鐵棒是為了讓甜點高於框模1cm。如果框模高5cm的話就不需要此步驟。
⑧　用噴槍加熱框模側面後脫模，用平面蛋糕刀分切成4.5cm的方塊。放入急速冷凍櫃中冰凍。

裝飾

①　黑巧克力鏡面淋醬加熱，用攪拌棒攪拌滑順（23）。甜點上面沾滿巧克力後斜拿著用抹刀滑過，刮除多餘的巧克力。放入急速冷凍櫃中冷藏凝固。
②　接著，甜點上方再浸於黑巧克力鏡面淋醬中直到1cm處（24）。斜拿甜點，用抹刀滑過一邊側面刮除多餘的巧克力。放在底紙上，不要沾到巧克力蓋上蓋子，置於室溫下解凍除霜。
③　在側面各貼上1片黑巧克力片，貼的時候彼此間要錯開不要重疊（25）。用小刀刮下上面一小塊黑巧克力鏡面淋醬，放上瀝乾水分的糖漬黑莓（26）。可可粒牛軋糖用手剝成等腰三角形後放上裝飾即可。

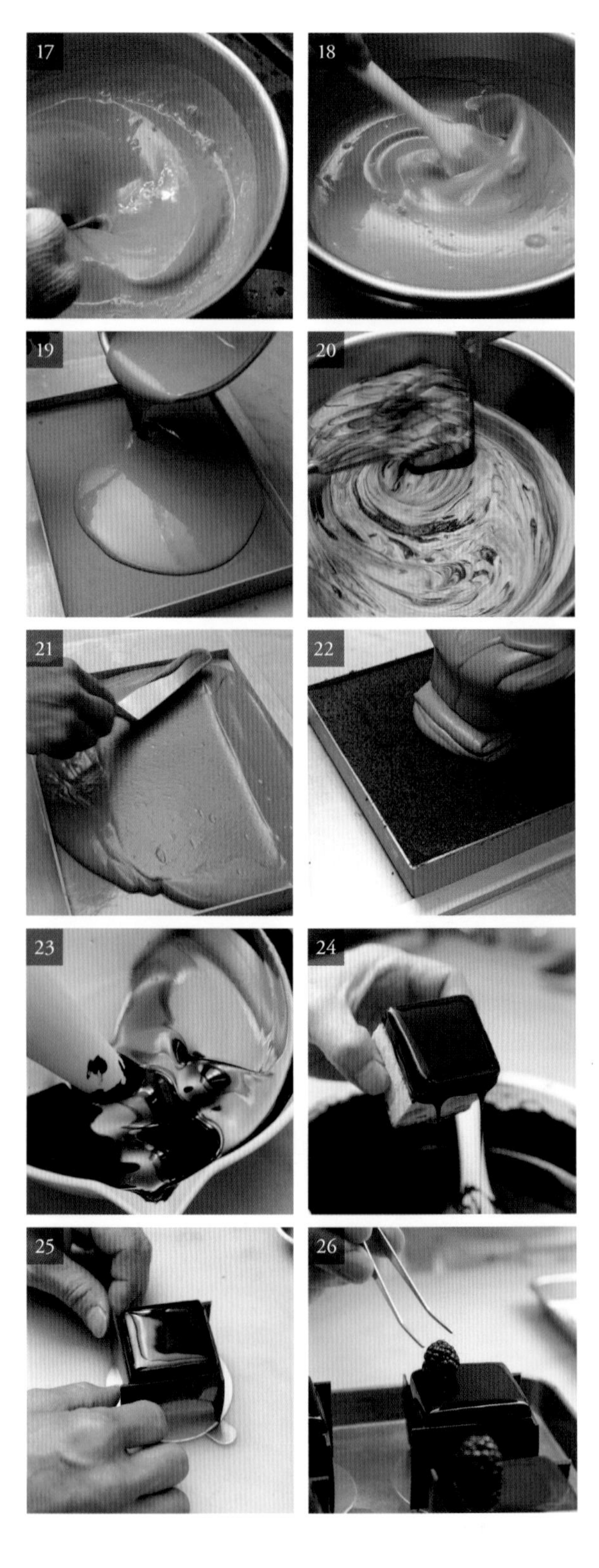

我認為「頂尖（Suprême）」的深奧滋味，指的是阿諾先生的人品。不多話給人老實的印象，但提到甜點又滔滔不絕得令人驚訝。在位於店面地下室的廚房，兩個人一邊做甜點，一邊聊著甜點或彼此的事，那段慢慢拉近距離的日子真令人懷念。

Monsieur Arnaud 阿諾先生

適逢「Paris S'éveille」開店，這道甜點是做來向阿諾拉耶先生致敬的。結合他喜歡的柳橙和巧克力，以他名為「暗礁（rēcif）」的小點造型為主題，濃縮我在巴黎感受到的各種衝擊製作而成。舉例來說，像是牛奶巧克力做成的美味甜點衝擊。到目前為止說到烘焙用的巧克力必是黑巧克力，但以皮埃爾．艾爾梅（Pierre Hermé）的「Plaisir Sucré」為首，這段期間流行起用牛奶巧克力製作甜點。同時也開始重視口感，像夾著巧克力薄片或薄餅碎片等。另外，不用慕斯圈，邊製作各項配料邊組合起來的甜點內容，在我看來也很新鮮。總而言之，這道甜點象徵我在巴黎和阿諾先生一起工作的那段時期，是融入自己當時想法的重要作品。2004年阿諾先生初次來日本，到我的店內看到這道甜點，開心得不得了。聽說即便回到法國，偶爾也會和同伴們聊起這道甜點。

從上到下
・裝飾巧克力
・糖漬橙皮
・絲絨黑巧克力
・柳橙風味巧克力香緹鮮奶油
・牛奶巧克力片
・柳橙風味甘納許
・牛奶巧克力片
・柳橙風味甘納許
・榛果脆餅
・榛果達克瓦茲蛋糕體

材料　（8×4cm・30個份）

柳橙風味巧克力香緹鮮奶油
Crème Chantilly à l'orange et au chocolat
（每個使用35g）
鮮奶油（乳脂肪35%）
crème fraîche 35% MG　668g
橙皮（磨細屑）　zestes d'orange　1顆份
調溫巧克力*　（牛奶，可可含量40%）
couverture au lait　465g
＊調溫巧克力使用法芙娜（Valrhona）的「吉瓦納牛奶巧克力（Jivara Lactee ）」（以下皆是）。

棒果達克瓦茲蛋糕體
Biscuit dacquoise à la noisette
（8.5×4cm的費南雪模・30個份）
蛋白*　blancs d'œufs　234g
細砂糖　sucre semoule　78g
榛果粉　noisettes en poudre　210g
糖粉　sucre glace　210g
榛果（帶皮）　noisettes　225g
＊蛋白冷藏備用。

柳橙風味甘納許
Ganache chocolat au lait à l'orange
（每個使用18g）
鮮奶油（乳脂肪35%）
crème fraîche 35% MG　400g
橙皮（磨細屑）　zestes d'orange　1顆份
調溫巧克力*（牛奶，可可含量40%）
couverture au lait　460g
柑曼怡橙酒　Grand-Marnier　10g

榛果脆餅
Praliné croustillant de noisettes
（每個使用20g）
調溫巧克力*（牛奶，可可含量40%）
couverture au lait　83g
榛果果仁糖　praliné de noisettes　330g
融化的奶油　beurre fondu　33g
薄餅脆片　feuillantine　198g

牛奶巧克力片（p.253）
plaquette de chocolat au lait　60片
絲絨黑巧克力（p.262）
flocage de chocolat noir　適量
裝飾巧克力（p.254）
décor chocolat　30片
糖漬橙皮（p.263）
écorces d'orange confites　60片

作法

柳橙風味巧克力香緹鮮奶油

① 調溫巧克力隔水加熱，融解約3/4。
＊調整融解狀態，在步驟④和鮮奶油混合時的溫度為40℃。
② 鍋中倒入鮮奶油和柳橙皮屑煮沸。關火蓋上鍋蓋，浸泡約10分鐘。
③ 過濾②。用橡皮刮刀壓緊柳橙皮並用力擠出奶油（1）。
④ 取140g的③，倒入①中。用打蛋器從中間開始攪拌，慢慢地往周圍移動整體攪拌均勻（2）。
＊先取約3成的奶油和調溫巧克力充分攪拌乳化，做成基底甘納許。像這樣分2次加入鮮奶油能乳化得更確實。
⑤ 移到深容器中，用攪拌棒攪拌到光澤滑順的乳化狀態（3）。
⑥ 倒入鋼盆，加入剩下的③，用橡皮刮刀仔細混拌至滑順狀態（4）。放入冰箱靜置約4天。
＊後面加入的鮮奶油用途是打發。在這步驟攪拌到完全乳化的話，會很難起泡，質地變厚重所以不用攪拌棒。靜置4天讓巧克力分子重整並穩定下來。

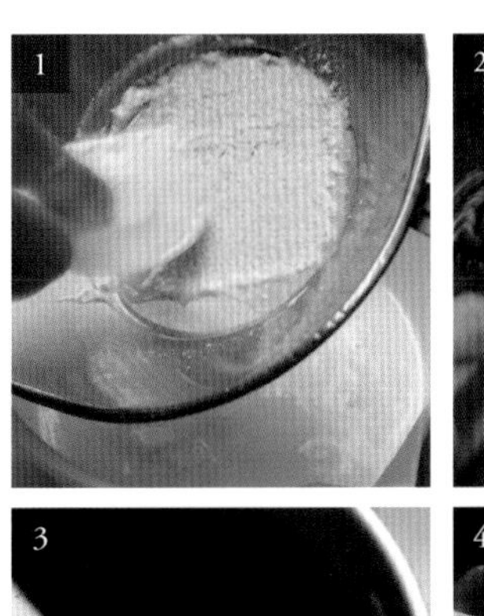
1

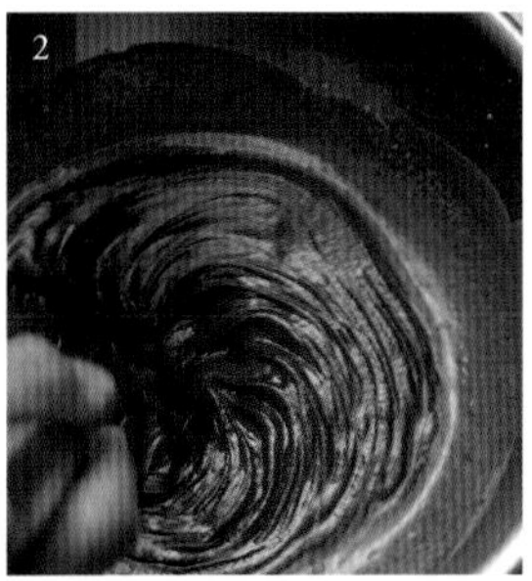
2

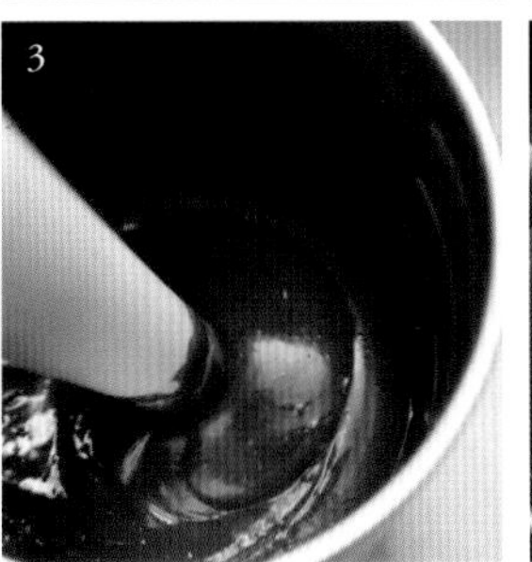
3

4

棒果達克瓦茲蛋糕體

① 費南雪模刷上一層奶油（份量外），撒上高筋麵粉（份量外）並拍除多餘粉粒。放入冰箱備用（5）。

② 把帶皮的榛果鋪在烤盤上，放入160℃的旋風烤箱烘烤約12分鐘。倒入粗孔濾網摩擦去皮。對半切開的果粒和磨碎的細粒分裝備用（6）。

＊雖然要烤到榛果內部熟透，但烤過頭會變苦且失去甜味，須留意這點。

③ 用攪拌機高速打發蛋白，在打到4分發、6分發、8分發時，各加入1/3量的細砂糖，充分打發至尾端挺立（7）。

＊打發的標準請參閱p.21〈蛋白脆餅〉②。

④ 自攪拌機取下，用橡皮刮刀稍微混拌。一邊撒入過篩混合的榛果粉和糖粉，一邊由底部往上切拌至看不到粉粒（8）。先刮下黏在攪拌盆和刮刀上的麵糊，再混拌至略帶黏性（9）。

＊麵糊太輕的話烘烤時會先膨脹再塌陷，中間沒烤熟，因此要充分混合均勻。

⑤ 把④倒入裝上口徑13mm圓形花嘴的擠花袋中，在模型上擠出橢圓形麵糊（10）。

＊擠到與模型同高，但不需要擠滿四周角落。

⑥ 依半顆→碎粒的順序撒入②的榛果（11）。用手輕壓。

＊因為事先分好顆粒大小，可以撒得很平均。

⑦ 放入170℃的旋風烤箱中烤約20分鐘（12）。脫模後放在網架上置於室溫下放涼。

柳橙風味甘納許

① 調溫巧克力隔水加熱，融解約2/3。

＊調整融解程度，和鮮奶油混合時的溫度為40℃。

② 鍋中倒入鮮奶油和柳橙皮屑並煮沸（13）。關火蓋上鍋蓋，浸泡約10分鐘。

③ 過濾②。用橡皮刮刀壓緊柳橙皮並用力擠出奶油。

④ 取230g的③，倒入①中。用打蛋器從中間開始攪拌，慢慢地往周圍移動整體攪拌均勻（14）。

＊和〈柳橙風味巧克力香緹鮮奶油〉④一樣，奶油分2次加入調溫巧克力中，充分乳化。

⑤ 移到深容器中，用攪拌棒攪拌到光澤滑順的乳化狀態。

⑥ 倒入剩下的③和柑曼怡橙酒用打蛋器攪拌混合。換拿攪拌棒攪拌到光澤滑順的乳化狀態（15）。

⑦ 倒入方盤，蓋上蓋子避免避免表面結膜（16）。放入急速冷凍櫃冷藏15分鐘凝固後，置於室溫下保存。

榛果脆餅

① 調溫巧克力隔水加熱融解，調整至40℃。

② 在榛果果仁糖上淋入①，用橡皮刮刀混拌均勻。

③ 加入40℃左右的融化奶油混合（17）。倒入薄餅脆片，用橡皮刮刀切拌均勻（18）。

組合

① 柳橙風味甘納許置於室溫下2小時回溫，用橡皮刮刀攪拌滑順。

② 在每塊榛果達克瓦茲蛋糕體上各放20g的榛果脆餅，一邊用抹刀壓緊實一邊抹平（19）。

③ 把①放入裝上口徑5mm圓形花嘴的擠花袋中，各擠9g在②上（20）。

＊放太多甘納許的話會讓口感變重，所以用量需控制得宜。

④ 放上牛奶巧克力片，輕壓使其黏合。

⑤ 重複一次③～④（21）。放入冰箱冷藏凝固。

⑥ 柳橙風味巧克力香緹鮮奶油墊著冰水，用橡皮刮刀混拌至黏稠（22）。放入裝上聖安娜花嘴的擠花袋中，各擠32g在⑤上。

＊結尾處為了避免奶油溢出，向內側收口。並用抹刀調整起頭處的奶油（23）。

⑦ 蓋上蓋子放入急速冷凍櫃冷藏凝固。

裝飾

① 把甜點排列在烤盤上，整體噴灑上加熱至50℃的絲絨黑巧克力（24）。再移到另一個烤盤上。

② 撕下裝飾巧克力的保護膜，用加熱過的小刀斜切開來。插在①的中間。每個甜點放上2片瀝乾水分的糖漬橙皮即可（25）。

和阿諾一起工作時，2個人約好哪天他來日本示範表演時，由我當助手。2004年如願以償地開心合作。

Forêt-Noire 黑森林蛋糕

「Le Stubli」是我很喜歡的巴黎甜點店。木造外觀相當漂亮，每樣德國甜點都很好吃！有厚實的蘋果塔，塞滿香氣十足的肉桂蘋果餡，還有薩赫蛋糕、林茲蛋糕！我覺得其擁有法國甜點少見的濃郁美味，及無須用艱澀言詞表達的簡潔性。雖然我很想到那裏工作，卻猶豫著那不是法國甜點，最終仍沒踏出那一步。唯有黑森林蛋糕，讓我開心地覺得「如果是這個的話也能當成法國甜點來做」。雖然在東歐和法國都有人做，但這道甜點對我而言，是和即便羨慕也無法踏入的世界間的分界線。我認為這道甜點雖然簡單但要善用酒類才做得好。我的「黑森林蛋糕」充分發揮櫻桃白蘭地的風味，以植物性凝結粉取代奶油中的吉利丁，做出輕盈感。表面放滿口感十足的巧克力捲片。雖然常被說「巧克力捲片不能太厚」，但我還是覺得這樣很好吃。

從上到下
- 黑巧克力捲片
- 酒漬酸櫻桃
- 巧克力慕斯
- 巧克力蛋糕體
- 櫻桃白蘭地鮮奶油
- 酒漬酸櫻桃
- 香料風味糖漬櫻桃
- 白蘭地風味櫻桃糖漿
- 巧克力蛋糕體

材料　（直徑12cm、高5cm的慕斯圈・5個份）

巧克力蛋糕體
Biscuit au chocolat
（60×40cm、高2cm的烤盤・1片份）
蛋白*　blancs d'œufs　500g
細砂糖　sucre semoule　500g
蛋黃　jaunes d'œufs　188g
低筋麵粉　farine ordinaire　65g
玉米澱粉　fécule de maïs　85g
可可粉　cacao en poudre　100g
*蛋白冷藏備用。

白蘭地風味櫻桃糖漿
Sirop à imbiber griottes au kirsch
櫻桃糖漿*　sirop aux griottes　138g
櫻桃白蘭地　kirsch　36g
基底糖漿（p.250）　base de sirop　43g
*使用p.264「香料風味糖漬櫻桃」的醃漬糖漿。
*所有材料混合均勻。

櫻桃白蘭地鮮奶油　Crème kirsch
（每個使用100g）
卡士達醬（p.248）　crème pâtissière　165g
櫻桃白蘭地　kirsch　20g
植物性凝結粉*　"gelée dessert"　15g
鮮奶油（乳脂肪35%）
crème fraîche 35% MG　390g
*使用DGF公司的「植物性凝結粉」。加了甜味和澱粉的果膠，不須泡水回軟，可以直接使用。

巧克力慕斯
Mousse au chocolat noir
（每個使用105g）
調溫巧克力（苦甜，可可含量61%）*
couverture noir　160g
細砂糖　sucre semoule　33g
水　eau　13g
蛋黃　jaunes d'œufs　45g
鮮奶油（乳脂肪35%）
crème fraîche 35% MG　275g
*調溫巧克力使用法芙娜公司的「Extra Bitter」。

黑巧克力捲片（p.252）
copeaux de chocolat noir　適量
可可粉　cacao en poudre　適量
香料風味糖漬櫻桃（p.264）
griottes macerées aux épices　適量
酒漬酸櫻桃　griottines　適量
透明果膠　nappage neutre　適量

作法

巧克力蛋糕體

① 用攪拌機高速打發蛋白。在打到4分發、6分發、8分發時，各加入1/3量的細砂糖，充分打發至拿起打蛋器時尾端呈挺立且蓬鬆的狀態（1）。
*打發的標準請參閱p.21〈蛋白脆餅〉②。

② 加入打散的蛋黃，以高速稍微混拌。移開攪拌機，刮除黏在打蛋器或攪拌盆上的蛋糊。

③ 一邊加入過篩混合的低筋麵粉、玉米澱粉和可可粉，一邊從底部往上混拌（2）。混拌至麵糊出現光澤，撈起時呈緩慢滑落的狀態。

④ 倒入鋪好烘焙紙的烤盤上，抹平表面（3）。

⑤ 放入175℃的旋風烤箱中烤約20分鐘（4）。連同烤盤放在網架上置於室溫下放涼，拿掉烤盤和烘焙紙一起放在網架上。

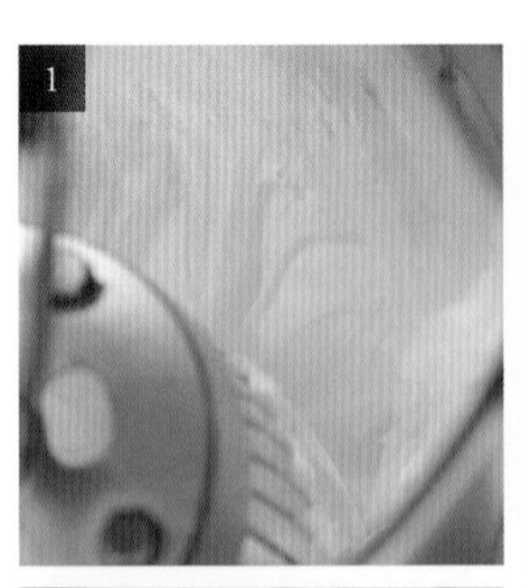

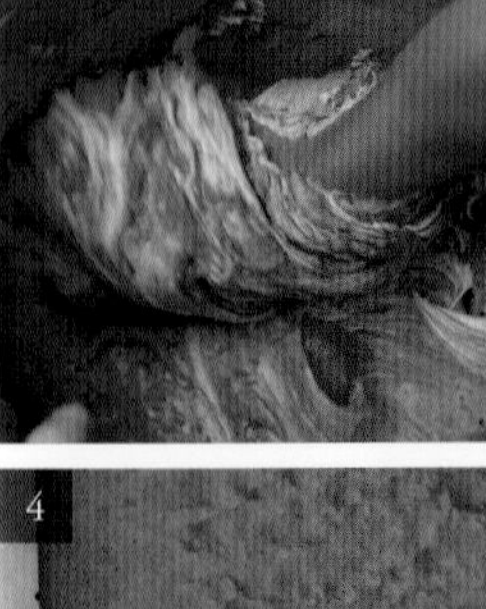

組合1

① 把巧克力蛋糕體放在烤盤上，用直徑12cm和直徑10.5cm的圓模各切成5片（5）。

＊每個各使用1片。

② 直徑12cm的蛋糕體配合高1.3cm的鐵棒用鋸齒刀切除表面（6）。

③ 直徑10.5cm的蛋糕體配合高1cm的鐵棒用鋸齒刀切除表面。包上保鮮膜備用。

④ 把直徑12cm的慕斯圈放在鋪好OPP紙的烤盤上，放入②。用刷子大量刷上櫻桃白蘭地風味的櫻桃糖漿（7）。

櫻桃白蘭地鮮奶油

① 取半量的卡士達醬隔水加熱至40℃左右，用橡皮刮刀攪拌滑順。

② 加入植物性凝結粉混合（8）。隔水加熱至50℃左右，充分攪拌溶解。

＊植物性凝結粉不須回軟所以不用加入多餘的水，就能變得鬆軟。

③ 剩餘的卡士達醬攪拌滑順，分4次倒入櫻桃白蘭地，每次都用打蛋器攪拌均勻（9）。

④ 把③倒入②中用橡皮刮刀充分混拌。溫度保持在30℃，若是過低就隔水加熱。

⑤ 鮮奶油打至8分發，取1/4量加入④中用打蛋器充分攪拌。再一邊倒回剩下的鮮奶油中一邊攪拌均勻（10）。換拿橡皮刮刀，從底部往上撈混拌至色澤一致。

組合2

① 把香料風味的糖漬櫻桃和酒漬酸櫻桃放在廚房紙巾上，吸乾多餘水分（11、12）。

② 把櫻桃白蘭地鮮奶油倒入裝上口徑12mm圓形花嘴的擠花袋中。在〈組合1〉的巧克力蛋糕體上從周圍往內繞圈擠入60g鮮奶油。

③ 在距離慕斯圈內側1cm處放上一圈糖漬櫻桃。貼近櫻桃內側再排上一圈酒漬酸櫻桃。再各放上一圈糖漬櫻桃→酒漬酸櫻桃，中間再放糖漬櫻桃。輕壓整體調整高度（13）。

④ 剩下的40g櫻桃白蘭地鮮奶油，往內繞圈薄薄地擠上一層蓋住櫻桃（14）。

⑤ 在烤好備用的直徑10.5cm蛋糕體上，輕輕刷上櫻桃白蘭地風味的櫻桃糖漿。此面朝下蓋在④上，用平面物體從上施壓，讓櫻桃白蘭地鮮奶油自蛋糕體周圍溢出（15）。

＊糖漿刷在切除表面的蛋糕體上。

⑥ 在蛋糕體表面用刷子刷上大量櫻桃糖漿。

⑦ 用抹刀抹平周圍的鮮奶油，刮除多餘奶油（16）。放入急速冷凍櫃中冰凍。

巧克力慕斯

① 調溫巧克力隔水加熱融解，調整至60℃。
② 細砂糖加水煮沸，加入打散的蛋黃用打蛋器攪拌均勻並過濾。
③ 倒入攪拌盆，一邊隔水加熱至快要沸騰一邊用打蛋器攪拌（17）。
④ 攪拌至消泡變得黏稠後，用攪拌機高速打發。打發到蛋液泛白降溫至人體溫度左右（18）。
⑤ 在①中加入一勺打到7分發的鮮奶油（19），用打蛋器充分攪拌。重複此步驟2次，攪拌成帶光澤感的甘納許（20）。
⑥ 加入剩下的鮮奶油，用打蛋器迅速攪拌均勻。在還沒拌勻前倒入④，混合均勻（21）。換拿橡皮刮刀混拌至色澤一致。

組合3

① 把巧克力慕斯放入裝上口徑12mm圓形花嘴的擠花袋中。繞著〈組合2〉的慕斯圈邊緣擠入一圈，用湯匙背面抹開整形成淺口研磨缽狀（22）。
② 中間倒入剩下的慕斯，用抹刀推開稍微抹平（23），放入急速冷凍櫃中冰凍。

裝飾

① 用噴槍加熱慕斯圈側邊脫模，放在方盤上。從甜點上面→側面依序一片片地貼上黑巧克力捲片（24）。調整捲片的形狀和大小讓整體呈現蓬鬆圓形的立體感。
② 像是要蓋住捲片空隙般均勻撒滿可可粉（25）。斜放方盤，側邊也要撒粉。
③ 把擦乾水分的酒漬酸櫻桃泡在透明果膠中，放在廚房紙巾上吸乾多餘的果膠。用鑷子夾起放在②上。
＊須留意不要讓巧克力捲片蓋住酒漬酸櫻桃，保有立體感。

順帶一提，內人曾在「Le Stubli」工作3年（好羨慕！）。因此我常到附設的午茶沙龍一邊和店內員工聊天一邊喝咖啡、吃甜點。店內洋溢著舒適的居家氛圍，德國老闆也很老實親切。

Théâtre
劇院

我認為法國人真的很喜歡巧克力，敏銳度驚人。尤其是對素材的意識度高，可以說連微妙的差異他們都能處理得像用了不同水果般，相當厲害！這道「劇院」就是被他們稱讚「這項素材太棒了！」的功臣。主角是加了大量打發到鬆軟的沙巴翁（Sabayon），保有完整形狀口感緊實的2種慕斯。質地滑順輕盈，入口即化。內餡內容簡單，有香酥薄餅脆片和泡在微苦可可糖漿中的蛋糕體。製作時只要看著食譜，思索著如何做出一個個美味配料即可。來到法國，我注意到自己被做出有別於他人甜點的想法束縛住，把美味想得過於複雜，正因為得到重新審視「何謂製作甜點」的機會，才孕育出這款甜點。製作渾圓外觀時腦海中浮現出巴黎歌劇院的屋頂。是的，「Théâtre」就是劇院的意思。我很喜歡它的造型，已經眺望過無數次了。

從上到下
- 可可粒牛軋糖
- 黑巧克力鏡面淋醬
- 絲絨黑巧克力
- 牛奶巧克力慕斯沙巴翁
- 可可糖漿
- 杏仁巧克力蛋糕體
- 黑巧克力慕斯沙巴翁
- 杏仁脆餅
- 側邊裹上杏仁脆粒焦糖巧克力醬

材料　（直徑5.5cm、高4cm的慕斯圈・20個份）

可可糖漿　Sirop à imbiber cacao

基底糖漿（p.250）　base de sirop　158g
水　eau　60g
可可粉　cacao en poudre　18g

杏仁巧克力蛋糕體

Biscuit aux amandes au chocolat

（37×28.5、高1cm的模板・1片份）
杏仁膏　pâte d'amandes　110g
糖粉　sucre glace　103g
全蛋　œufs entiers　48g
蛋黃　jaunes d'œufs　90g
蛋白　blancs d'œufs　103g
細砂糖　sucre semoule　17g
玉米澱粉　fécule de maïs　58g
可可粉　cacao en poudre　29g
融化的奶油　beurre fondu　33g

杏仁脆餅

Praliné croustillent d'amandes

（60×40cm的烤盤・1片份）
調溫巧克力（牛奶，可可含量40%）*
couverture au lait　222g
杏仁果仁糖　praliné d'amandes　890g
融化的奶油　beurre fondu　91g
薄餅脆片　feuillantine　445g
＊調溫巧克力使用法芙娜的「吉瓦納牛奶巧克力（Jivara Lactee）」。

黑巧克力慕斯沙巴翁

Mousse sabayon au chocolat noir

調溫巧克力（苦甜，可可含量61%）*
couverture noir　180g
基底糖漿（p.250）　base de sirop　98g
蛋黃　jaunes d'œufs　78g
鮮奶油（乳脂肪35%）
crème fraîche 35% MG　261g
＊調溫巧克力使用法芙娜的「Extra Bitter」。

牛奶巧克力慕斯沙巴翁

Mousse sabayon au chocolat au lait

調溫巧克力 A（牛奶，可可含量40%）*
couverture au lait　157g
調溫巧克力 B（苦甜，可可含量61%）*
couverture noir　24g
蛋黃　jaunes d'œufs　44g
基底糖漿（p.250）　base de sirop　73g
鮮奶油（乳脂肪35%）
crème fraîche 35% MG　378g
＊調溫巧克力 A 使用「吉瓦納牛奶巧克力（Jivara Lactee）」，調溫巧克力 B 使用「Extra Bitter」（都是法芙娜的產品）。

絲絨黑巧克力（p.262）
flocage de chocolat noir　適量
棕色巧克力淋醬（p.259）
glaçage blonde　300g
杏仁脆粒（p.255）　craquelin aux amandes　12g
黑巧克力鏡面淋醬（p.259）
glaçage miroir chocolat noir　適量
可可粒牛軋糖（p.257）
nougatine grué　適量

作法

可可糖漿

① 基底糖漿加水開火加熱，一邊加入可可粉一邊用打蛋器攪拌（1）。
② 換拿刮鏟刮下黏在鍋壁的可可粉，由底部往上撈一邊混拌一邊煮沸。過濾後（2）置於室溫下放涼，蓋上鍋蓋放入冰箱靜置一晚。

杏仁巧克力蛋糕體

① 依p.40〈杏仁巧克力蛋糕體〉①～⑦的要領製作麵糊（3）。中途，用玉米澱粉取代低筋麵粉，和可可粉過篩混合後倒入攪拌盆混拌。
② 把37×28.5cm、高1cm的模板放在烘焙紙上，倒入①抹平（4）。

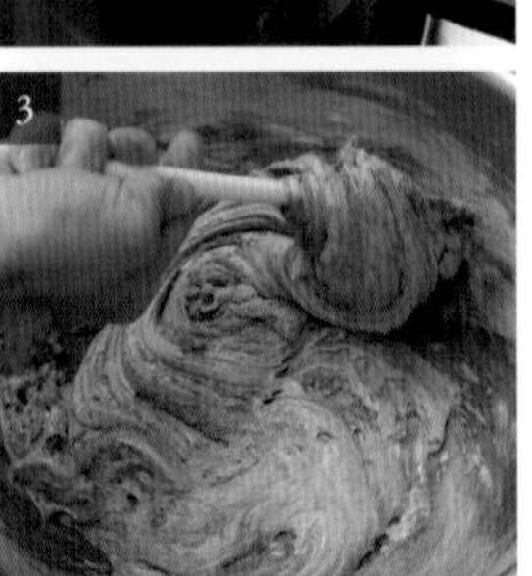

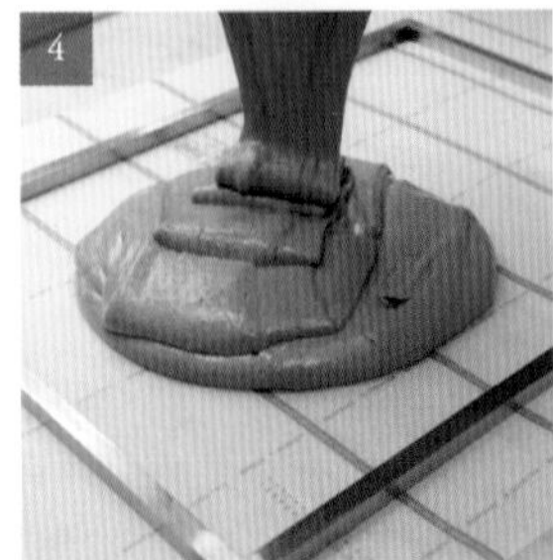

③　取下模板，連烘焙紙一起放在烤盤上，送入175℃的旋風烤箱烤約17分鐘。連同烘焙紙取出放在網架上置於室溫下放涼（5）。

④　撕下烘焙紙，拿鋸齒刀薄薄地切去一層表皮。用直徑4.5cm的圓模分切（6）。

杏仁脆餅

①　調溫巧克力隔水加熱融解，調整到40℃左右。

②　把①倒入杏仁果仁糖中，用橡皮刮刀混拌滑順。倒入40℃左右的融化奶油，攪拌均勻（7）。

③　加入脆餅薄片，由底部往上切拌均勻（8）。

④　把③倒在貼好OPP紙的烤盤上，連角落全部都鋪滿（9）。放入急速冷凍櫃冷藏至半硬。

⑤　取直徑5.5cm、高4cm的慕斯圈當成切模用力插入脆餅中（10），再直接放入急速冷凍櫃冷藏至完全硬化。

⑥　翻面撕除OPP紙，沿著慕斯圈邊緣拔下脆餅（11）。上下翻面排在烤盤上。

＊多餘的杏仁脆餅邊角可留待下次使用。

黑巧克力慕斯沙巴翁

①　調溫巧克力隔水加熱融解，調整至65℃左右（12）。

②　基底糖漿煮沸。

＊製作沙巴翁的另一方法是把糖漿熬煮到120℃，但為了做出質地輕盈的慕斯，不採用熬煮方式。

③　用打蛋器攪散蛋黃。一邊分次少量地加入②一邊攪拌均勻（13）。

④　③過濾後倒入攪拌盆中，隔水加熱用打蛋器攪拌至黏稠狀態。

＊攪拌到拿起打蛋器時會有少許蛋糊留在鋼圈上。

⑤　攪拌機轉高速打入大量空氣。降到中速調整質地後再降至低速攪拌，直到溫度降至約32℃（14）。

⑥　鮮奶油打到6分發。依序分別加入①的調溫巧克力和⑤，每次都用打蛋器攪拌（15）。換拿橡皮刮刀混拌至整體均勻一致。

＊如果攪拌得不夠快，巧克力會凝結成片狀，請留意這點。

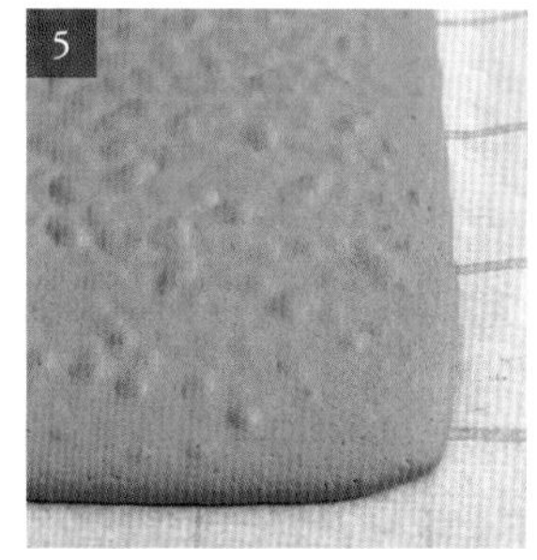

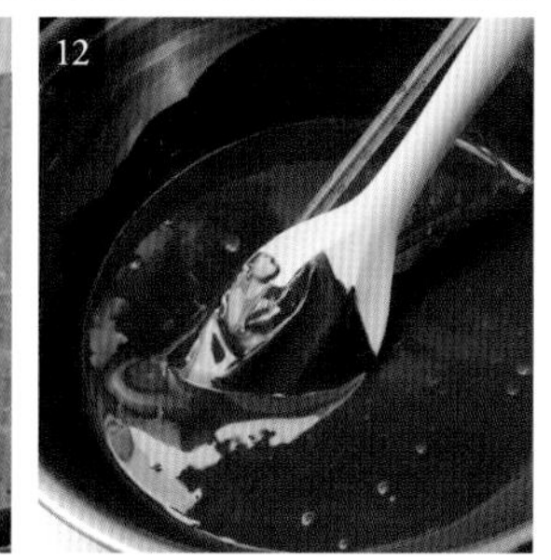

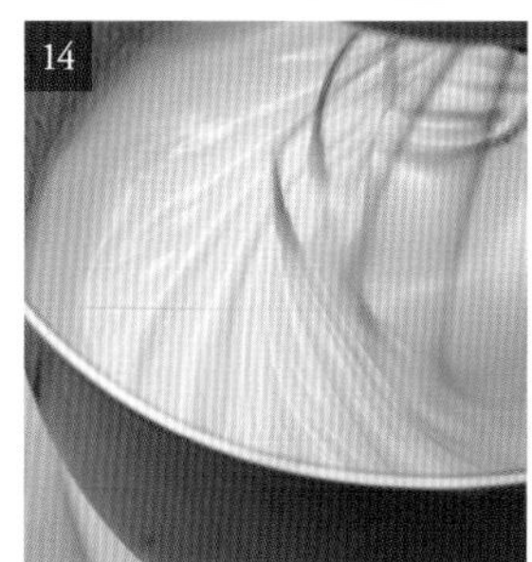

組合1

① 把黑巧克力慕斯沙巴翁倒進裝上口徑20mm圓形花嘴的擠花袋中，擠入裝有杏仁脆餅的慕斯圈直到2/3高（16）。

② 把杏仁巧克力蛋糕體浸泡在加熱至40℃左右的可可糖漿中。用手輕擰後蓋在①上。

③ 取布丁模蓋著從上方施壓，讓下面的慕斯沙巴翁自縫隙間溢出（17）。用抹刀抹平蛋糕體和慕斯，放入急速冷凍櫃中冰凍。

牛奶巧克力慕斯沙巴翁

① 2種調溫巧克力隔水加熱融解，調整到55℃左右。

② 基底糖漿煮沸。

*和「黑巧克力慕斯沙巴翁」一樣，為了做出質地輕盈的慕斯，糖漿不要煮太久。

③ 用打蛋器攪散蛋黃。一邊分次少量地加入②一邊攪拌均勻。

④ ③過濾後倒入攪拌盆中，隔水加熱用打蛋器攪拌至黏稠狀態（18）。

*攪拌到拿起打蛋器會有少許蛋糊留在鋼圈上。

⑤ 攪拌機轉高速打入大量空氣。降到中速調整質地後再降至低速攪拌，直到溫度降至約32℃。

⑥ 在①中加入兩勺打到5分發的鮮奶油（19），用打蛋器攪拌均勻。出現油水分離的結塊狀態後，再加入一勺鮮奶油充分攪拌（20）。讓油脂漸漸融入巧克力中。

⑦ 再加入一勺鮮奶油攪拌的話，油脂就會融入表面，呈現光澤感並開始乳化（21）。再加入兩勺攪拌軟化硬度。這時巧克力的溫度約調整至35℃左右（22）。

*先呈現分離狀態再攪拌融合，透過二次乳化取得更好的乳化效果。

⑧ 把剩餘的奶油全數倒入攪拌盆中（23），用打蛋器以撈起的方式混拌。再重複⑤，用打蛋器以相同方式混拌（24）。換拿橡皮刮刀攪拌至整體均勻一致。

組合2

① 取部分的牛奶巧克力慕斯沙巴翁放入裝好口徑10mm圓形花嘴的擠花袋中，在〈組合1〉的慕斯圈上擠入一圈。

② 拿起慕斯圈，輕敲底部以敲出空氣整平表面。用湯匙背面在側邊加抹幕斯，整形成研磨缽狀（25）。

*先取部分慕斯擠成研磨缽狀的平台，後續再擠時比較容易堆高慕斯。

③ 把剩下的牛奶巧克力慕斯沙巴翁倒入裝好口徑20mm圓形花嘴的擠花袋中，在②上擠成圓頂狀（26）。放入急速冷凍櫃中冷藏凝固。

裝飾

① 絲絨黑巧克力加熱到50℃左右。將甜點並排放在烤盤上，把絲絨黑巧克力均勻噴灑在圓頂狀慕斯上（27）。放入急速冷凍櫃中冷藏凝固。

② 棕色巧克力淋醬加熱至35℃左右變滑順，加入杏仁脆粒用橡皮刮刀混拌均勻（28）。

③ 用噴槍稍微加熱慕斯圈側邊，取下甜點。用小刀插進圓頂拿起來，把圓頂（慕斯）部分以外的側面和底部浸泡在②中。

④ 拿起甜點並傾斜，滴除多餘的巧克力淋醬（29）。用手指抹除黏在底部的杏仁脆粒後放在底紙上，拔出小刀。

⑤ 再次加熱黑巧克力鏡面淋醬後放涼到能擠出的硬度，放入錐形紙袋中。以慕斯上的小刀痕為基準點畫出放射線條（30）。

⑥ 用手把可可粒牛軋糖剝成等腰三角形，插在小刀留下的刀痕上（31）。

27

28

29

30

31

我就是喜歡這樣圓潤入口即化的慕斯質地。「簡單美味」指的就是這款甜點。雖然要一個個沾取巧克力淋醬很費工，但希望在甜點上留下能感受到手工製作成果的想法，也是我的願望。

Giverny 吉維尼

吉維尼是靠近諾曼第東邊，位於塞納河畔的寧靜小鎮。因為印象派畫家莫內晚年在此度過而聞名，可以參觀保留莫內繪畫世界原貌的庭園和住家。離巴黎很近，可當天來回，當我想外出走走時就會去那裏。在眾人皆知的莫內睡蓮池庭園發呆，或走到郊區，到寬敞的草地上看牛群吃草，從心底感到輕鬆自在。另外，還有言語難以形容的雨天。在陰沉的天空下，塞納河混濁的水流也好，河邊沉重下垂的柳枝也好，飄散在那附近諾曼第特有的哀愁，滲入心扉。這道「吉維尼」是一邊品味那溫柔的小鎮氣氛，一邊思考味道和色澤做成的。雖然有人覺得日本人難以接受檸檬或萊姆的強烈酸味，但我認為或許是沒有充分呈現出它的特殊香氣，便搭配白巧克力和開心果製作。對於常做濃郁甜點的我而言，這般輕柔感是項新挑戰。雖然被嫌棄「不像你的風格」，但本人卻非常喜歡。

材料 （直徑15cm、高4cm的慕斯圈・6個份）

開心果脆餅
Praliné croustillant de pistache
（57×37cm、高5mm的模板・1片份）
調溫巧克力（白巧克力）
couverture blanc 270g
杏仁果仁糖 praliné d'amandes 150g
開心果果仁糖 praliné de pistaches 150g
融化的奶油 beurre fondu 57g
薄餅脆片 feuillantines 300g
＊調溫巧克力使用法芙娜的「伊芙兒（Ivoire）」。

開心果蛋糕體
Biscuit à la pistache
（57×37cm、高1cm的模板・1片份）
生杏仁膏 pâte d'amandes crue 185g
開心果粉 pistaches en poudre 77g
全蛋 œufs entiers 92g
蛋黃 jaunes d'œufs 82g
蛋白 A blancs d'œufs 52g
蛋白 B* blancs d'œufs 164g
細砂糖 sucre semoule 102g
玉米澱粉 fécule de maïs 92g
融化的奶油 beurre fondu 41g
＊蛋白充分冷藏備用。

琴酒糖漿 Sirop à imbiber gin
（每個使用25g）
基底糖漿（p.250） base de sirop 110g
琴酒 gin 45g
＊材料混合均勻。

覆盆子果凍
Gelée de framboise
（每個使用70g）
覆盆子果泥 purée de frambois 100g
覆盆子（冷凍切碎） frambois 180g
檸檬汁 jus de citron 1g
細砂糖 A sucre semoule 80g
NH 果膠粉* pectine 5g
細砂糖 B* sucre semoule 54g
吉利丁片 gélatine en feuilles 5.3g
＊果膠和細砂糖 B 混合均勻備用。

開心果巴伐利亞奶油
Bavarois à la pistache
（每個使用125g）
牛奶 lait 208g
開心果醬* pâte de pistache 60g
香草莢 gousse de vanille 0.1根
蛋黃 jaunes d'œufs 120g
細砂糖 sucre semoule 45g
吉利丁片 gélatine en feuilles 6.2g
鮮奶油（乳脂肪35%）
crème fraîche 35% MG 400g
＊使用西西里島生產的生開心果製成的果醬。Antonino Affronti的產品。

萊姆風味白巧克力慕斯
Mousse chocolat blancs au citron vert
（每個使用210g）
調溫巧克力（白巧克力）
couverture blanc 500g
牛奶 lait 160g
萊姆皮（磨細屑）
zestes de citron vert 1.5顆份
萊姆汁 jus de citron vert 70g
蛋黃 jaune d'œufs 45g
細砂糖 sucre semoule 25g
吉利丁片 gélatine en feuilles 5g
鮮奶油（乳脂肪35%）
crème fraîche 35% MG 475g
＊調溫巧克力使用法芙娜的「伊芙兒（Ivoire）」。

萊姆果膠 Nappage citron vert
萊姆汁 jus de citron vert 165g
細砂糖 A sucre semoule 150g
檸檬酸 acide citrique 4g
水 eau 83g
NH 果膠粉* pectine 5g
細砂糖 B* sucre semoule 30g
＊檸檬酸加入等量水（份量外）溶解備用。
＊果膠和細砂糖 B 混合均勻備用。

萊姆風味義式蛋白霜
Meringue italienne au citron vert
（容易製作的份量）
水 eau 50g
細砂糖 sucre semoule 200g
蛋白* blancs d'œufs 135g
萊姆皮（磨細屑） zestes de citron vert 10g
＊蛋白充分冷藏備用。

杏仁片（烤過）* amandes effilées 適量
萊姆皮 zestes de citron vert 適量
金箔 feuille d'or 適量
＊杏仁片放入160℃的旋風烤箱中烤10～12分鐘，烘烤時每隔3分鐘就用刮鏟翻面鋪平再烤。

作法

開心果脆餅

① 和p.85〈開心果脆餅〉①～③的作法相同。

② 把57×37cm、高5mm的模板放在貼好OPP紙的烤盤上，倒入①用抹刀抹平（1）。放入急速冷凍櫃中冰凍。

③ 取下模板和OPP紙，用直徑14cm的圓模切取（2）。放入急速冷凍櫃備用（每個使用1片）。

開心果蛋糕體

① 生杏仁膏加熱到40℃左右，和開心果粉一起放入攪拌盆中，攪拌機裝上平攪拌槳轉低速稍微攪拌（3）。

*開心果會出油所以不要攪拌過度。

② 全蛋、蛋黃和蛋白A混合並攪散，加熱到40℃左右。一邊分次少量地倒入①中，一邊攪拌（4），攪拌完1/4量和半量時，暫停攪拌機，用橡皮刮刀刮下黏在平攪拌槳和攪拌盆上的麵團（5）。

③ 把剩下的蛋液全倒入攪拌盆中，用高速攪拌。打到泛白黏稠充滿空氣後，依中速→中低速→低速分段調降速度同時繼續攪拌，調整質地（6）。打到撈起麵糊，滴落下來的部分有明顯摺痕後，倒入鋼盆中。

④ 在步驟③攪拌機降到低速時，另取一台攪拌機以高速打發蛋白B。在打到4分發、6分發、8分發時，各加入1/3量的細砂糖，打發到蛋白霜出現光澤且尾端挺立（7）。

*打發的標準請參閱p.21〈蛋白脆餅〉②。打發過度的話，烘烤時麵糊會先膨脹再塌陷。

⑤ 用打蛋器攪拌④調整質地，取1/3量倒入③中用刮板混拌均勻。

⑥ 加入玉米澱粉（8），大致混合後倒入剩下的蛋白霜，用刮板混拌至均勻一致。

⑦ 加入60℃左右的融化奶油（9），混拌到均勻一致略帶光澤。

⑧ 把57×37cm、高1cm的模板放在矽膠烤墊上，倒入⑦抹平（10）。

⑨ 連同矽膠烤墊放在烤盤上，送入180℃的旋風烤箱中烤約14分鐘（11）。用三角刮板等先取出蛋糕體，再放在烤盤上置於室溫下放涼。用直徑14cm的圓模分切（每個使用1片）。

組合1

① 用刷子沾取琴酒糖漿充分沾濕開心果蛋糕體的烤皮（12），此面朝下蓋住開心果脆餅。放入急速冷凍櫃中冰凍（A）。

覆盆子果凍

① 覆盆子果泥、覆盆子、檸檬汁和細砂糖 A 放入銅鍋中混合煮沸。
② 加入已混合的果膠和細砂糖 B，用打蛋器攪拌（13）。一邊用刮鏟混拌一邊加熱，沸騰後轉大火煮1分30秒。
③ 關火加入吉利丁片並攪拌溶解。移到鋼盆中，墊著冰水放涼到呈濃稠狀。
④ 把直徑14cm的慕斯圈排在貼好OPP紙的烤盤上，各倒入70g的③。用抹刀抹平（14），放入急速冷凍櫃中冰凍。
＊為了做出美麗疊層，果凍面要倒得漂亮。

開心果巴伐利亞奶油

① 依p.84〈開心果巴伐利亞奶油〉①～⑨的要領製作奶油。

組合2

① 在裝著覆盆子果凍的冷凍慕斯圈上各倒入125g的開心果巴伐利亞奶油（15），用抹刀抹平。
② 把〈組合1〉的 A 開心果蛋糕體面朝下蓋在①上，用手輕壓使其貼合（16）。放入急速冷凍櫃中冰凍。
③ 用噴槍稍微加熱慕斯圈並脫模，取出內容物放入急速冷凍櫃中備用（內餡）。

萊姆風味白巧克力慕斯

① 調溫巧克力隔水加熱，融解約1/2。
② 鍋中倒入牛奶和萊姆皮屑煮沸。關火蓋上鍋蓋，浸泡約10分鐘（17）。
③ 把②倒入銅鍋中煮沸。
④ 同時用打蛋器攪拌蛋黃和細砂糖，加入萊姆汁（18）。
⑤ 把③倒入④中一邊用刮鏟攪拌一邊煮到82℃（安格列斯醬）。離火，加入吉利丁片攪拌溶解。
⑥ 把⑤倒入①（19），用打蛋器從中間開始攪拌，慢慢地往外移動攪拌至整體均匀一致。
⑦ 倒入深容器中，用攪拌棒攪拌到光澤滑順的乳化狀態（20）。倒回鋼盆中。
＊此時的溫度設定在40℃。
⑧ 鮮奶油打到6分發，取1/4量加入⑦中充分攪拌。加入剩下的鮮奶油攪拌後（21），換拿橡皮刮刀混拌至均勻一致。

組合3

① 把直徑15cm的慕斯圈排在貼好OPP紙的烤盤上。
② 把萊姆風味白巧克力慕斯倒入裝上口徑10mm花嘴的擠花袋中，在①上各擠入200g。用湯匙背面在慕斯圈邊緣抹上慕斯（連結用，22）。
③ 內餡的開心果脆餅朝下蓋在②上，用手指壓到與模型同高（23）。用抹刀刮除從邊緣溢出的慕斯並抹平。放入急速冷凍櫃中冰凍。

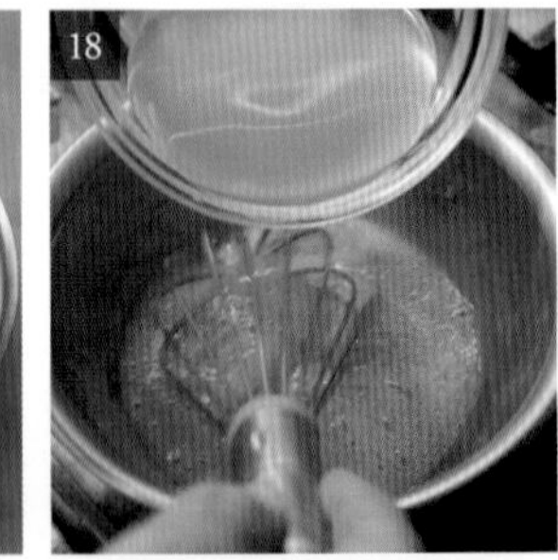

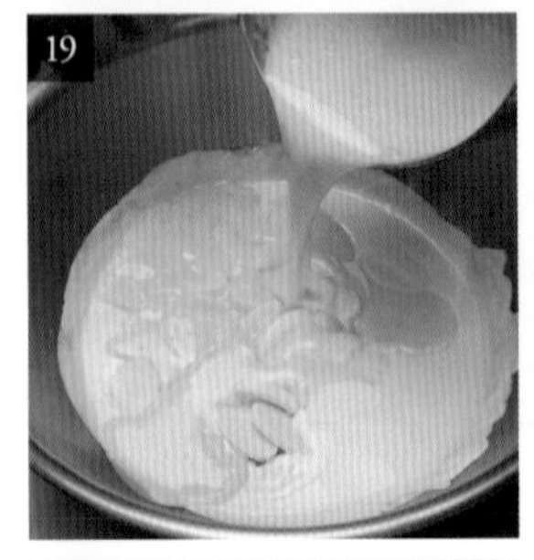

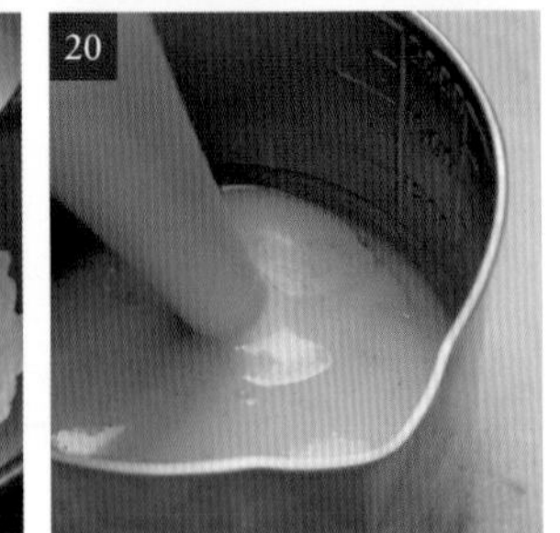

萊姆果膠

① 把萊姆汁、細砂糖 A、檸檬酸和水倒入鍋中煮沸。

② 把已混合的果膠和細砂糖 B 加入①，用打蛋器攪拌溶解（24）。用刮鏟一邊攪拌一邊煮沸，沸騰後再煮1分鐘。

＊小心糖水容易從鍋邊溢出。

③ 過濾後置於室溫下放涼（25）。接著放進冰箱冷藏。使用前再加熱至人體溫度左右。

萊姆風味義式蛋白霜

① 鍋中倒入細砂糖和水開火加熱，熬煮至118℃。

② 當①到達90℃時，把蛋白倒入攪拌盆中，攪拌機轉高速充分打發。

③ 一邊把①倒入②中，一邊打發到蓬鬆狀態（26）。轉中低速→低速降低速度，繼續攪拌至溫度降至體溫左右調整質地。

④ 加入萊姆皮屑，用低速攪拌均勻（27）。

裝飾

① 用噴槍稍微加熱慕斯圈側面，取下甜點放在旋轉台上。

② 上面塗上萊姆風味義式蛋白霜。抹刀前端固定在中心處，轉動旋轉台抹平蛋白霜。側面也用抹刀大量塗上蛋白霜，轉動旋轉台塗滿整個甜點。拿著刀垂直塗抹讓厚度一致（28）。

③ 用抹刀刮除從上面和側面溢出的蛋白霜（29）。

④ 把直徑8.5cm的慕斯圈放在上面中間，印出記號。

⑤ 在裝好聖安娜花嘴的擠花袋中放入義式蛋白霜，從④做好的記號處往外各擠上一條做成風車狀（30）。移到鋪好矽膠烤墊的烤盤上，放入冷凍庫冷藏約10分鐘。

⑥ 在各處放上烤過的杏仁片，整體均勻撒上糖粉。傾斜烤盤側面也撒上糖粉。

⑦ 放入200℃的旋風烤箱中烤約1分鐘。

⑧ 將萊姆果膠倒入蛋白霜內側並抹平。萊姆皮磨成粗屑撒在上面（31）。把金箔黏在蛋白霜前端某一處即可。

24

25

26

27

28

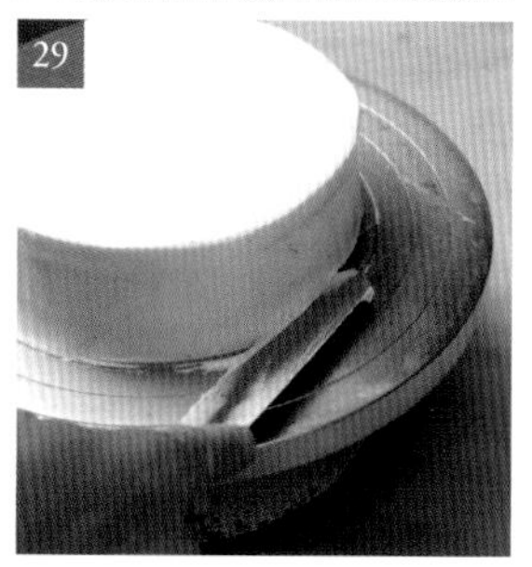

29

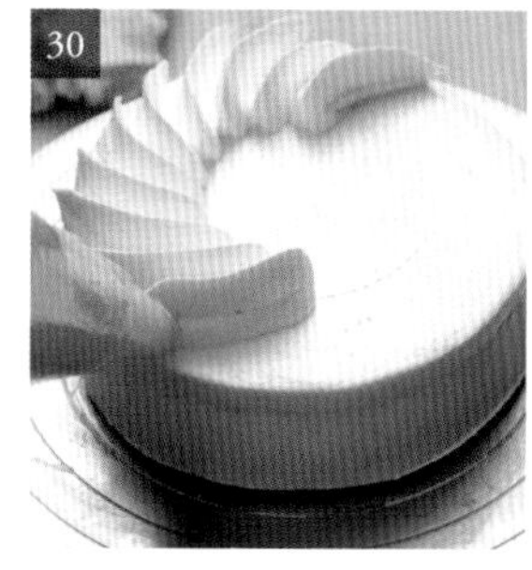

30

31

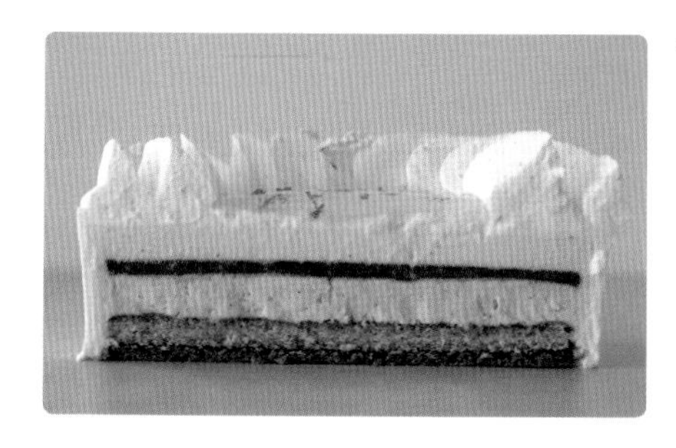

從上到下
- 萊姆風味義式蛋白霜
- 萊姆果膠
- 萊姆風味白巧克力慕斯
- 覆盆子果凍
- 開心果巴伐利亞奶油
- 琴酒糖漿
- 開心果蛋糕體
- 開心果脆餅

Pompadour 龐巴度

在「拉杜麗（Ladurée）」吃了「龐巴度」後，我確信加了奶油的鮮奶油和酸味相當合拍。法式奶油霜搭配熱帶水果的果凍，周圍包上焦糖蛋糕體。這款甜點就是以這個味道為基底，再用我的方式加點變化做成生日或紀念日蛋糕。內容是搭配多種水果展現新風味的果凍，外型符合「拉杜麗」給人的印象，用淺色系的杏仁膏包覆整體，再以皇家糖霜畫出纖細的花邊。

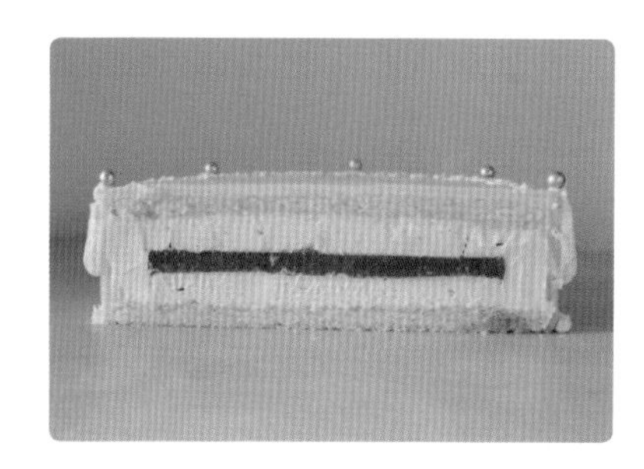

從上到下
- 皇家糖霜
- 銀珠糖
- 杏仁膏
- 椰香達克瓦茲蛋糕體
- 香草風味慕斯琳奶油餡
- 熱帶水果果凍（中間內餡）
- 香草風味慕斯琳奶油餡
- 椰香達克瓦茲蛋糕體

龐巴度 Pompadour

材料 （直徑15cm、高4cm的慕斯圈・3個份）

椰香達克瓦茲蛋糕體
Biscuit dacquoise à la noix de coco

（57×37cm、高1cm的模板・1片份）
＊全數使用p.75「椰香達克瓦茲蛋糕體」。

熱帶水果果凍 Gelée exotique
（60×40cm的烤盤・1個份）

百香果果泥 purée de fruit de la Passion 615g
芭樂果泥 purée de goyave 240g
香蕉果泥 purée de banane 240g
草莓果泥 purée de fraise 510g
萊姆汁 jus de citron vert 240g
細砂糖 sucre semoule 280g
吉利丁片 gélatine en feuilles 30g
黑胡椒（粉） poivre noir 1g

香草風味慕斯琳奶油餡
Crème mousseline à la vanille

卡士達醬（p.248） crème pâtissière 520g
香草精* extrait de vanille 7g
法式奶油霜（p.249） crème au beurre 1000g
＊香草精是天然香草濃縮原汁。

皇家糖霜 Glace royal
（容易製作的份量）

糖粉 sucre glace 300g
蛋白 blancs d'œufs 100g
檸檬汁 jus de citron 適量

生杏仁膏 pâtes d'amandes crue 300g
糖粉（手粉） sucre glace 適量

銀珠糖 perles de sucre argentées 適量

作法

椰香達克瓦茲蛋糕體

① 麵糊作法和p.75〈椰香達克瓦茲蛋糕體〉①～②相同，倒入57×37cm、高1cm的模板，放入175℃的旋風烤箱烤約20分鐘。自烤盤取下放在網架上，置於室溫下放涼。

② 用直徑14cm的圓模分切成6片（每個使用2片）。

熱帶水果果凍

① 把4種水果果泥、萊姆汁和砂糖倒進耐熱容器中混合均勻，放入微波爐加熱至40℃左右。

② 在軟化的吉利丁片中分2次倒入少量的①，用打蛋器攪拌均勻。倒回①中，加入黑胡椒攪拌。

③ 倒入貼好OPP紙的烤盤上，放入急速冷凍櫃中冰凍。

④ 用直徑13公分的圓模切取，撕除OPP紙。

香草風味慕斯琳奶油餡

① 把香草精加入已回復室溫的卡士達醬中，用橡皮刮刀混拌均勻。

② 攪拌機裝上平攪拌槳以中速攪拌法式奶油霜到滑順狀態。分5次各加入一勺的①，每次都攪拌至稍微起泡。當攪拌完半量和全部的①時，用橡皮刮刀刮下黏在平攪拌槳和鋼盆上的奶油，由底部往上切拌至色澤均勻一致。

組合

① 用抹刀在慕斯圈側邊內側塗上一層薄薄的香草風味慕斯琳奶油餡，放在貼好OPP紙的烤盤上。

② 取1片椰香達克瓦茲蛋糕體鋪在①的底部。把香草風味慕斯琳奶油餡倒入裝上直徑12mm圓形花嘴的擠花袋中，在蛋糕體上從外圍往中間擠出漩渦狀奶油。

*擠到低於慕斯圈一半高度的位置。

③ 在②的中間放上熱帶水果果凍，輕壓使其貼合。

④ 香草風味慕斯琳奶油餡由外側往中間擠成漩渦狀。

*擠到低於慕斯圈高度1.2cm的位置。

⑤ 放入另1片椰香達克瓦茲蛋糕體，再放上與蛋糕體差不多大的平板由上往下壓，使其貼合。

*壓到低於慕斯圈高度3mm的位置。

⑥ 在⑤上擠入香草風味慕斯琳奶油餡，用抹刀一邊刮除多餘奶油一邊抹平。放入急速冷凍櫃中冰凍。

皇家糖霜

① 把糖粉和蛋白倒入攪拌盆中，攪拌機裝上平攪拌槳以高速打發至尾端挺立。

② 加入檸檬汁，繼續攪拌到能擠出的硬度。

*糖霜放越久質地越不滑順，很難擠出來，因此使用前再做。

裝飾

① 將甜點放入冰箱約2小時解凍。

② 一邊撒上大量糖粉當手粉，一邊用手搓揉杏仁膏到稍微硬化。

*搓揉至類似耳垂硬度即可。須留意撒太多糖粉會讓杏仁膏變乾。

③ 揉成團後，撒上糖粉大致整成圓形。用擀麵棍擀成2mm厚、比直徑15cm的慕斯圈大上2圈的圓片，用刷子把糖粉刷乾淨。

④ 用擀麵棍捲起，覆蓋在①上。用手指一邊拉撐杏仁膏讓側面平整沒有皺褶，一邊貼緊表面。

⑤ 切除多餘的部分，用手指將邊緣調整漂亮。

*不要將甜點拿起，放在平台作業。

⑥ 在上面邊緣處用小刀印出8個記號。

⑦ 把皇家糖霜裝進錐形紙袋中，尖端處剪細孔，在⑥的記號處各擠出3條如垂幕般線條於側面上。

⑧ 在裝好8齒3號星形花嘴的擠花袋中倒入皇家糖霜，在⑥的記號處由下往上擠出貝殼造型。擠完後放上銀珠糖。

⑨ 把皇家糖霜裝進錐形紙袋中，尖端處剪粗孔，在側面下端連續擠出圓球。上面再擠上裝飾花紋即可。

達克瓦茲大多是用油脂含量高的堅果製成，因為沒有放粉類，如果烤得不夠久，內部會沾黏。考慮到烤好後還帶有濕氣，充分烘烤到快要變得脆硬前再取出備用。

Tarte chocolat praliné noisette
榛果巧克力塔

巧克力塔是法國人最喜歡的甜點。可說是如同大福或銅鑼燒在日本人心中的地位。正因為如此就不能隨意更改配方，使用巧克力和鮮奶油1：1的原味甘納許，做出這款正統且味道濃郁的甜點。但是，光這樣做吃起來會太厚重，於是加了法國人很喜歡的果仁糖風味巧克力奶凍，和口感極佳的自製榛果果仁糖。四方形給人經典卻俐落的現代感。

從上到下
- 黑巧克力片
- 焦糖榛果
- 黑巧克力鏡面淋醬
- 原味甘納許
- 榛果巧克力奶凍（中間餡料）
- 自製榛果果仁糖
- 巧克力塔皮

榛果巧克力塔　Tarte chocolat praliné noisette

材料　（6×6×高2cm・30個份）

巧克力塔皮　Pâte sucrée au chocolat
（每個使用20g）
奶油　beurre　178g
糖粉　sucre glace　72g
杏仁粉　amandes en poudre　72g
全蛋　œufs entiers　62g
低筋麵粉　farine ordinaire　286g
可可粉　cacao en poudre　26g
泡打粉　levure chimique　3g

自製榛果果仁糖
Praliné noisette à la maison
（80個份，每個使用5g）
榛果（帶皮）　noisettes　225g
水　eau　40g
細砂糖　sucre semoule　140g
香草莢　gousse de vanille　1根

榛果巧克力奶凍
Crème onctueuse au praliné noisette
（57×37cm、高6mm 模板・1片份）
鮮奶油（乳脂肪35%）
crème fraîche 35% MG　880g
蛋黃　jaunes d'œufs　187g
細砂糖　sucre semoule　163g
吉利丁片　gélatine en feuilles　11g
吉安地哈榛果巧克力（苦甜）*
gianduja noisettes noir　60g
榛果醬　pâte de noisette　120g
*吉安地哈榛果巧克力使用法芙娜的「Gianduja noisette noir」。切碎備用。

原味甘納許　Ganache nature
（每個使用35g）
調溫巧克力（苦甜，可可含量61%）*
couverture noir　525g
鮮奶油（乳脂肪35%）
crème fraîche 35% MG　525g
奶油　beurre　52g
*調溫巧克力使用法芙娜的「Extra Bitter」。

黑巧克力鏡面淋醬 (p.259)
glaçage miroir chocolat noir　適量
焦糖榛果 (p.256)
noisettes caramelisées
黑巧克力片 (p.253)
plaquettes de chocolat noir　30片
金箔　feuille d'or　適量

作法

巧克力塔皮

① 麵團作法參考p.76〈巧克力塔皮〉①～④。揉成2cm厚再包上保鮮膜，放入冰箱靜置一晚。

② 用手輕揉①，軟化後整成四方形。放進壓麵機壓平麵團，每次轉90度壓成2.75mm厚。

③ 放在烤盤上用刀子切除兩端。放進冰箱靜置約30分鐘，讓麵團硬化方便作業。

④ 把麵團鋪入6×6cm、高2cm的框模內（塔皮入模→p.265）。

⑤ 把④排在鋪了網狀矽膠烤墊的烤盤上，內側擺上鋁杯放入重石。送入170℃的旋風烤箱中烤約5分鐘，置於室溫下放涼。

自製榛果果仁糖

① 把榛果放在烤盤上鋪平，送入160℃的旋風烤箱烤10～15分鐘。

＊不剝皮活用其澀味，提出明顯的榛果風味。

② 銅鍋中放入水、細砂糖、香草籽和香草莢開大火加熱。煮到冒出大泡泡後，用木鏟攪拌繼續加熱，直到變金黃色。

＊依個人喜好調整焦糖的焦化程度。

③ 關火加入①的榛果，用木鏟混拌均勻。

＊當榛果溫度變低時，請放入烤箱再次加熱到用手摸會燙的程度再放入焦糖中。

④ 開中火，用木鏟從底部往上撈的方式一邊混拌一邊加熱。冒出煙且沉澱在鍋底的焦糖變成深褐色後，放到矽膠烤墊上略為鋪平，置於室溫下放涼。

⑤ 硬化後切成適當大小放入食物處理機中，攪拌到有少許顆粒殘留，具光澤感的黏稠流質狀態。

＊隨時用刮鏟把黏在鋼圈或容器上的果仁糖刮下，從底部往上撈混拌均勻。

榛果巧克力奶凍

① 在銅鍋中倒入鮮奶油煮沸。

② 進行①的同時用打蛋器攪拌蛋黃和細砂糖。一邊加入1/3量的①一邊攪拌均勻。再倒回銅鍋中，用刮鏟邊攪拌邊煮到82℃（安格列斯醬）。

③ 離火，加入吉利丁片攪拌溶解。

④ 把切碎的吉安地哈榛果巧克力和榛果醬倒入鋼盆中，加入已過濾的③。用打蛋器從中間開始攪拌，慢慢地往外移動直到整體攪拌均勻。

⑤ 倒入深容器中，用攪拌棒攪拌到光澤滑順的乳化狀態。

⑥ 把57×37cm、高6mm的模板放在貼好OPP紙的烤盤上，倒入⑤。抹平表面後放入急速冷凍櫃中冰凍。

⑦ 用小刀插入模板和果仁糖間脫模。平面蛋糕刀加熱，分切成4×4cm後放入急速冷凍櫃中備用。

原味甘納許

① 調溫巧克力隔水加熱，融解1/2左右。

② 鮮奶油煮沸。取半量倒入①中，用打蛋器從中間開始攪拌，慢慢地往外移動直到整體攪拌均勻。加入剩下的一半，以同樣的方法攪拌乳化。

③ 倒入深容器中，用攪拌棒攪拌到光澤滑順的乳化狀態。

④ 加入呈乳霜狀的奶油，用橡皮刮刀大致混拌均勻。再用攪拌棒攪拌到光澤滑順的乳化狀態。

組合

① 在巧克力塔皮內側用噴霧器噴入可可脂（份量外）。各放入5g的自製焦糖榛果，用抹刀前端抹平。

② 把原味甘納許倒入沒有裝花嘴的擠花袋中，擠到派皮的一半高度。放上1片榛果巧克力奶凍，用手指壓到與甘納許同高。

③ 擠入大量的原味甘納許。用抹刀抹平，放入冰箱冷藏凝固。

裝飾

① 黑巧克力鏡面淋醬加熱，用抹刀在塔皮表面薄薄地抹上一層。放入冰箱冷藏凝固。

② 把1顆焦糖榛果放在角落上。黑巧克力鏡面淋醬倒入紙卷內，擠出少許在焦糖榛果上，放上黑巧克力片黏接。

③ 用抹刀前端沾取金箔，黏在巧克力片的尖端處。

巧克力塔皮的製作重點是低溫烘烤，避免破壞風味。另外，因為加了可可粉所以減少麵粉用量，塔皮一旦冷掉入模時就容易裂開。因此不要放涼太久，把柔軟的塔皮迅速鋪入模型中相當重要。

*U*n dimanche à Paris
巴黎星期天

巴黎的星期天是一週中相當特別的日子。餐廳或商店幾乎都沒開，非常安靜。不過甜點店營業到中午前，陸續有人攜家帶眷地前來買甜點，洋溢著星期天才有的熱鬧氣氛。在人潮退去的下午，我們這些甜點師傅也下班了。回家時總是興奮地想著「可以睡午覺了！」。在不用工作的星期天，一早就到市集買齊一週份量的食材。於住家附近買麵包，有時帶著起司和特價的紅酒回家，接著就到塞納河畔散步、或到朋友家玩……。星期天就是充滿各種無憂無慮的快樂。要如何和這樣的回憶結合，當這款甜點完成時，浮現在腦海的是「巴黎的星期天」這句話。或許就是那各種熱帶水果交織出的味道和細膩的呈現手法讓我覺得很特別。在製作方面帶入「水潤果膠」的新概念，成為打破自己只做傳統法國甜點表象的起點，是款令人印象深刻的甜點。

材料 (12×12×高3cm的框模・2個份)

椰子香草香緹鮮奶油
Crème Chantilly à la noix de coco et à la vanille

鮮奶油(乳脂肪35%)
crème fraîche 35% MG 320g
香草莢 gousse de vanille ½根
調溫巧克力(白巧克力)*
couverture blanc 95g
椰子蘭姆酒* liqueur de noix de coco 65g
椰子糖漿* sirop à la noix de coco 35g
＊椰子蘭姆酒使用馬里布(MALIBU),椰子糖漿使用莫林(MONIN)的產品。

焗烤鳳梨餡
Ananas rôti façon Tatin

(57×37cm的框模・1個份)
鳳梨 ananas 3150g
香草莢 gousse de vanille 1根
細砂糖 sucre semoule 630g
奶油* beurre 80g
＊奶油切成1.5cm小丁備用。

椰香達克瓦茲蛋糕體
Biscuit dacquoise à la noix de coco

(57×37cm、高1cm的模板・1片份)
蛋白* blancs d'œufs 400g
細砂糖 sucre semoule 135g
杏仁粉 amandes en poudre 175g
糖粉 sucre glace 360g
椰子粉 noix de coco râpe 185g
＊蛋白冷藏備用。

牛奶巧克力奶凍
Crème onctueuse chocolat au lait

鮮奶油(乳脂肪35g)
crème fraîche 35% MG 260g
橙皮(磨細屑) zestes d'orange ⅔顆份
轉化糖 trimoline 40g
吉利丁片 gélatine en feuilles 0.3g
調溫巧克力(牛奶,可可含量40%)
couverture au lait 190g
柑曼怡橙酒 Grand-Marnier 40g
＊調溫巧克力使用法芙娜的「吉瓦納牛奶巧克力(Jivara Lactee)」。

巧克力塔皮
Pâte sucrée au chocolat

(15個份)
奶油 beurre 162g
糖粉 sucre glace 65g
杏仁粉 amandes en poudre 65g
全蛋* œufs entiers 57g
低筋麵粉 farine ordinaire 260g
可可粉 cacao en poudre 24g
泡打粉 levure chimique 3g
＊全蛋回復室溫備用。

椰香法式蛋白霜
Meringue Française à la noix de coco

(容易製作的份量)
蛋白* blancs d'œufs 100g
細砂糖 sucre semoule 100g
糖粉 sucre glace 100g
椰子粉 noix de coco râpe 30g
椰絲 noix de coco 適量
＊蛋白冷藏備用。

焦糖巧克力淋醬 (p.260)
glaçage miroir chocolate au lait et au caramel
適量
杏仁脆粒 (p.255)
craquelin aux amandes 適量
水潤香草透明果膠 (p.258)
napage à la vanille 適量

作法

椰子香草香緹鮮奶油
① 調溫巧克力隔水加熱,融解約1/2。
② 鍋中倒入鮮奶油、香草籽和香草莢煮沸。關火蓋上鍋蓋浸泡15分鐘。
③ 過濾②。用力壓緊留在濾網上的香草濾出鮮奶油。取320g,不夠的部分加鮮奶油補足(份量外)。
④ 開中火,煮到咕嚕冒泡後取47g倒入①中(1)。
⑤ 用打蛋器從中間開始攪拌,慢慢地往外移動直到整體攪拌均匀。倒入深容器中,用攪拌棒攪拌到光澤滑順的乳化狀態。
＊先充分乳化調溫巧克力及其半量的鮮奶油,做成基底甘納許。像這樣分2次加入鮮奶油能乳化得更確實。
⑥ 剩下的④取48g倒入⑤中,同樣用打蛋器整體攪拌均勻。用攪拌棒攪拌到光澤滑順的乳化狀態(2)。

1

2

⑦ 倒入鋼盆中分3次加入剩餘的④，每次都要充分攪拌均勻。置於室溫下放涼。

⑧ 加入椰子萊姆酒和椰子糖漿，用打蛋器攪拌均勻（3）。包上保鮮膜，放入冰箱靜置24小時。

⑨ 用攪拌機高速打發，變得黏稠後自攪拌機取下，換用手持打蛋器攪拌至均勻一致。再用攪拌機高速打到6分發。

⑩ 移到鋼盆中，墊著冰水用打蛋器打到8分發（4）。

⑪ 倒入裝上8齒7號星形花嘴的擠花袋中，在貼好OPP紙的烤盤上，擠出直徑約3cm的薔薇花球（5）。蓋上蓋子，放入急速冷凍櫃中冰凍。

焗烤鳳梨餡

① 鳳梨剝除厚皮，去除種籽和鳳梨心後切成1cm小丁。和香草籽、香草莢、細砂糖一起倒入鍋中，用手稍微攪拌（6）。

② 連同流出的鳳梨汁一起倒入深方盤中，撒上奶油小丁（7）。

③ 蓋上蓋子放入200℃的電烤箱中烤2個半小時。烘烤時每隔1小時取出整體混拌均勻，最後30分鐘烤箱門打開約1/4。

＊要慢火烤熟水果時，使用電烤箱。

④ 溫度降到150℃，烤箱門打開約1/4繼續烤1小時。直到水分幾乎烤乾（8）。

⑤ 從烤箱取出整體拌勻後，置於室溫下放涼。包上保鮮膜放入冰箱靜置一晚。

椰香達克瓦茲蛋糕體

① 蛋白用攪拌機高速打發，在打到4分發、6分發、8分發時，各加入1/3量的細砂糖，充分打發至尾端挺立。

＊打發的標準請參閱p.21〈蛋白脆餅〉②。

② 杏仁粉、糖粉和椰子粉混合均勻，倒入①中用手抓撈拌勻（9）。大致混合後用刮板刮下黏在鋼盆和手上的麵糊，再次混拌到撈起麵糊，掉落的部分會稍微往外散開的程度即可。

③ 把57×37cm、高1cm的模板放在烘焙紙上，倒入麵糊抹平（10）。

④ 取下模板，連同烘焙紙放在烤盤上，送入175℃的旋風烤箱中烤約20分鐘。連烘焙紙一起取出放在網架上，置於室溫下放涼（11）。

組合

① 用鋸齒刀切除椰香達克瓦茲蛋糕體周圍，配合37×28.5cm的框模外圍切成1片。把框模放在貼好OPP紙的烤盤上，放入蛋糕體。

② 倒入1125g的焗烤鳳梨餡，用抹刀抹平（12）。放入急速冷凍櫃中冰凍。

③ 脫模，用平面蛋糕刀切除兩端後將蛋糕體切成10.5cm的方形。放在貼好OPP紙的烤盤上，蓋上12×12cm、高3cm的框模放入急速冷凍櫃中冰凍（13）。

牛奶巧克力奶凍

① 調溫巧克力隔水加熱，融解約1/2。

② 鮮奶油和橙皮煮沸。關火蓋著鍋蓋浸泡10分鐘後過濾。壓緊柳橙皮充分擠出奶油。

③ 開火加熱②和轉化糖，用打蛋器攪拌溶解。關火加入吉利丁片溶解（14）。

④ 取74g倒入①中（15），用打蛋器從中間開始攪拌，慢慢地往外移動直到整體攪拌均勻。

*先充分乳化調溫巧克力及其半量的鮮奶油，做成基底甘納許。像這樣分2次加入鮮奶油能乳化得更確實。

⑤ 倒入深容器中，用打蛋器攪拌後換拿攪拌棒攪拌到光澤滑順的乳化狀態。

⑥ 剩餘的③取74g倒入，用打蛋器攪拌後同樣換拿攪拌棒攪拌至滑順的乳化狀態（16）。

⑦ 墊著冰水一邊用橡皮刮刀不時地混拌，一邊降溫到35℃。

⑧ 倒入充填器內，注入〈組合〉的框模和蛋糕體之間，直到與蛋糕體等高（17）。放入急速冷凍櫃中冰凍。

*先填滿和框模間的縫隙，避免奶油流出。

⑨ 當凝固到手指無法壓下的硬度後，在框模中注入大量的⑧（18）。表面噴灑酒精消除氣泡，放入急速冷凍櫃中冰凍。

巧克力塔皮

① 用裝上平攪拌槳的攪拌機將奶油打成乳霜狀。加入糖粉，以低速稍微混拌。用橡皮刮刀刮除黏在攪拌盆或平攪拌槳上的奶油，繼續混拌。

② 加入杏仁粉稍微混拌（19），分次少量地倒入打散的全蛋液，充分混合均勻。途中，刮下黏在攪拌盆或平攪拌槳上的麵糊。

*先加入杏仁粉，再倒入含水材料時比較容易乳化。請注意若攪拌過度杏仁會出油。

③ 加入混合過篩的低筋麵粉、可可粉和泡打粉，用攪拌機以低速間斷式混拌（20）。先用橡皮刮刀刮下大致拌勻的麵團再繼續攪拌整體，以同樣的方法混拌直到看不見粉粒。

④ 倒入方盤中，鋪成約2cm厚（21）。包上保鮮膜貼緊，放入冰箱靜置一晚。

⑤ 用手稍微揉搓麵團，軟化後整成四方形。放進壓麵機每次轉90度壓成2.25mm厚。

⑥ 用平面蛋糕刀切除兩端，配合12.5cm的方形框模外圍切成2片（每個使用1片）。

*配合框模外圍分切的話，烘烤後剛好回縮成適當大小。

⑦ 放在鋪好網狀矽膠烤墊的烤盤上，送入160℃的旋風烤箱中烤約14分鐘。避免塔皮翹起，放在烘焙紙和烤盤上放涼到室溫（22）。

椰香法式蛋白霜

① 用攪拌機高速打發蛋白。打到5分發、7分發、9分發時各加入1/3量的細砂糖，打成尾端挺立結實具光澤感的蛋白霜（23）。

＊5分發的狀態是整體起泡體積膨脹；7分發則是蛋糊變得更白，開始纏在打蛋器上；打到9分發時，發泡大致結束，最好呈現略帶厚實的狀態。在比例上細砂糖的用量比蛋白多，所以加入細砂糖的時間點比製作普通蛋白霜時各慢一步，更能充分打發。

② 加入糖粉，用高速稍微拌勻。自攪拌機取下，用橡皮刮刀混拌至看不見粉粒。

③ 加入椰子粉，由底部往上切拌至出現少許光澤（24）。

④ 倒入裝好8齒7號星形花嘴的擠花袋中，在鋪好烤盤紙的烤盤上擠出直徑約3cm的薔薇花球（25）。

⑤ 撒上椰絲，用手掌輕壓使其貼合（26）。

⑥ 放入100℃的電烤箱中烤1小時。關火直接放在烤箱中乾燥一晚（27）。和乾燥劑一起放入密閉容器中保存。

裝飾

① 在巧克力塔皮上噴可可脂（份量外）。

② 用噴槍加熱框模，取下甜點。放進急速冷凍櫃冷藏凝固。

③ 把①放在網架上，再疊上②。依側面→上面的順序淋滿加熱過的焦糖巧克力淋醬。用抹刀滑過上面後（28），兩手輕敲網架，滴除多餘的淋醬。

④ 當淋醬凝固不會沾手後用手拿著，用抹刀刮除堆積在下方的淋醬。

⑤ 側面撒上杏仁脆粒（29）。放在底紙上，上面各放上少量杏仁脆粒排成5×5列（30）。

＊上面的杏仁脆料，對之後的香堤鮮奶油有止滑作用。

⑥ 取竹籤刺在冷凍的椰子香草香緹鮮奶油底部。表面塗上水潤香草透明果膠（31），用手指刮除多餘的部分。

＊一邊從急速冷凍櫃各取出2～3個一邊進行此步驟。

⑦ 拔掉竹籤，放在抹刀上一個緊接一個地排列在杏仁脆粒上（32）。

＊面向甜點，從對面橫向一排→左邊直向一排→對面往前橫向一排……由對面往身體這側的順序依次放上的話比較好排列。

⑧ 放上5個椰香法式蛋白霜裝飾即可（33）。

從上到下
・椰香法式蛋白霜
・椰子香草香緹鮮奶油
・焦糖巧克力淋醬
・牛奶巧克力奶凍
・焗烤鳳梨餡
・椰香達克瓦茲蛋糕體
・巧克力塔皮
・側面是杏仁脆粒

3

在巴黎的「美好年代」

La belle époque de la pâtisserie parisienne

我29歲時開始在「PACHON」餐廳工作，職位是法國人主廚底下的甜點主廚，負責製作甜點。也在名為「Le Petit Bedon」的法式甜點店工作，職場上可謂是一帆風順。然而，那時的我一直在思索「何謂法式甜點的美味」，越想就越鑽牛角尖，連自己也理不出頭緒。對答不出來的問題焦躁不已，腦海浮出「這樣的我做出來的甜點會好吃嗎？」的疑問，內心越發混亂茫然。太過在意「一定要和別人不同」而迷失自我方向，總是帶著不安的情緒在原地打轉。要從這場糾葛脫身而出，就只能去法國確認自己的甜點是否稱得上是道地的法國甜點。這時我34歲。比同世代的甜點師傅還晚到法國進修，但1999年我就決定和同為甜點師傅的內人一起到法國去。

到了當地展現在眼前的，是皮埃爾．艾爾梅帶來改變，充滿活力的法國甜點界。引進烹飪手法和時尚，重視口感變化，掀起多種演變風潮迷倒眾人。在我看來這樣的華麗熱鬧景象簡直就是「美好年代」。不是只追求時尚、奇特或新穎，還有根深蒂固的傳統味道和外觀，充滿樸實美味。可以說是從輕盈易入口的慕斯風行時代，稍微往味道、口感紮實的傳統方向回流的時代。我還開心地發現和艾爾梅同樣來自「雷諾特」。他和門下學徒研發出的幾款甜點，就算展現出新創意或手法，味道也不會太複雜，主調風味明顯，外表看起來就很美味。令我既安心又深有同感。活用素材製作甜點，就我所知也是雷諾特的一大特點。「『美味』不是那麼複雜且困難的事物。」連結「Paris S'éveille」甜點的自我之道，絕對是在這個時代奠定下來的。

另外，這時在法國和度過相同時代，比雷諾特年輕一個世代的甜點師傅們交流，讓我變得更靈活。無論年齡或感覺，兩個世代在法國體驗到的事物都不同。遊走在兩者間，接觸各自的思考與理念對我而言自然且愜意，帶給我甜點製作、開業的能量。

回國後，如願地大改法國本土甜點的面貌，為人們帶來驚喜。改變不可謂不好。但是，我認為這和動不動就將流行、設計、甜點師傅的個人魅力等視為重點，是有些許差異的。正因為識時務，所以不能偏離美味的本質。不僅是製法或口味搭配，還包括適合食物的顏色與外形。如此想來，以華麗卻腳踏實地的本質變化風靡一世的21世紀初法國甜點界，果然是「美好時代」。那時的光芒一直留在我心中至今未曾褪色。

右上：從蒙馬特山丘俯瞰／右下：佇立在巴黎歌劇院的老紳士／左上：巴黎的藍天與艾菲爾鐵塔／左下：被夕陽染紅的協和廣場

Tarte Printanière
春日塔

「雷諾特」的點心，在我工作當時是屬於最新穎的新式甜點。因此，甜點師傅間會說「沒有人可以超越它」等話，但終究會隨著時代陸續推出新商品。就像塔皮點心。說到我年輕時學的塔皮點心，理所當然地放在室溫下避免品質變差，絕對不能放進冷藏的甜點櫃是基本常識。然而到了法國一看，搭配鮮奶油或巴伐利亞奶油的小點必須放入冷藏甜點櫃中！這讓我相當震撼。心想會不會是受到皮埃爾・艾爾梅的「咖啡塔」影響而推廣開來。試吃一口相當美味，令人驚艷。讓我深深地覺得偶爾也須顛覆一下長久以來的信仰。「春日塔」也是以這種小點形式組合成洋溢春天風情的塔皮點心。開心果濃郁且柔和的味道中，薄薄塗上的酸櫻桃果醬，帶來令人印象深刻的酸味，整體籠罩在輕柔且明顯的櫻桃白蘭地香氣下。

從上到下
・Amarena黑櫻桃
・開心果脆粒
・櫻桃白蘭地風味香緹鮮奶油
・開心果巴伐利亞奶油
・Griotte櫻桃果醬
・開心果脆餅
・Griotte櫻桃
・開心果風味杏仁鮮奶油
・甜塔皮

春日塔 Tarte printanière

材料 （直徑6.5cm、高1.7cm的慕斯圈・30個份）

櫻桃白蘭地風味香緹鮮奶油 Crème Chantilly au kirsch

（每個使用23g）

調溫巧克力（白巧克力）* couverture blanc 144g
鮮奶油（乳脂肪40%） crème fraîche 40% MG 540g
櫻桃白蘭地 kirsch 54g
＊調溫巧克力使用法芙娜的「伊芙兒（Ivoire）」。

Griotte櫻桃果醬 Confiture de griotte

（容易製作的份量。每個使用15g）

Griotte 櫻桃（冷凍品） griotte 500g
細砂糖 A sucre semoule 195g
細砂糖 B sucre semoule 55g
NH 果膠粉 pectine 5.5g
＊細砂糖 B 和NH果膠粉混合均勻備用。

甜塔皮 Pâte à sucrée

（每個使用20g）

奶油 beurre 162g
糖粉* sucre glace 108g
杏仁粉* amandes en poudre 36g
全蛋* œufs entiers 54g
低筋麵粉 farine ordinaire 270g
＊糖粉和杏仁粉混合均勻備用。
＊全蛋回復室溫備用。

開心果風味杏仁鮮奶油 Crème d'amandes à la pistache

（每個使用15g）

奶油* beurre 120g
細砂糖 sucre semoule 120g
杏仁粉 amandes en poudre 120g
全蛋* œufs entiers 90g
卡士達粉 flan en poudre 15g
開心果醬 A* pâte de pistache 33g
開心果醬 B* pâte de pistache 1g
＊奶油和全蛋回復室溫備用。
＊開心果醬 A 使用Fouga的「開心果醬」，開心果醬 B 使用Sevarome的「開心果泥」。

開心果巴伐利亞奶油 Bavarois à la pistache

（直徑6.5cm 的薩瓦蘭蛋糕模・30個份。每個使用30g）

開心果醬* pâte de pistache 66g
牛奶 lait 233g
香草莢 gousse de vanille ⅓根
蛋黃 jaunes d'œufs 132g
細砂糖 sucre semoule 50g
吉利丁片 gélatine en feuilles 7g
鮮奶油（乳脂肪35%） crème fraîche 35% MG 430g
＊開心果醬是Antonino Affronti的產品。

開心果脆粒 Craquelin pistache

（容易製作的份量）

開心果（去皮） pistache 200g
細砂糖 sucre semoule 200g
水 eau 50g

櫻桃白蘭地風味糖漿 Sirop à imbiber kirsch

（每個使用5g）

基底糖漿（p.250） base de sirop 120g
櫻桃白蘭地 kirsch 42g
＊材料混合均勻。

開心果脆餅 Praliné croustillant de pistache

（每個使用10g）

調溫巧克力（白巧克力）* couverture blanc 90g
杏仁果仁糖 praliné amandes 50g
開心果果仁糖 praliné pistache 50g
融化的奶油 beurre fondu 19g
薄餅脆片 feuillantine 100g
＊調溫巧克力使用法芙娜的「伊芙兒（Ivoire）」。
＊杏仁果仁糖是Fouga的產品。

Griotte 櫻桃 griottes 300g
開心果綠絲絨巧克力（p.262） flocage de chocolat blanc coloré 適量
Amarena 黑櫻桃（糖漬品） cerises 適量

作法

櫻桃白蘭地風味香緹鮮奶油

① 調溫巧克力隔水加熱，融解2/3左右。

② 鮮奶油煮沸，取72g加入①中。用打蛋器從中間開始攪拌，慢慢地往外移動直到整體攪拌均勻（1）。倒入深容器中。

＊72g鮮奶油是調溫巧克力用量的一半。充分乳化後做成基底甘納許，再加入剩下的鮮奶油能乳化得更確實。

③ 用攪拌棒攪拌到光澤滑順的乳化狀態（2）。

④ 倒入鋼盆中，分4次加入剩下的鮮奶油，每次都用打蛋器攪拌均勻（3）。

＊後續加入的鮮奶油擔任打發的任務。完全乳化的話會很難打發，造成質感厚重，所以不須用攪拌棒攪拌。

⑤ 降到室溫後，一邊倒入櫻桃白蘭地一邊攪拌（4）。包上保鮮膜放入冰箱靜置一晚。

Griotte櫻桃果醬

① 酸櫻桃不須解凍，直接和細砂糖 A 混合均勻。包上保鮮膜隔水加熱（5），隨時搖動酸櫻桃同時加熱到果汁流出（6）。

② 貼緊保鮮膜避免乾燥，上面再加貼一層保鮮膜讓果醬降到室溫。放入冰箱靜置一晚。

③ 用攪拌棒將酸櫻桃的果肉大致絞碎（7）。

④ 移入銅鍋中開大火加熱。煮到40～50℃後，倒入混合均勻的細砂糖 B 和NH果膠粉，用打蛋器攪拌溶解。

⑤ 一邊用鍋鏟混拌，一邊熬煮至糖度72% Brix（8）。果肉和果汁融為一體，不會沉澱。

＊充分熬煮成膏狀，大量果肉讓味道飽滿紮實。糖度不要煮得太高的話，組合時會完全滲透到巴伐利亞奶油內。

⑥ 倒入方盤，包上保鮮膜貼緊。置於室溫下放涼後，送入冰箱冷藏凝固。

甜塔皮

① 攪拌機裝上平攪拌槳以低速攪打回復室溫的奶油直到軟化成乳霜狀。加入混合的糖粉和杏仁粉（9），用低速混拌至看不見粉粒。先用橡皮刮刀刮下黏在攪拌盆和平攪拌槳上的麵團。

＊先加入杏仁粉，再倒入含水材料時比較容易乳化。須注意若攪拌過度杏仁會出油。

② 再裝上攪拌機轉低速，全蛋攪散後分5～6次倒入，每次都要攪拌乳化（10）。當倒完半量蛋液時，用刮刀再次刮下麵團（11）。

＊一次倒入所有蛋液會造成油水分離，蛋液回溫能充分融入奶油中，冰冷的蛋液很難攪拌乳化，所以雞蛋需回復室溫備用。

③ 加入低筋麵粉，以低速間斷式混拌到大致融合（12）。關掉攪拌機，刮下麵團後稍微攪拌整體。以低速間斷式攪拌到看不見粉粒。

④ 把麵團倒到方盤中，用手輕輕整平。包上保鮮膜貼緊，放入冰箱靜置一晚（13）。

⑤ 取出麵團放在工作台上輕輕揉捏，軟化後整成四方形。放進壓麵機每次轉90度壓成2.75mm厚。

⑥ 放到烤盤上，用比慕斯圈大兩圈的圓模（直徑8.5cm）分切（14）。放進冰箱靜置約30分鐘，讓麵團硬化方便作業。

⑦ 把麵團鋪入直徑6.5cm、高1.7cm的慕斯圈內側（塔皮入模→p.265），放入冰箱靜置30分鐘（15）。

⑧ 慕斯圈內側擺上鋁杯貼緊後放入重石，送進170℃的旋風烤箱烤約11分鐘（16）。

⑨ 拿走重石和鋁杯，置於室溫下放涼。

開心果風味杏仁鮮奶油

① 奶油軟化至乳霜狀後，加入細砂糖，攪拌機裝上平攪拌槳以低速混拌。

② 加入杏仁粉，以低速混拌至看不到粉粒（17）。分5～6次倒入打散的全蛋液，每次都要攪拌到乳化（18）。中途暫停攪拌機，刮下黏在攪拌盆和平攪拌槳上的麵團。

＊為了充分乳化，雞蛋需回復室溫，分次少量加入以免油水分離。

＊轉低速混拌。不用高速攪拌打入太多空氣，以低速讓空氣自然地進入麵團中，呈現適宜的輕盈度。

③ 加入卡士達粉以低速混拌（19），攪拌到無粉粒殘留後，倒入方盤中稍微抹平（20）。包上保鮮膜貼緊，放入冰箱靜置一晚。

④ 隔天，取少許③攪散加入2種開心果醬，用橡皮刮刀充分攪拌至均勻一致（21）。

＊開心果醬容易結塊，所以分次少量地攪拌均勻。

⑤ 和剩下的③混合，攪拌到沒有多餘空氣殘留呈滑順狀態（22）。

組合1

① 把開心果風味的杏仁鮮奶油倒入裝上口徑17mm圓形花嘴的擠花袋中，在甜塔皮上各擠入15g。

② 各放入3顆冷凍的酸櫻桃（23），放入170℃的旋風烤箱中烤約10分鐘（24）。

＊中途打開烤箱確認烤色，必要時可脫模，或是把烤盤放在上層等調整烘烤狀態。

③ 脫模置於室溫下放涼。

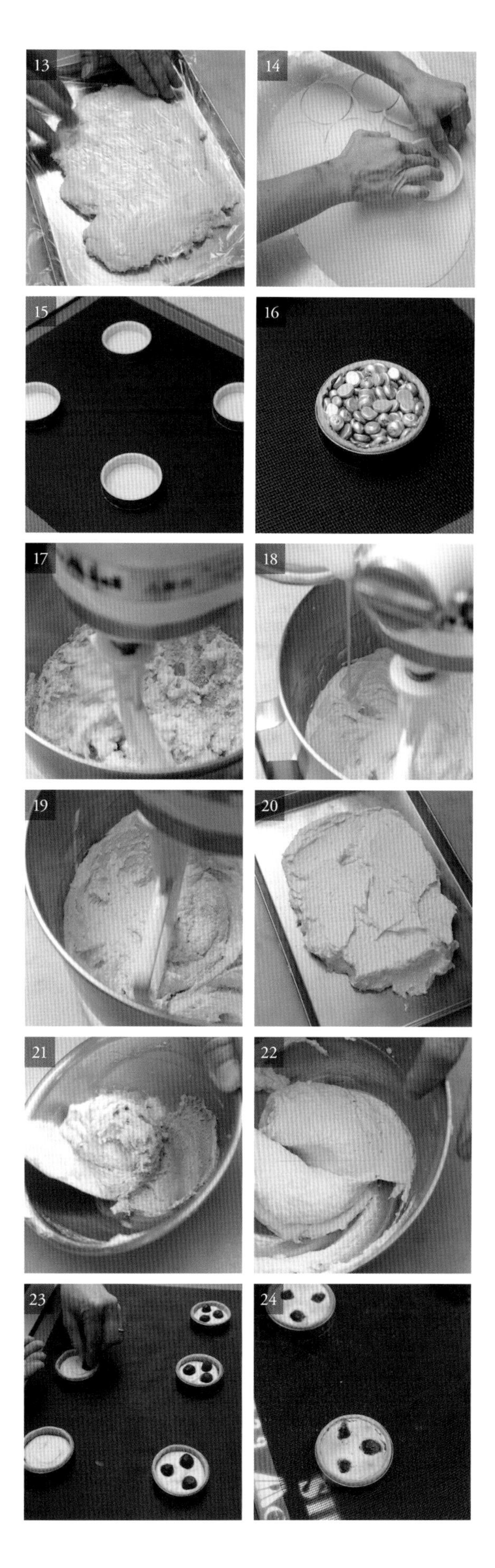

開心果巴伐利亞奶油

① 銅鍋中倒入牛奶、香草籽和香草莢煮沸。

② 進行①的同時，把蛋黃和細砂糖倒入鋼盆中，用打蛋器攪拌到細砂糖溶解（25）。

③ 另取一個鋼盆倒入開心果醬，加入少許①用橡皮刮刀混拌。混拌均勻後，再加入少量混拌。重複該步驟4～5次（26）。

④ 把③倒回①的鍋中，一邊用打蛋器攪拌一邊開大火煮沸（27）。

＊倒太多開心果醬調和的話容易結塊，所以一邊攪拌一邊加熱，避免長時間沸騰。

⑤ 一邊在②中加入1/3量的④，一邊用打蛋器充分攪拌。倒回④的鍋中開中火（28），一邊攪拌一邊煮到82℃（29）。

＊雖然製作要領和安格列斯醬相同，但質地濃稠會從鍋邊開始變熟，所以要像卡士達醬一樣邊用打蛋器充分攪拌邊加熱。

⑥ 鍋底泡在水中避免溫度繼續升高。加入吉利丁片攪拌溶解（30），全部用濾網過濾。

⑦ 倒入深容器中用攪拌棒攪拌，攪拌到帶光澤感的滑順狀態（31）。

⑧ 移到鋼盆中，墊著冰水一邊攪拌一邊降溫至30℃。

⑨ 一邊在⑧中倒入打到6分發的鮮奶油，一邊用打蛋器攪拌均勻。大致混合後，換拿橡皮刮刀由底部往上撈起混拌（32）。倒回裝過鮮奶油的鋼盆，用橡皮刮刀混拌至滑順狀態（33）。

＊開心果風味的安格列斯醬質地厚重，很難和輕盈的鮮奶油拌勻。為了避免攪拌不均，換鋼盆攪拌到色澤一致。

⑩ 倒入裝上口徑10mm圓形花嘴的擠花袋中，在直徑6.5cm的薩瓦蘭蛋糕模內各擠入30g（34）。連同烤盤在工作台上輕敲幾下整平表面，放入急速冷凍櫃中冰凍。

⑪ 在冷凍櫃中把⑩倒扣在冰鎮過的烤盤上，迅速脫模（35）。蓋上蓋子放入急速冷凍櫃中冰凍。

＊表面結霜的話會失去光澤感，因此要迅速脫模蓋上蓋子。

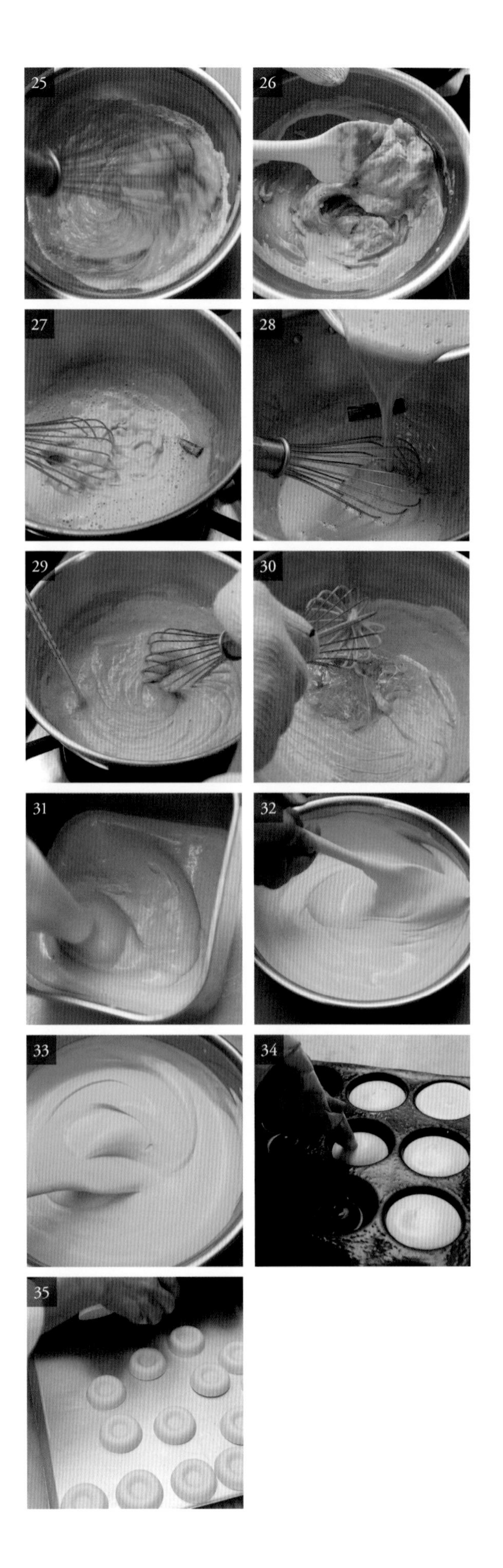

開心果脆粒

① 把開心果鋪在烤盤上，放入110℃的旋風烤箱中稍微烤30分鐘，不要烤到上色。

② 銅盆中倒入水和細砂糖，以大火煮滾到118℃。關火加入①，用木鏟攪拌到整體糖化（36）。倒到篩網上抖落多餘的糖粒。用手指撥散開心果糖塊（37）。

＊為了運用開心果的綠色，要適度抖落黏在表面上的糖粒。

③ 在鋪上烘焙紙的烤盤上鋪平，放入120℃的烤箱中烤約30分鐘。放在烤箱中一晚利用餘溫乾燥。和乾燥劑一起放入密閉容器中保存。

＊用烤箱低溫烘乾比用烤的更能保有開心果的綠色。

開心果脆餅

① 調溫巧克力隔水加熱融解，溫度調整到40℃左右。

② 把杏仁和開心果的果仁糖放入鋼盆中，加入①用橡皮刮刀混拌均勻。

③ 加入40℃左右的融化奶油拌勻（38）。加入薄餅脆片，切拌均勻（39）。

＊可以直接冷凍保存。解凍後再使用。

組合2

① 把〈組合1〉的塔皮底座排好，手指輕壓杏仁奶油邊緣，整平隆起的部分（40）。用刷子沾取白蘭地風味糖漿輕輕沾溼杏仁奶油。

＊須注意若塔皮沾到糖漿會破壞口感。

② 各放入8g的開心果脆餅，用抹刀輕壓抹平。

③ 中間各擠入15g的酸櫻桃果醬，抹平到距離邊緣1mm（41）。

＊要是抹到塔皮邊緣，放上巴伐利亞奶油時，酸櫻桃的顏色會滲入奶油內。

④ 把冷凍備用的巴伐利亞奶油排放在方盤上。開心果綠絲絨巧克力加熱，均勻地噴灑在巴伐利亞奶油上（42），放入急速冷凍櫃冷藏凝固。

⑤ 把④放在③上，壓住中間凹陷處使其貼合（43）。放入冰箱解凍。

裝飾

① 櫻桃白蘭地風味香緹鮮奶油打發至尾端挺立，放入裝上8齒10號星形花嘴的擠花袋中。在甜點的凹陷處高高地擠上2圈薔薇花球（44）。

② 擠完①的收尾處要朝後，用鑷子放上2片對半切開的黑櫻桃，再擺上5顆開心果脆粒裝飾即可（45）。

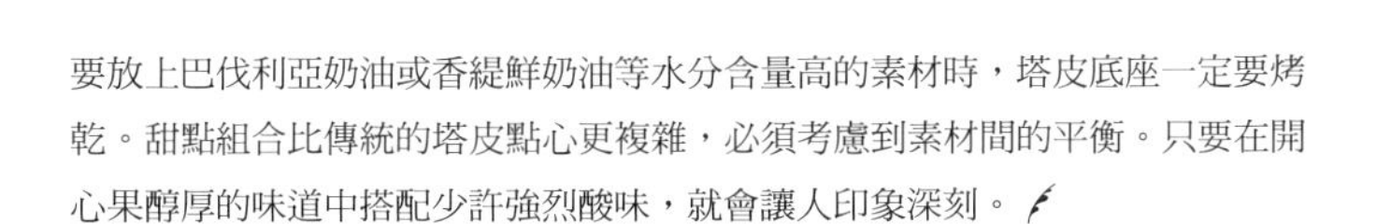
要放上巴伐利亞奶油或香緹鮮奶油等水分含量高的素材時，塔皮底座一定要烤乾。甜點組合比傳統的塔皮點心更複雜，必須考慮到素材間的平衡。只要在開心果醇厚的味道中搭配少許強烈酸味，就會讓人印象深刻。

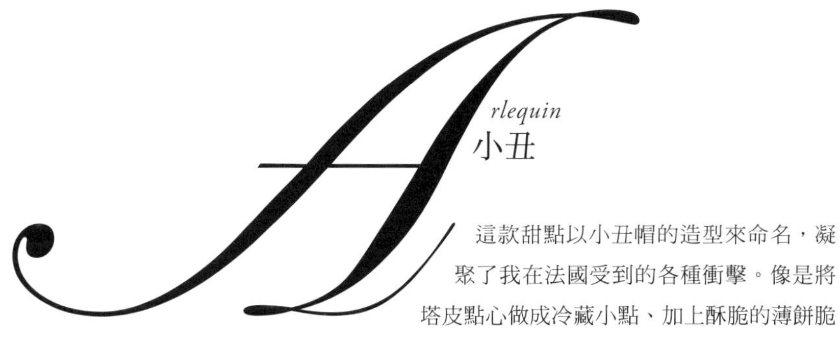

Arlequin
小丑

這款甜點以小丑帽的造型來命名，凝聚了我在法國受到的各種衝擊。像是將塔皮點心做成冷藏小點、加上酥脆的薄餅脆片增添口感變化、連增豔用的淋醬也要調得美味等等。最讓人訝異的是，鮮奶油煮沸後和巧克力混合，靜置一晚，做成香緹鮮奶油的手法。剛開始，對「煮沸過的鮮奶油真的能打發嗎？」半信半疑，實際試做後發現確實能打出泡沫且形狀持久，不易坍塌真是太厲害了！而且好好吃。搭配巧克力做出的既不是甘納許也不是香緹鮮奶油，是前所未見綜合兩者的味道和口感，甚至覺得時代的進步就在我眼前發生了。回國後立刻完成的「小丑」，以焦糖風味的巧克力香緹鮮奶油，搭配滑順到入口即化的濃郁奶油煎香蕉餡。加入少許巧克力鮮奶油串起兩種食材。能品嚐到厚實的調和風味。

從上到下
- 牛奶巧克力捲片
- 焦糖淋醬
- 焦糖風味巧克力香緹鮮奶油
- 奶油煎香蕉
- 香蕉風味巧克力鮮奶油
- 杏仁巧克力脆片餅乾
- 巧克力塔皮

材料 （直徑6.5cm、高1.7cm的慕斯圈・13個份）

焦糖風味巧克力香緹鮮奶油
Crème Chantilly chocolat au caramel
（16個份。每個使用25g）
調溫巧克力 A（牛奶，可可含量40%）
couverture au lait 87g
調溫巧克力 B（苦甜，可可含量70%）
couverture noir 29g
可可膏 pâte de cacao 4g
細砂糖 sucre semoule 25g
鮮奶油（乳脂肪35%）
crème fraîche 35% MG 262g
鹽之花 fleur de sel 0.1g
＊調溫巧克力 A 使用「吉瓦納牛奶巧克力（Jivara Lactee）」、B 使用「瓜納拉（Guanaja）黑巧克力」（皆是法芙娜（Valrhona）的產品）。

巧克力塔皮 Pâte sucrée au chocolat
（30個份。每個使用20g）
奶油 beurre 178g
糖粉 sucre glace 72g
杏仁粉 amandes en poudre 72g
全蛋 œufs entiers 62g
低筋麵粉 farine ordinaire 286g
可可粉 cacao en poudre 26g
泡打粉 levure chimique 3g

奶油煎香蕉 Bananes sautées
（直徑5cm、高3cm的馬芬模・28個份。每個使用12g）
香蕉* bananes 240g
奶油 beurre 20g
細蔗糖 cassonade 20g
肉桂（粉） cannelles en poudre 0.6g
肉荳蔻（粉） muscade en poudre 0.5g
丁香（粉） clou de girofle en poudre 0.2g
蘭姆酒漬葡萄乾 raisins de rhum 18g
萊姆酒 rhum 13g
＊選用熟透的香蕉。

香蕉風味巧克力鮮奶油
Crème chocolat aux banane
（直徑5cm、高3cm的馬芬模・54個份。每個使用12g）
調溫巧克力 A*（牛奶，可可含量40%）
couverture au lait 168g
調溫巧克力 B*（苦甜，可可含量70%）
couverture noir 44g
牛奶 lait 44g
鮮奶油（乳脂肪35%）
crème fraîche 35% MG 88g
轉化糖 trimoline 32g
蛋黃 jaunes d'œufs 57g
香蕉泥 purée de bananes 220g
＊調溫巧克力 A 使用「吉瓦納牛奶巧克力（Jivara Lactee）」、B 使用「瓜納拉（Guanaja）黑巧克力」（皆是法芙娜（Valrhona）的產品）。

杏仁巧克力脆片餅乾 Fond de roché
（13個份。每個使用15g）
調溫巧克力（苦甜，可可含量70%）
couverture noir 42g
杏仁果仁糖 praliné d'amandes 60g
細砂糖 sucre seoule 20g
薄餅脆片 feuillantine 48g
杏仁脆粒 (p.255)
craquelin aux amandes 36g
＊調溫巧克力使用法芙娜的「瓜納拉（Guanaja）黑巧克力」。

焦糖淋醬 (p.261) glaçage au caramel 適量
牛奶巧克力捲片 (p.252)
copeaux de chocolat au lait 適量
可可粉 cacao en poudre 適量

作法

焦糖風味巧克力香緹鮮奶油
① 2種調溫巧克力和可可膏隔水加熱，融解2/3左右。
② 銅鍋中倒入1/4量的細砂糖開小火加熱。用打蛋器攪拌，大致溶解後分3次加入剩下的細砂糖，每次都要攪拌溶解。
③ 同時另取一鍋煮鮮奶油直到快沸騰。關火加入鹽之花，用橡皮刮刀混拌溶解。
④ ②的焦糖開大火加熱，不停攪拌直到呈金黃色。續煮到焦化，泡泡靜止下來，冒煙呈深咖啡色（焦糖色／1）。關火，趁泡泡尚咕嚕作響時倒入③用打蛋器攪拌（2）。再開中火加熱，煮到稍微沸騰。
⑤ 取141g的④倒入①中（3）。用打蛋器從中間開始攪拌，慢慢地往周圍移動整體攪拌均勻。會暫時呈現油水分離狀態。
＊先充分乳化調溫巧克力及其半量的鮮奶油，做成基底甘納許。像這樣分2階段加入奶油能乳化得更確實。

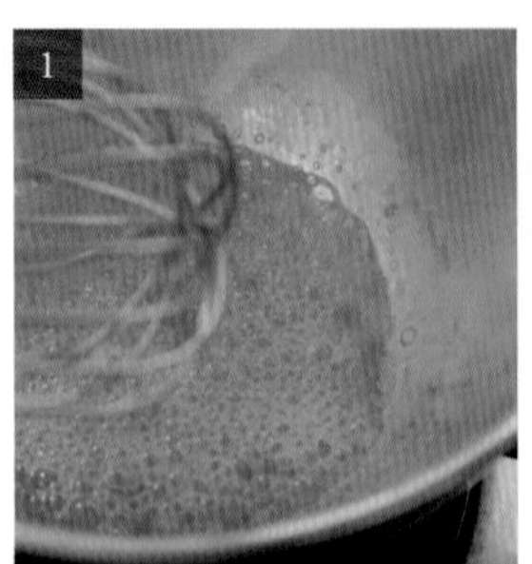
1

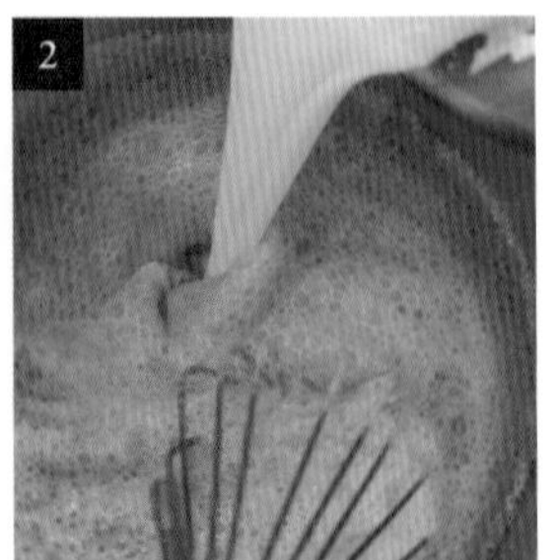
2

3

⑥　移到深容器中，用攪拌棒攪拌到光澤滑順的乳化狀態（4）。
⑦　剩下的④取141g倒入⑥中，用打蛋器攪拌，再用攪拌棒攪拌乳化成光澤滑順的流質狀態（5）。
⑧　移到鋼盆中，用打蛋器攪拌（6）。
＊這裡加的鮮奶油是為了打發。用攪拌棒打到乳化後會很難起泡，質感變厚重，因此須留意這點。
⑨　倒入鋼盆等容器內，放涼後蓋上蓋子送入冰箱靜置一晚。

巧克力塔皮

①　麵團作法參閱p.76〈巧克力塔皮〉①～④。放入冰箱靜置一晚。
②　輕輕揉捏麵團，軟化後整成四方形。放進壓麵機每次轉90度壓成2.75mm厚。
③　放在烤盤上，用比慕斯圈大兩圈、直徑8.5cm的圓模分切。放入冰箱靜置15分鐘。
④　把麵團鋪入直徑6.5cm、高1.7cm的慕斯圈內側（塔皮入模→p.265／7），放入冰箱靜置30分鐘。
⑤　排在鋪好網狀矽膠烤墊的烤盤上，慕斯圈內側擺上鋁杯放入重石（8）。送進170℃的旋風烤箱烤約14分鐘。
⑥　置於室溫下約10分鐘，放涼後取下重石和鋁杯並脫模（9）。再放入170℃的旋風烤箱烤約5分鐘。直接置於室溫下放涼。

奶油煎香蕉

①　香蕉去皮，切成5mm厚的片狀。
②　銅鍋中放入奶油，開中火加熱融化。放入細蔗糖、肉桂、肉豆蔻和丁香用刮鏟混拌。加入①一邊讓香蕉沾附調味料一邊翻炒（10），當整體混合均勻後開大火煎，注意不要破壞香蕉的外形。
③　當香蕉表面變軟，充分吸飽調味料後，加入擦乾水分的酒漬葡萄乾和蘭姆酒拌勻（11）。
④　煮到香蕉中間軟化後，倒到濾網上瀝出調味料（12）。
＊連同放上篩網的鋼盆在工作台上輕敲幾下，瀝乾調味料。
⑤　輕輕壓碎香蕉，在直徑5cm、高3cm的馬芬模中各倒入12g。用湯匙背面整平，放入急速冷凍櫃中冰凍。

香蕉風味巧克力鮮奶油

①　2種調溫巧克力隔水加熱，融解約2/3。
②　銅鍋中倒入牛奶、鮮奶油和轉化糖開中火加熱，用刮鏟一邊混拌溶解一邊煮沸。
③　蛋黃打散。倒入1/3量的②用打蛋器攪拌均勻。倒回②的鍋中開小火，一邊用刮鏟混拌一邊煮到82℃（安格列斯醬／13）。
＊因為容易煮熟所以開小火加熱。
④　把③過濾到①中（14），用打蛋器攪拌均勻。倒入深容器中，用攪拌棒攪拌到光澤滑順的乳化狀態（15）。

⑤　加入香蕉泥用打蛋器稍微攪拌，再用攪拌棒攪拌乳化（16）。
＊雖然呈現光滑的狀態，但因為放了香蕉泥，質地帶有少許顆粒感。
⑥　倒入裝上口徑7mm圓形花嘴的擠花袋中，在〈奶油煎香蕉〉⑥的馬芬模上各擠入12g（17）。放入急速冷凍櫃中冰凍。

杏仁巧克力脆片餅乾

①　調溫巧克力隔水加熱融解，調整到40℃左右。
②　把①倒入杏仁果仁糖中，用橡皮刮刀混拌滑順。加入細砂糖混拌（18）。
＊細砂糖不要攪拌到溶化，增添香脆口感。
③　加入薄餅脆片和杏仁脆粒，由底部往上切拌均勻（19）。
＊可以直接冷凍保存。要用時再解凍備用。

組合

①　在巧克力塔皮內側噴上可可脂（份量外）（20）。
＊可可脂能隔絕濕氣。因為不是要擠入水分含量高的阿帕雷醬（Appaleil）或鮮奶油，所以這樣的塗層就夠了。
②　各擠入15g的杏仁巧克力脆片餅乾。用抹刀推開並擠壓使其與底部密合，整成研磨缽狀（21）。
③　焦糖風味巧克力香緹鮮奶油墊著冰水用橡皮刮刀攪拌到呈黏稠感的尖角狀（22）。在②上各擠入25g，用抹刀整成研磨缽狀。
④　冷凍的〈香蕉風味巧克力鮮奶油〉脫模取出。香蕉餡那面朝上放在③上，用手指輕壓（23）。
⑤　用抹刀分次少量地沾取巧克力香緹鮮奶油厚厚地抹在甜點上。斜拿抹刀朝下像削切般整成圓錐狀（24）。放入急速冷凍櫃中冰凍。
＊小幅度地移動抹刀削切，就不會破壞形狀。

裝飾

①　焦糖淋醬加熱後倒入深容器中。用手拿著塔皮部分，將圓錐部分浸泡在淋醬中。輕輕搖動抖落多餘的淋醬（25），在容器邊緣刮平。
＊仔細刮平不要讓淋醬流到塔皮兩側。
②　放在底紙上，用小刀稍微切平頂端的淋醬。
＊避免後續放上的捲片滑下來。
③　把可可粉撒在牛奶巧克力捲片上。放在②上即可（26）。

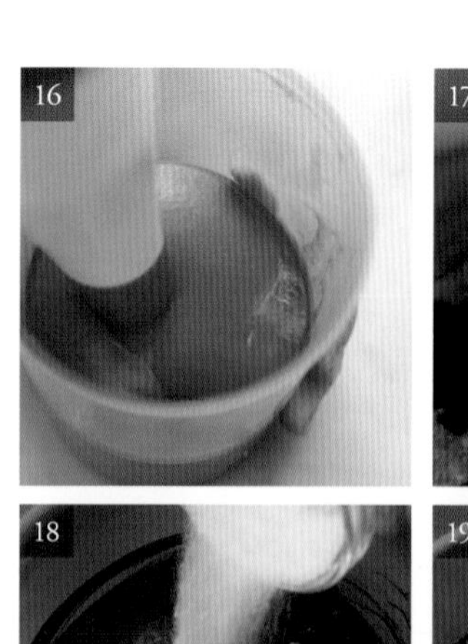
16

17

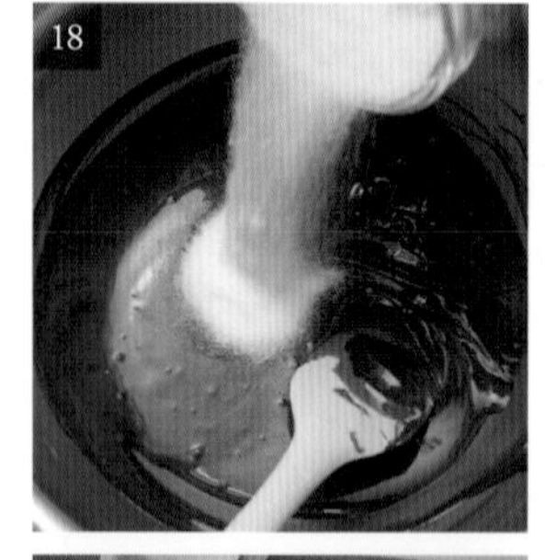
18

19

20

21

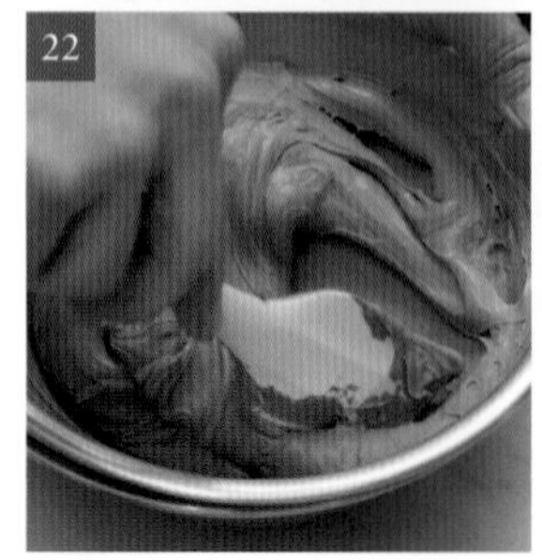
22

23

24

25

26

焦糖風味的巧克力香緹鮮奶油，打發過度的話有損滑順口感。用抹刀塗在塔皮上時也要考慮泡沫太厚重的問題，所以必須打發得輕柔些。最恰當的打發標準範圍相當狹窄，因此能否命中甜蜜點對美味度的影響很大。

Vacherin exotique
熱帶風情杯

1990年代中期，菲利浦康帝辛尼（Philippe Conticini）提議用玻璃杯裝甜點，之後甜點杯在甜點界掀起一股流行旋風。接著推出不只是裝入玻璃杯，還做出如外帶甜點般的美麗層次，我想這應該是皮埃爾艾爾梅的傑作。老實說，我覺得自己不擅長做甜點杯，但它最大的優點是有別於法式小點，不用考慮形狀持久性。我打算善用這點做造型，藉此擴展今後的表現手法。當中，「熱帶風情杯」是連我自己都滿意，洋溢夏日風情的甜點杯。盡量將吉利丁用量降到最低的鮮奶油和慕斯、多汁的焦糖鳳梨、帶果肉的果醬等，用所謂難以組合成形的食材疊出美麗的層次。作法和味道，每一項都可說是甜點手法。百香果奶油不過度加熱，呈現柔軟質感，發揮水果特性是這道甜點的重點。

從上到下
- 椰香蛋白霜
- 椰子香緹鮮奶油
- 椰香慕斯
- 熱帶水果餡
- 百香果奶油
- 焦糖鳳梨餡

熱帶風情杯 Vacherin exotique

材料　（口徑5.5cm、高7cm的玻璃杯・20個份）

椰香蛋白霜 Meringue à la noix de coco

（直徑6公分的花模・40個份）

蛋白* blancs d'œufs 60g
細砂糖 sucre semoule 60g
糖粉 sucre glace 60g
椰奶粉 lait de coco en poudre 18g
糖粉 sucre glace 適量
*蛋白冷藏備用。

焦糖鳳梨餡 Ananas rôtis

（每個使用20g果肉、6g果汁）

鳳梨（淨重） ananas 732g
細蔗糖 cassonade 176g
香草莢 gousse de vanille 1根

百香果奶油 Crème fruit de la Passion

（每個使用20g）

百香果泥 purée fruit de la Passion 216g
蛋黃 jaunes d'œufs 64g
全蛋 œufs entiers 40g
細砂糖 sucre semoule 70g
吉利丁片 gélatine en feuilles 2.2g
奶油 beurre 80g

熱帶水果餡 Fruits exotiques

（每個使用30g）

芒果 mangues 266g
荔枝 litchis 178g
百香果泥（含籽） purée de fruit de la Passion 74g
芒果泥 purée de mangues 74g
檸檬汁 jus de citron 10g
細砂糖 sucre semoule 30g
萊姆皮（磨成粗屑） zeste de citron vert 1顆份

椰香慕斯 Mousse à la noix de coco

（每個使用30g）

細砂糖 sucre semoule 110g
水 eau 32g
蛋白* blancs d'œufs 56g
椰子果泥 purée de noix de coco 180g
牛奶 lait 60g
椰子蘭姆酒 liqueur de la noix de coco 32g
吉利丁片 gélatine en feuilles 8g
鮮奶油（乳脂肪35%） crème fraîche 35% MG 200g
*蛋白冷藏備用。
*椰子果泥、牛奶和椰子蘭姆酒回復室溫備用。

椰子香緹鮮奶油 Crème Chantilly à la noix de coco

（每個使用15g）

鮮奶油（乳脂肪35%） crème fraîche 35% MG 260g
椰子糖漿* sirop à la noix de coco 40g
*椰子糖漿使用莫林（MONIN）的產品。

萊姆皮 zeste de citron vert 適量
檸檬皮 zeste de citron 適量

作法

椰香蛋白霜

① 用攪拌機高速打發蛋白。打到5分發、7分發、9分發時各加入1/3量的細砂糖，打成尾端挺立具光澤感的蛋白霜（1）。
*打發的標準參考p.76〈椰香法式蛋白霜〉①。在比例上細砂糖的用量比蛋白多，所以加入細砂糖的時間點比製作普通蛋白霜時各慢一步，更能充分打發。

② 在①中加入混合好的糖粉和椰奶粉，間斷式攪拌至大致混合均勻（2）。自攪拌機取下，用橡皮刮刀混拌到看不見粉粒（3）。

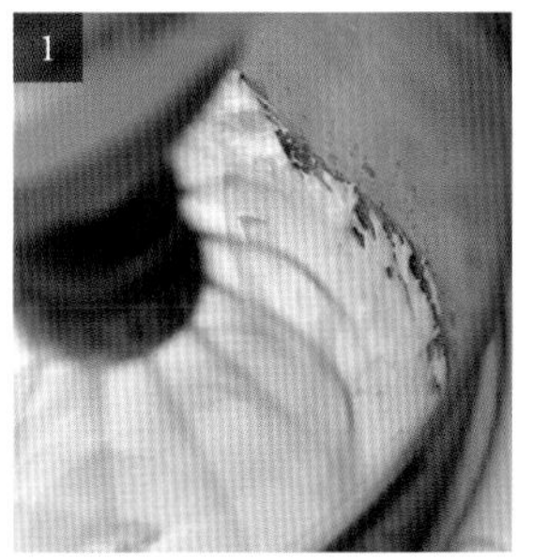
1

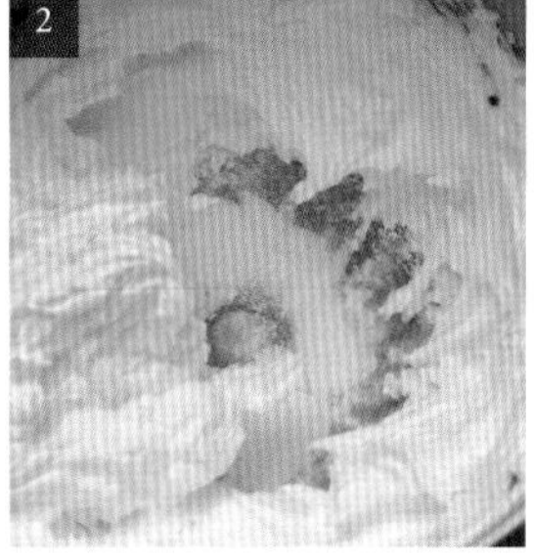
2

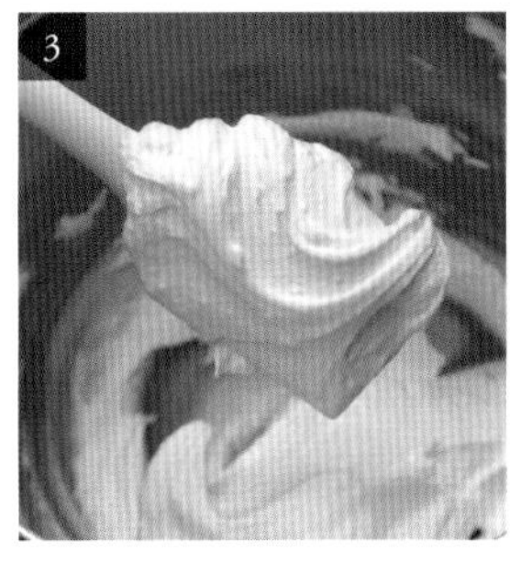
3

③　把②倒入裝上口徑6mm圓形花嘴的擠花袋中，由外往中心擠出12個水滴狀（花瓣）。最後在中心處擠上圓球，做出圓形花朵狀（4、5）。

＊在烤盤上鋪好畫出直徑5.5cm圓形的畫紙，蓋上烘焙紙，沿著圓形擠蛋白霜。再抽離畫紙。

④　輕撒糖粉，放入100℃的電烤箱中烤1小時。關掉電源直接放在烤箱中乾燥一晚（6）。和乾燥劑一起放入密閉容器中保存。

焦糖鳳梨餡

①　鳳梨切除厚皮，以挖出斜溝槽的方式去除鳳梨籽。切掉鳳梨心再切成5～6mm丁狀（7）。

②　銅鍋中倒入半量的細蔗糖，開中火加熱。當周圍開始溶解後倒入剩下的細蔗糖，用木鏟一邊攪拌一邊全部溶解。

＊請注意細蔗糖容易燒焦。

③　開始冒煙後立刻加入①和香草籽、香草莢，用木鏟混拌。雖然細蔗糖一度會因溫度降低呈現凝固狀態，但繼續一邊攪拌一邊加熱（8）。

④　鳳梨釋出的果汁會溶解細蔗糖，沸騰後續煮約1分鐘倒入鋼盆中（9）。包上保鮮膜貼緊，在室溫下靜置30分鐘。

＊貼緊保鮮膜靜置，可讓糖漿滲透到鳳梨中。

⑤　過濾分離鳳梨的果肉和糖漿。玻璃杯中各放入20g果肉，用充填機各注入6g糖漿（10）。用湯匙抹平，放入急速冷凍櫃中冰凍。

百香果奶油

①　銅鍋中倒入百香果泥，開大火煮沸。

②　同時在蛋黃和全蛋中加入細砂糖用打蛋器攪拌均勻。

③　取1/3量的①加入②中，用打蛋器拌勻。倒回銅鍋開中火加熱，一邊不停地攪拌一邊煮到咕嚕冒泡沸騰（11）。

④　離火，加入吉利丁片攪拌溶解。倒入鋼盆中，墊著冰水用橡皮刮刀一邊攪拌一邊冷卻到40℃左右（12）。

⑤　倒入深容器中，加入呈乳霜狀的奶油稍微混拌（13）。用攪拌棒攪拌到光澤滑順的乳化狀態（14）。

⑥　倒入沒有裝花嘴的擠花袋中，在〈焦糖鳳梨餡〉⑤的杯子中各擠入20g。放入急速冷凍櫃中冰凍（15）。

熱帶水果餡

① 芒果剝皮去籽，切成1cm丁狀。荔枝剝皮後縱向對半切開果肉，再切成4～5等份的扇形。

② 百香果和芒果的果泥、檸檬汁混合均勻。

③ 把①、②、細砂糖和萊姆皮放入鋼盆中（16），用橡皮刮刀混拌均勻。

④ 在〈百香果奶油〉⑥冷凍的玻璃杯中各倒入30g。放入急速冷凍櫃中冰凍（17）。

椰香慕斯

① 銅鍋中倒入細砂糖和水，開大火加熱。

② 當①加熱到95℃時，開始用攪拌機以高速打發蛋白，打到8分發。

③ 當①達到118℃後，將鍋底泡在水中避免溫度繼續升高。倒入②中（18），以高速打發到充分混合。降到中低速一邊調整質地，一邊降溫到約40℃。移入方盤中放進冷凍庫降到室溫左右，再倒入鋼盆。

*攪拌到完全變涼的話，會成為緊密厚重的蛋白霜。為了呈現輕盈蓬鬆的狀態，暫停攪拌放入冷凍庫中降溫。

④ 把牛奶和椰子蘭姆酒倒入椰子果肉中，攪拌均勻。

⑤ 在軟化的吉利丁片中加入少許④，充分攪拌。重複此步驟一次，再倒回④中攪拌均勻。墊著冰水一邊攪拌一邊放涼到26℃左右（19）。

⑥ 鮮奶油打到7分發，取1/4量加入⑤中用打蛋器充分攪拌。倒回剩餘的鮮奶油中，攪拌到大致混合均勻（20）。

⑦ 取1/3量的⑥加入③的蛋白霜中，用打蛋器從底部往上撈並輕敲鋼盆，抖落鮮奶油的方式稍微攪拌（21）。

⑧ 剩下2/3量的⑥慢慢地一邊加入⑦中一邊攪拌（22）。換拿橡皮刮刀，混拌到均勻一致。

*漸漸拌勻後就停手。

⑨ 把⑧倒入裝上口徑14mm圓形花嘴的擠花袋中，在冷凍的熱帶水果餡上各擠入30g。放在布巾上輕敲玻璃杯底部整平，放入急速冷凍櫃中冰凍（23）。

椰子香緹鮮奶油

① 鮮奶油和椰子糖漿充分打發（24）。

② 在〈椰香慕斯〉⑨的玻璃杯中，用抹刀沾取①以壓入的方式填滿杯口，並抹平。上面再填入①堆高，斜拿抹刀朝下像削切般整成圓錐狀（25）。放入急速冷凍櫃中冰凍。

裝飾

① 把椰香蛋白霜花朵內外顛倒放在方盤上，噴上可可脂（份量外）。斜放在香緹鮮奶油上。

② 依序將檸檬皮和萊姆皮一邊磨成粗屑一邊撒在上方即可（26）。

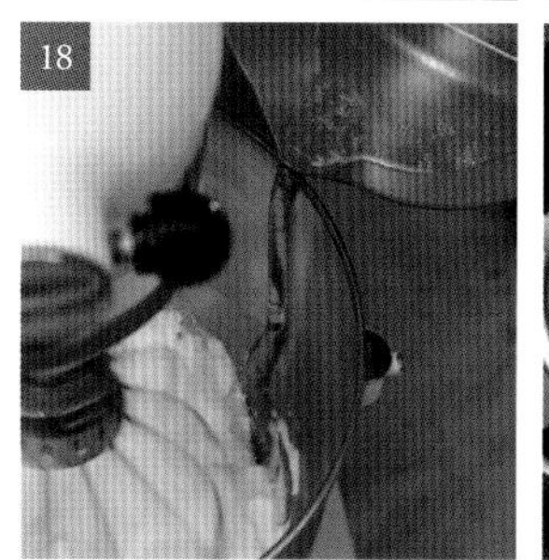

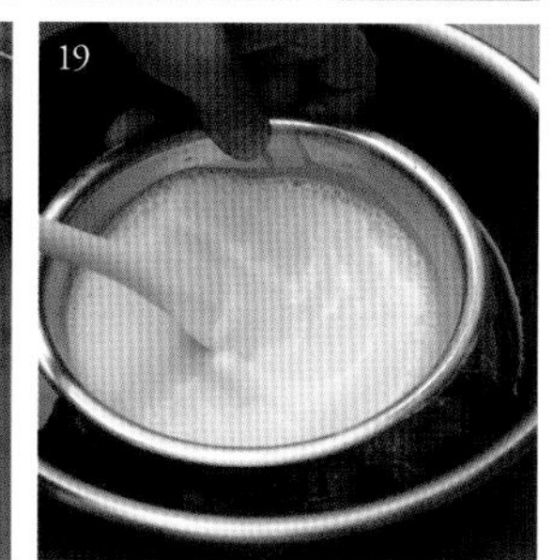

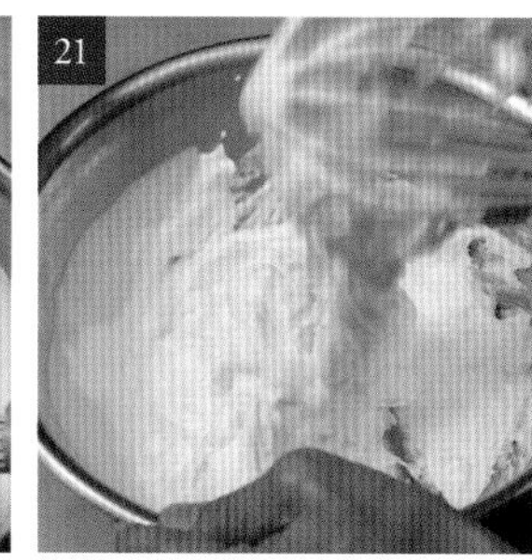

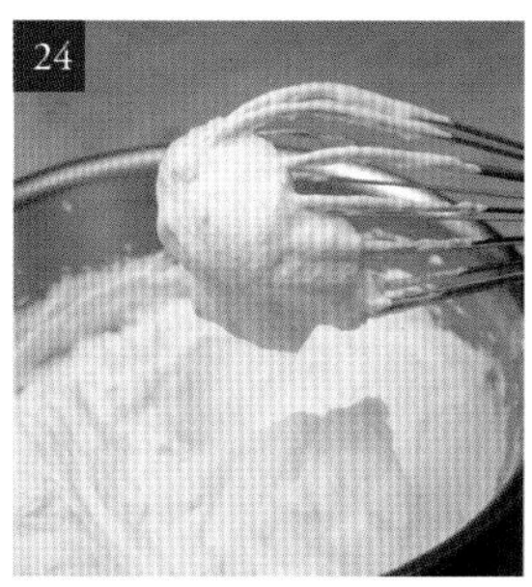

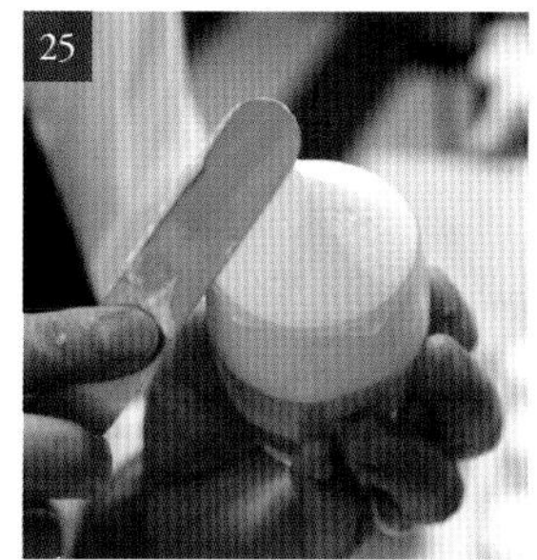

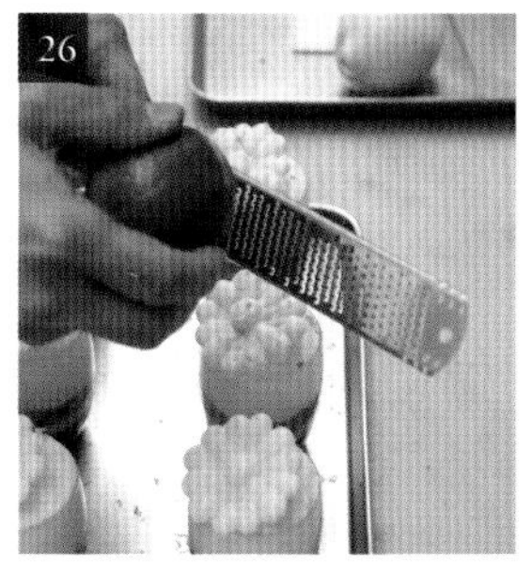

Bois rouge
紅木

在法國觀摩到當地甜點遵循傳統同時求新求變的姿態，奠定了我製作甜點的基礎。不過，這段期間也曾偶然想起去法國前見到的甜點，並回味著「那也很好吃啊」。加了很多蛋白霜的輕柔慕斯就是其中之一。隨著1970年後半期開始流行的新潮烹調（Nouvelle cuisine），慕斯迎來全盛時期，當時我覺得那是相當新潮、無法超越的極致美味。讓我很震撼。「紅木」就是重新審視過去美好事物而誕生的甜點。主角是小時候在書上看到，對鮮豔色彩留下強烈印象的黑醋栗。慕斯充滿輕盈且馥郁的果實味，搭配加了果泥後滋味豐厚的蛋白霜。周圍再包上吸飽大量果實糖漿的蛋糕捲，以簡單的手法強調出輕柔感。正因為接觸到新事物才能看出舊事物的美好。內容或許很古典，但純粹美味與樸實美感，至今仍毫不褪色，魅力十足。

從上到下
- 黑醋栗、紅醋栗
- 黑醋栗蛋白霜
- 黑醋栗慕斯
- 黑醋栗糖漿
- 杏仁傑諾瓦士蛋糕體
- 黑醋栗酒糖漿
- 喬孔達蛋糕

材料 （直徑5.5cm、高4cm的慕斯圈・50個份）

喬孔達蛋糕 Biscuit Joconde
（60×40cm的烤盤，2片份）
全蛋 œufs entires 330g
轉化糖 trimoline 19g
杏仁粉 amandes en poudre 246g
糖粉 sucre glace 198g
低筋麵粉 farine ordinaire 67g
蛋白* blancs d'œufs 216g
細砂糖 sucre semoule 33g
融化的奶油 beurre fondu 49g
＊蛋白冷藏備用。

杏仁傑諾瓦士蛋糕體
Genoise aux amandes
＊作法材料和p.27「天堂」的〈杏仁傑諾瓦士蛋糕體〉相同，倒在60×40cm的烤盤上烤。

黑醋栗糖漿 Sirop à imbiber cassis
基底糖漿（p.250） base de sirop 190g
黑醋栗果泥 purée de cassis 200g
石榴糖漿 grenadine 28g
＊所有材料混合均勻。

黑醋栗酒糖漿
Sirop à imbiber crème de casis
基底糖漿（p.250） base de sirop 64g
水 eau 20g
黑醋栗酒* crème de cassis 53g
＊黑醋栗酒選用「Crème de cassis」（以下皆是）。
＊所有材料混合均勻。

黑醋栗慕斯 Mousse aux cassis
鮮奶油（乳脂肪35%）
crème fraîche 35% MG 640g
黑醋栗果泥A purée de cassis 350g
香草莢 gousse de vanille ½根
蛋黃 jaunes d'œufs 174g
細砂糖A sucre semoule 87g
吉利丁片 gélatine en feuilles 20g
細砂糖B sucre semoule 52g
水 eau 13g
蛋白* blancs d'œufs 26g
黑醋栗果泥B purée de cassis 232g
黑醋栗酒* crème de cassis 174g
＊蛋白冷藏備用。

黑醋栗蛋白霜 Meringue cassis
（容易製作的份量）
黑醋栗果泥 purée de cassis 60g
水 eau 28g
細砂糖 sucre semoule 160g
蛋白* blancs d'œufs 120g
＊蛋白冷藏備用。

黑醋栗（冷凍品） cassis 適量
紅醋栗 groseilles 適量
透明果膠 nappage neuter 適量

作法

喬孔達蛋糕

① 全蛋打散後加入轉換糖隔水加熱到40℃左右。

② 倒入攪拌盆中，加入混合過篩的杏仁粉、糖粉和低筋麵粉（1）。攪拌機裝上平攪拌槳以低速稍微攪拌，轉高速打發到充滿空氣的濃稠狀態。轉中速→低速降低速度調整麵糊質地。倒入鋼盆中。

③ 蛋白和細砂糖用攪拌機高速打發到尾端挺立。
＊因為加入的砂糖量較少，打發出尖角即可。

④ 在②中每次加入一勺，每次都用橡皮刮刀攪拌均勻（2）。加入60℃左右的融化奶油，迅速攪拌均勻直到出現光澤（3）。

⑤ 把57×37cm、高5mm的模板放在矽膠烤墊上，倒入④抹平。取下模板，連同矽膠烤墊放在烤盤上。

⑥ 放入200℃的旋風烤箱中烤約6分鐘。連矽膠烤墊一起取出放在網架上，置於室溫下放涼（4）。

組合

① 切除喬孔達蛋糕的邊緣，分切成16.8×4cm。

② 烤面朝下，用黑醋栗糖漿沾濕表面（5）。此面朝下，放在切成18×4cm的透明片上。

③ 連同透明片放進直徑5.5cm、高4cm的慕斯圈內貼緊側邊。蛋糕切面也輕輕地沾上黑醋栗糖漿（6）。

④ 撕除杏仁傑諾瓦士蛋糕體的烘焙紙，用鋸齒刀薄薄地切下蛋糕撕除面。用直徑4.5cm的圓模分切（7）。

⑤ 沿著1cm高的鐵棒，用鋸齒刀切除烤面。

＊蛋糕分切後再切除烤面，厚度容易調整一致。

⑥ 單面浸泡在黑醋栗酒糖漿中（8），該面朝上用手指塞入③的底部貼緊。

黑醋栗慕斯

① 銅鍋中放入黑醋栗果泥 A、香草籽和香草莢，用打蛋器一邊攪拌一邊煮沸。

② 進行①的同時，在鋼盆中放入蛋黃和細砂糖 A，用打蛋器攪拌均勻。

③ 取1/3量的①加入②中充分攪拌。再倒回①，一邊攪拌一邊煮到82℃左右（9）。

＊因為果泥原本就具濃度，很難判斷慕斯的黏稠度，所以用溫度計做確認。

④ 離火，加入軟化的吉利丁片攪拌均勻。用橡皮刮刀壓緊黑醋栗果泥，完全過濾乾淨。置於室溫下備用。

⑤ 細砂糖加水開大火熬煮到118℃。

⑥ 當⑤到達90℃時，開始用攪拌機高速攪打蛋白並充分打發。

⑦ 將⑤的鍋底泡在水中避免溫度繼續升高，倒入⑥。當蛋白變蓬鬆後降到中低速一邊調整質地，一邊降溫到40℃左右（10）。放入冷凍庫冷卻至室溫程度（11），倒入鋼盆中。

＊要是持續攪拌到完全冷卻，就會成為緊密厚重的蛋白霜。為了呈現輕盈蓬鬆的狀態，放涼到40℃後就移進冷凍庫中。

⑧ 在④中倒入黑醋栗果泥 B 和黑醋栗酒用橡皮刮刀混拌。墊著冰水冷卻到26℃左右。

⑨ 鮮奶油打到8分發，分次少量地加入⑧用打蛋器攪拌（12）。大致拌勻後取1/4的量加入⑦的蛋白霜中，用打蛋器前端像是擠碎般稍微拌勻（13）。

＊避免蛋白霜結塊殘留，混合時不要壓碎太多氣泡。

⑩ 加入剩餘的⑧，攪拌均勻（14）。換拿橡皮刮刀由底部往上混拌到均勻一致。

⑪ 把⑩倒入裝上口徑14mm圓形花嘴的擠花袋中，擠滿〈組合〉的慕斯圈。放入急速冷凍櫃中冰凍（15）。

5

6

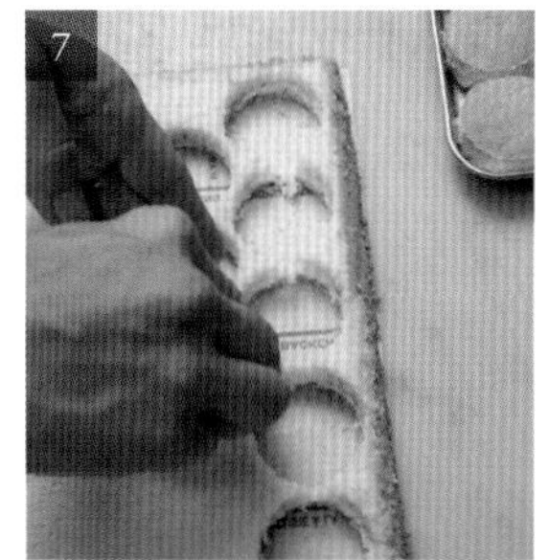
7

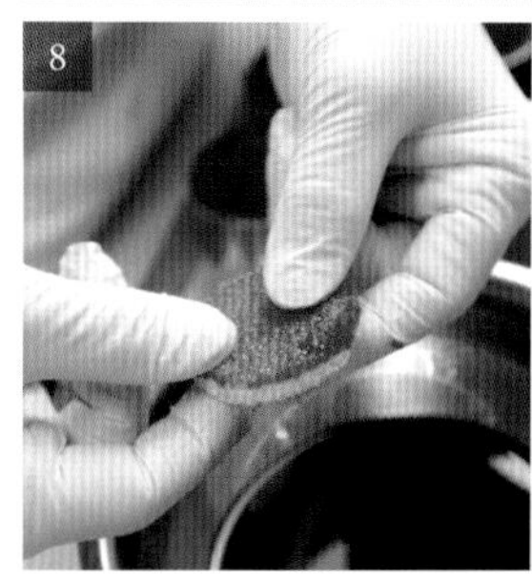
8

9

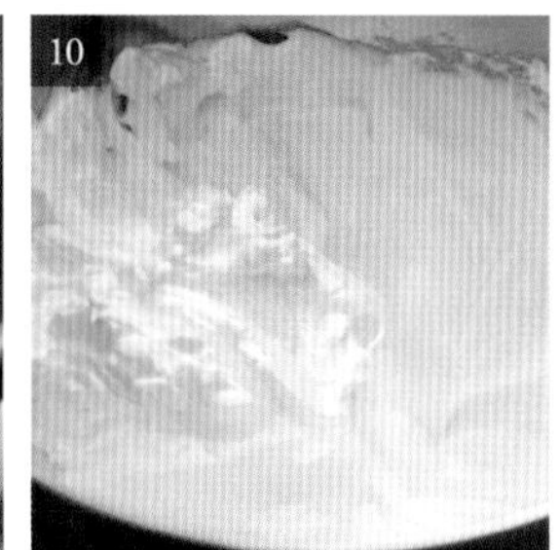
10

11

12

13

14

15

黑醋栗蛋白霜

① 銅鍋中倒入黑醋栗果泥和水混合，加入細砂糖開大火熬煮到118℃。

② 當①到達95℃時，開始用攪拌機高速打發蛋白，打至8分發。

③ ①的鍋底泡在冰水中，避免溫度繼續升高。倒入②中，以高速充分打發到蓬鬆狀態。降到中速一邊調整質地，一邊放涼到體溫左右（16）。

④ 用手稍微溫熱〈組合〉冷凍甜點的慕斯圈並脫模。撕除透明片，排在鋪上矽膠烤墊的烤盤上。

⑤ 把③倒入裝上8齒8號星形花嘴的擠花袋中，在④的上面擠入2排各2個的貝殼形。輕撒上糖粉。

⑥ 放入200℃的旋風烤箱中烤約2分鐘，讓蛋白霜稍微上色（17）。

＊因為旋風烤箱的熱風是由內部往前吹，所以將擠完的收尾部分朝前放入烤箱中。

裝飾

① 將甜點排在底紙上，蛋白霜表面用小刀尖端削掉3處。放上沾滿透明果膠的黑醋栗和紅醋栗點綴色彩即可（18）。

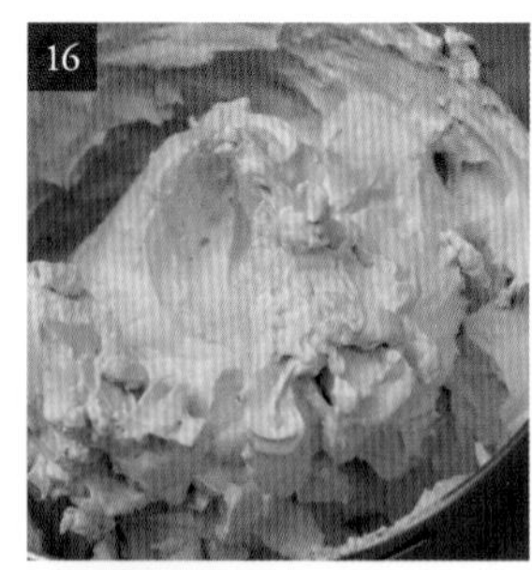
16

17

18

要做出輕盈的慕斯，重點在於不過度攪拌。我想只要記得最低限度的攪拌次數，在到達次數前停手就可以了。還有加到慕斯中混合的義式蛋白霜，用攪拌機一邊攪拌一邊放涼的話就會消泡，因此當降到一定溫度後就放入急速冷凍櫃中一次冷卻到底。

Cuba
古巴

慕斯琳奶油是卡士達醬加奶油打發，是款既濃郁又輕盈的奶油。到法國進修時比較常遇到用這款奶油製成的甜點。從流行至今的超輕盈慕斯，又擺盪回輕古典的方向，往尋求味道和口感紮實的甜點時代移動，也算是變化之一吧。香草風味或開心果風味等，各種味道的慕斯琳奶油登場，讓人實際感受到它的美味。「古巴」是我想做出具個人特色有別於其他口味的慕斯琳奶油，加入調和過的香蕉與橙酒，表現出清爽中帶有圓潤感的水果風味單品。中間的香蕉切成大塊後放平稍微煎過，淋入古巴生產的蘭姆酒焰燒，帶來豪邁大口品嚐的樂趣。上下包夾的肉桂風味蛋糕體，被評論為「Paris S'éveille」最好吃的蛋糕體之一，是我的得意之作。添加烘烤過的杏仁碎粒，香氣十足的清脆口感令人愛不釋口。

從上到下
- 糖漬橙皮絲
- 肉桂風味巧克力奶酥
- 慕斯琳奶油
- 肉桂風味杏仁傑諾瓦士蛋糕體
- 慕斯琳奶油
- 奶油煎香蕉
- 慕斯琳奶油
- 肉桂風味杏仁傑諾瓦士蛋糕體

古巴 Cuba

材料 （37×11cm、高5cm的框模・1個份）

肉桂風味杏仁傑諾瓦士蛋糕體
Genoise aux amandes à la cannelle
（60×40cm的烤盤・1片份）

全蛋 œufs entiers 547g
細砂糖 sucre semoule 342g
高筋麵粉 farine de gruau 120g
低筋麵粉 farine ordinaire 120g
杏仁（帶皮）* amandes 100g
肉桂粉 cannelle en poudre 13g
融化的奶油 beurre fondu 68g
＊杏仁放入160℃的烤箱烤15分鐘。

蘭姆酒糖漿 Sirop à imbiber rhum
基底糖漿（p.250） base de sirop 200g
蘭姆酒（金色） rhum 70g
＊材料混合均勻。

奶油煎香蕉 Banane sautée
香蕉* bananes 約7根
奶油 beurre 90g
細砂糖 sucre semoule 100g
＊選用熟透的香蕉。

慕斯琳奶油 Crème mousseline
A
- 牛奶 lait 220g
- 香草莢 gousse de vanille ⅓根
- 蛋黃 jaunes d'œufs 66g
- 細砂糖 sucre semoule 44g
- 高筋麵粉 farine de gruau 22g
- 奶油 beurre 11g

B
- 細砂糖 sucre semoule 66g
- 水 eau 45g
- 蛋黃 jaunes d'œufs 94g

奶油 beurre 290g
柳橙果醬 pâte d'orange 7g
檸檬汁 jus de citron 15g
香蕉利口酒* crème de bananes 48g
君度橙酒 Cointreau 15g
＊香蕉利口酒選用Crème de Banane。

肉桂風味巧克力奶酥
Pâte à crumble chocolat à la cannelle
（容易製作的份量）

細砂糖 sucre semoule 180g
奶油 beurre 180g
低筋麵粉 farine ordinaire 180g
肉桂粉 cannelle en poudre 8g
泡打粉 levure chimique 2.5g
榛果* noisette 228g
調溫巧克力*（苦甜，可可含量70%）
couverture noir 78g
＊榛果切粗粒烤過備用。
＊調溫巧克力使用法芙娜的「瓜納拉（Guanaja）黑巧克力」。
＊除了調溫巧克力以外的材料都放在冰箱充分冷藏備用。

防潮糖粉（p.264） sucre décor 適量
肉桂粉 cannelle en poudre 適量
糖漬橙皮絲（p.263）
écorces d'orange de juliennes confites 適量

作法

肉桂風味杏仁傑諾瓦士蛋糕體

① 攪拌盆中倒入全蛋和細砂糖，用打蛋器攪拌。隔水加熱，一邊攪拌一邊加熱到40℃左右。

② 移開熱水，用攪拌機高速打發至充滿空氣呈蓬鬆狀。降到中速，當氣泡變細後轉低速調整質地（1）。移入鋼盆中。

③ 高筋麵粉和低筋麵粉、用食物處理機切成粗粒的杏仁、肉桂粉混合均勻（2）。迅速加入②中，用刮板混拌至黏稠具光澤感。

④ 取一勺③加入約60℃的融化奶油中，用打蛋器攪拌均勻。再倒回③中，用刮板混拌至具光澤感（3）。

*用刮板撈起時，流下來的麵糊呈現清晰的摺痕。

⑤ 把④倒入鋪好烘焙紙的烤盤上（4），用抹刀抹平。

⑥ 放入175℃的旋風烤箱中烤約17分鐘。連同烤盤取出置於室溫下放涼（5）。

奶油煎香蕉

① 香蕉去皮切除兩端。盡量分切成4等份切口平整的圓柱形。

② 放入37×11cm、高5cm的框模中排成3列以確認份量（6）。

*建議放到框模裝不下為止。

③ 平底鍋中倒入一把細砂糖均勻鋪平，開火加熱。當周圍開始溶解後用手撒入剩餘的細砂糖。

*因為材料用量多先取半量製作，分兩次進行③～⑥的步驟。

④ 待細砂糖上色，呈焦糖狀後，加入奶油用木鏟攪拌融解（7）。一塊一塊地放入香蕉，搖晃平底鍋，一邊轉動香蕉一邊用中火煎（8）。

*細心作業不要破壞香蕉的形狀。

⑤ 整體均勻沾附焦糖，香蕉表面變軟後，開大火淋入蘭姆酒焰燒（9）。

*若是燒到香蕉中心部位，放涼時容易碎裂，請留意這點。

⑥ 倒在矽膠烤墊上鋪平，置於室溫下放涼。

組合1

① 切除肉桂風味杏仁傑諾瓦士蛋糕體的邊緣，再切成37×11cm。

*每個使用2片（用於甜點底部和上方）。

② 用於底部的蛋糕，烤面朝上放好。配合高1.3cm的鐵棒切除表面烤皮。

③ 用於上方的蛋糕，切除底部薄層後烤面朝上放好。配合高1cm的鐵棒切除表面烤皮（10）。

④ 把37×11cm、高5cm的框模放在貼好OPP紙的烤盤上，②的烤面朝上鋪在底部。用蘭姆酒糖漿沾濕蛋糕體（11）。

慕斯琳奶油

① 取A的材料參閱p.248做成卡士達醬。不過，一旦煮沸咕嘟咕嘟地冒出大氣泡後就關火（12）。倒入方盤中，貼緊保鮮膜放入急速冷凍櫃中快速降溫到4℃。

＊以高筋麵粉代替低筋麵粉和玉米澱粉。

② 用篩網過濾，以橡皮刮刀攪拌滑順。一次加入一勺軟化成乳霜狀的奶油（13），每次都以畫圓的方式攪拌乳化。

③ 取B的材料製作炸彈麵糊。鍋中倒入細砂糖和水煮沸。

④ 蛋黃打散，分次少量地倒入③，用打蛋器充分攪拌（14）。

⑤ 過濾到攪拌盆中。放在快要沸騰的熱水上隔水加熱，用打蛋器一邊攪拌一邊加熱到72～73℃（15）。

＊攪拌到大氣泡消泡，蛋液變稠黏在打蛋器的鋼圈上。

⑥ 移開熱水，用攪拌機高速打發至充滿空氣泛白的厚重狀。降到中速調整蛋糊質地，再轉低速一邊攪拌到產生黏性呈濃稠感，一邊降溫（16）。

＊如果⑤加熱不完全的話，蛋糊會呈現偏水的流質狀。

⑦ 柳橙果醬用橡皮刮刀攪散。分次少量地倒入已混合的檸檬汁、香蕉利口酒及橙酒，每次都要攪拌溶解沒有結塊。

⑧ 取少量的⑦加入②中，用橡皮刮刀從中間以畫圓的方式充分攪拌乳化（17）。分5次加入剩餘的⑦，每次都要攪拌均勻。

＊以製作美乃滋的要領，每次加入液體都要確實乳化。不過，若是乳化過度口感會變差，所以不用打蛋器改用橡皮刮刀混拌。

⑨ 分5次加入⑥，每次都用橡皮刮刀確實混拌到均勻乳化（18、19）。

＊混拌不夠的話，會油水分離。

組合2

① 用廚房紙巾包住奶油煎香蕉，自然地吸乾水分。

② 把慕斯琳奶油倒入裝上口徑14mm圓形花嘴的擠花袋中，在〈組合1〉的框模上擠出和花嘴粗細相同的餡料。先從框模邊緣開始擠再往中間移動擠滿（20）。

③ 用刮板抹平奶油，長邊側面抹上少許奶油（連結用）。

④ 兩邊保留1.5cm的空間，其餘擺滿3列①的香蕉（21）。

⑤ 在香蕉的空隙間填入剩下的慕斯琳奶油。用抹刀抹平蓋住香蕉。用手指拭淨黏在框模內側的奶油。

⑥ 用於上方的杏仁傑諾瓦士蛋糕體烤面朝上，用蘭姆酒糖漿輕輕沾溼（22）。

⑦ 翻面蓋在⑤的上方，用手掌輕壓。放上平板工具，從上施壓使其貼合。取蘭姆酒糖漿沾濕蛋糕體。

⑧ 表面擠上薄薄的慕斯琳奶油。用抹刀抹平，滑過框模上方刮除多餘的奶油。放入冰箱冷藏一晚凝固。

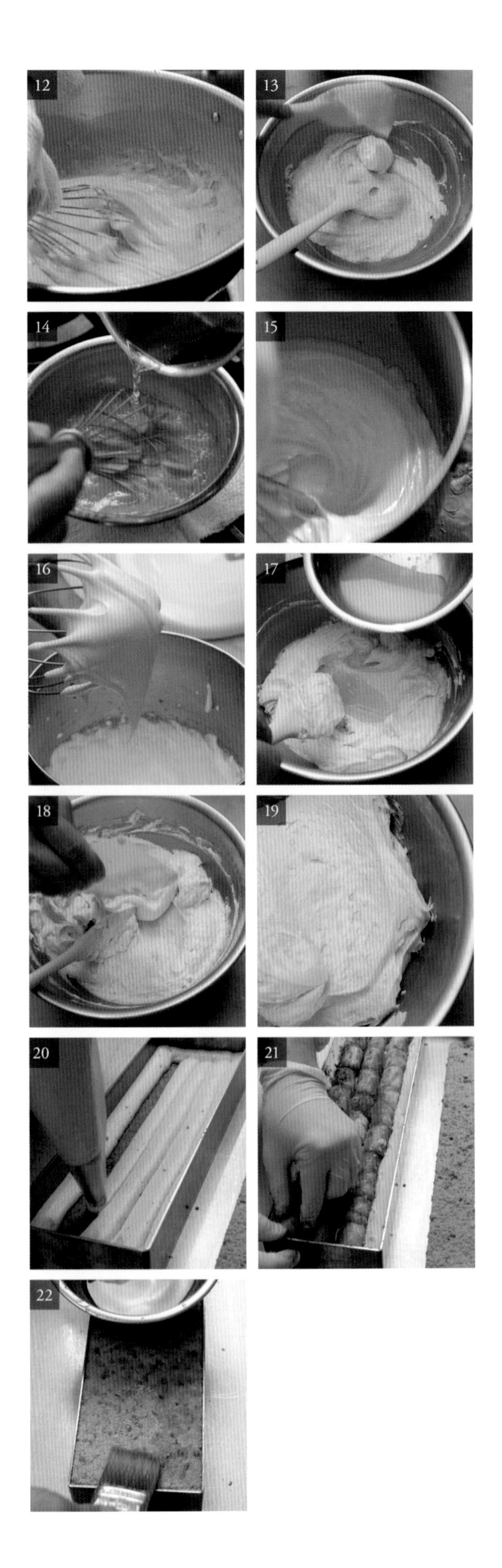

肉桂風味巧克力奶酥

① 調溫巧克力隔水加熱融解，加熱到體溫左右。

② 用食物處理機攪拌調溫巧克力以外的材料。迅速倒入①，暫停食物處理機用橡皮刮刀刮下黏在處理機內側和葉片上的麵團。間斷式攪拌直到混合均勻（23）。

③ 倒入方盤中稍微鋪平。包上保鮮膜貼緊，放入冰箱冷藏1小時凝固。

④ 用手稍微揉捏成團，放在網目5mm的篩網上過濾。在矽膠烤墊上攤開鋪平，不要重疊，放入冰箱充分冷卻（24）。

⑤ 放入170℃的旋風烤箱烤約6分鐘。從烤箱取出用手撥開黏結成塊的部分，再烤約5分鐘。置於室溫下放涼（25）。

裝飾

① 側面用烤箱加熱，取下框模。切除甜點兩端，再分切成11×2.8cm（26）。

② 用手把肉桂風味巧克力奶酥剁成豆子大小，放滿①的上面。撒上防潮糖粉。

③ 輕撒上肉桂粉，用鑷子擺上糖漬橙皮絲（27）即可。

這款慕斯琳奶油水分含量高，容易油水分離，是相當難乳化的配方。無論是攪拌不足或過度攪拌都容易分離，所以重點在於依照美乃滋的製作要領，用橡皮刮刀混拌慢慢乳化。若是有充分乳化，放再久也不會因質地緊實而變硬，口感柔和且入口即化。

Tarte pêche cassis
黑醋栗塔

我在巴黎工作時，之前原本放在室溫下的塔皮點心，演變成加了巴伐利亞奶油或鮮奶油的冷藏小點。這款「黑醋栗塔」是我想再超前一步，推出更水潤、強調新鮮感的甜點而設計的。上面是用來自山形縣的小顆白桃，做成黑醋栗風味的糖煮蜜桃。不用糖水煮桃子，只把加熱過的糖水從上澆淋整顆桃子並浸泡，中間幾乎是生的，呈現相當多汁且新鮮的狀態。其實，我自己很喜歡糖煮蜜桃，在餐廳經常點來吃，但遇到煮太久的失敗品，吃起來和市售罐頭品沒什麼差異，讓我很苦惱。有一次，在某家餐廳吃到口感近乎新鮮桃子的糖煮蜜桃，他們教我這個只要浸泡熱糖水的作法。加在糖水中的濃郁黑醋栗果泥，僅滲透到桃子表面，入味得恰到好處。這款如甜品般的塔皮點心，僅在店內的午茶沙龍提供。

從上到下
- 黑醋栗風味糖煮蜜桃
- 香脆杏仁片
- 卡士達鮮奶油
- 紅寶石波特黑醋栗果凍
- 杏仁脆餅
- 櫻桃白蘭地糖漿
- 黑醋栗
- 杏仁奶油餡
- 甜塔皮

材料 （直徑6.5cm、高1.7cm的慕斯圈・16個份）

黑醋栗風味糖煮蜜桃
Compote de pêches et de cassis
白桃 pêches blanche 8個
黑醋栗果泥 purée de cassis 1125g
細砂糖 sucre semoule 507g
＊使用小顆白桃。

香脆杏仁片
Croquants aux amandes effilées
（容易製作的份量）
蛋白 blancs d'œufs 30g
杏仁片 amandes effilées 200g
糖粉 sucre glace 150g

甜塔皮 Pâte sucrée
（30個份。每個使用20g）
奶油 beurre 96g
糖粉 sucre glace 108g
杏仁粉 amandes en poudre 21g
全蛋 œufs entires 32g
低筋麵粉 farine ordinaire 160g

杏仁奶油餡 Crème frangipane
（p.250，每個使用15g） 240g

紅寶石波特黑醋栗果凍
Gelée de Port Ruby et de cassis
（直徑5cm、高3cm的馬芬模・20個份。每個使用15g）
紅寶石波特酒 Porto Ruby 214g
黑醋栗果泥 purée de cassis 214g
細砂糖 sucre semoule 45g
吉利丁片 gélatine en feuilles 13.5g

櫻桃白蘭地糖漿 Sirop à imbiber kirsch
（30個份。每個使用5g）
基底糖漿（p.250） base de sirop 120g
櫻桃白蘭地 kirsch 42g
＊材料混合均勻。

杏仁脆餅 Praliné croustillent d'amandes
（30個份。每個使用10g）
調溫巧克力（牛奶，可可含量40%）
couverture au lait 44g
杏仁果仁糖 praliné d'amandes 178g
融化的奶油 beurre fondu 18g
薄餅脆片 feuillantine 90g
＊調溫巧克力使用法芙娜的「吉瓦納牛奶巧克力（Jivara Lactee ）」。

卡士達鮮奶油 Crème diplomate
（30個份。每個使用18g）
卡士達醬（p.248） crème pâtissière 375g
香緹鮮奶油（p.248） crème Chantilly 75g

黑醋栗（冷凍品） cassis 90個
杏桃果膠（p.258） nappage d'abricot 適量
杏桃果醬* confiture d'abricot 適量
防潮糖粉（p.264） sucre décor 適量
金箔 feuilles d'or 適量

作法

黑醋栗風味糖煮蜜桃
① 將白桃放入煮沸的熱水中約1分鐘再過冰水，撕除表皮（1）。
② 開火加熱黑醋栗果泥和細砂糖，用橡皮刮刀一邊攪拌不要燒焦一邊煮沸。
③ 把①的白桃放入深容器中，倒入②淹過整體（2）。包上保鮮膜貼緊，置於室溫下放涼後，送入冰箱浸泡2天。
＊要在浸漬結束後的3天內用完。

香脆杏仁片
① 蛋白用打蛋器攪拌切斷稠狀連結。加入杏仁片，用橡皮刮刀充分混拌到沾滿蛋白（3）。
② 加入糖粉，直接用手邊撒邊混合（4）。
③ 用手搓散後倒在放好矽膠烤墊的烤盤上鋪平，放入165℃的旋風烤

箱中烤約3～5分鐘稍微上色。先從烤箱取出用三角刮板撥開，一邊翻面一邊混合（5）。

④ 再鋪平放回烤箱中烤約3分鐘。取出後一樣用三角刮板一邊撥散一邊混合。

⑤ 再烤3分鐘直到整體稍微上色（6）。置於室溫下放涼，和乾燥劑一起放入密閉容器中保存。

甜塔皮

① 麵團作法參閱p.82「春日塔」的〈甜塔皮〉①～④。

② 輕輕揉捏麵團，軟化後整成四方形。放進壓麵機每次轉90度壓成2.75mm厚。

③ 放到烤盤上，用比慕斯圈大兩圈的圓模（直徑8.5cm）分切（7）。放進冰箱靜置約30分鐘，讓麵團硬化方便作業。

④ 把麵團鋪入慕斯圈內側（塔皮入模→p.265），放入冰箱靜置30分鐘（8）。

⑤ 排在鋪好網狀矽膠烤墊的烤盤上。慕斯圈內側擺上鋁杯貼緊再放入重石，送進170℃的旋風烤箱烤約11分鐘（9）。拿走重石和鋁杯，置於室溫下放涼。

組合1

① 把杏仁奶油餡倒入裝上口徑17mm圓形花嘴的擠花袋中，在甜塔皮內各擠入15g。

② 各放上5顆冷凍的黑醋栗（10）。送入170℃的旋風烤箱中烤約10分鐘。

③ 脫模置於室溫下放涼（11）。

紅寶石波特黑醋栗果凍

① 鍋中倒入紅寶石波特酒、黑醋栗果泥和細砂糖用刮鏟混拌。開中火一邊混合一邊加熱到50℃左右。

② 離火加入吉利丁片攪拌溶解（12）。在直徑5cm、高3cm的馬芬模中各倒入15g。放入急速冷凍櫃中冰凍（13）。

杏仁脆餅

① 作法和p.57〈杏仁脆餅〉①～③相同（14）。

卡士達鮮奶油

① 卡士達醬用橡皮刮刀攪拌滑順，加入充分打發的香緹鮮奶油後混拌至均勻一致（15）。

組合2、裝飾

① 把糖煮蜜桃放在網架上瀝乾多餘水分（16）。用廚房紙巾充分拭乾。

② 沿著白桃的凹陷處縱切成兩半，挖除果核（17）。用廚房紙巾仔細地拭乾水分，切口朝下排在紙巾上。

③ 拿著〈組合1〉的塔皮，用刷子沾取糖漿沾濕杏仁奶油餡（18）。

＊須注意若塔皮沾到糖漿會破壞口感。

④ 各放上10g杏仁脆餅，用抹刀從上擠壓整成研磨缽狀（19）。

＊須確實塗抹到邊緣，就算在上面擠鮮奶油也不會弄濕塔皮。

⑤ 把卡士達鮮奶油倒入裝上口徑5mm圓形花嘴的擠花袋中，各擠入6g。用抹刀均勻塗抹到邊緣。

⑥ 波特黑醋栗果凍脫模後放在⑤上，輕壓使其貼合（20）。

⑦ 從邊緣往中心以漩渦狀的方式各擠入約12g的卡士達鮮奶油（21）。用抹刀整成平緩小丘狀，放入急速冷凍櫃中冷藏凝固表面。

⑧ 再用廚房紙巾拭乾糖漬蜜桃的水分，切口朝下放在網架上。淋上加熱過的杏桃果膠（22），滴落多餘的部分。放在⑦上。

⑨ 把杏桃果醬裝入錐形紙袋中在香脆杏仁片上沾上少許，一邊像包住塔皮般做出立體感一邊黏上（23）。用手掌包覆輕壓。在杏仁片上撒上防潮糖粉即可。

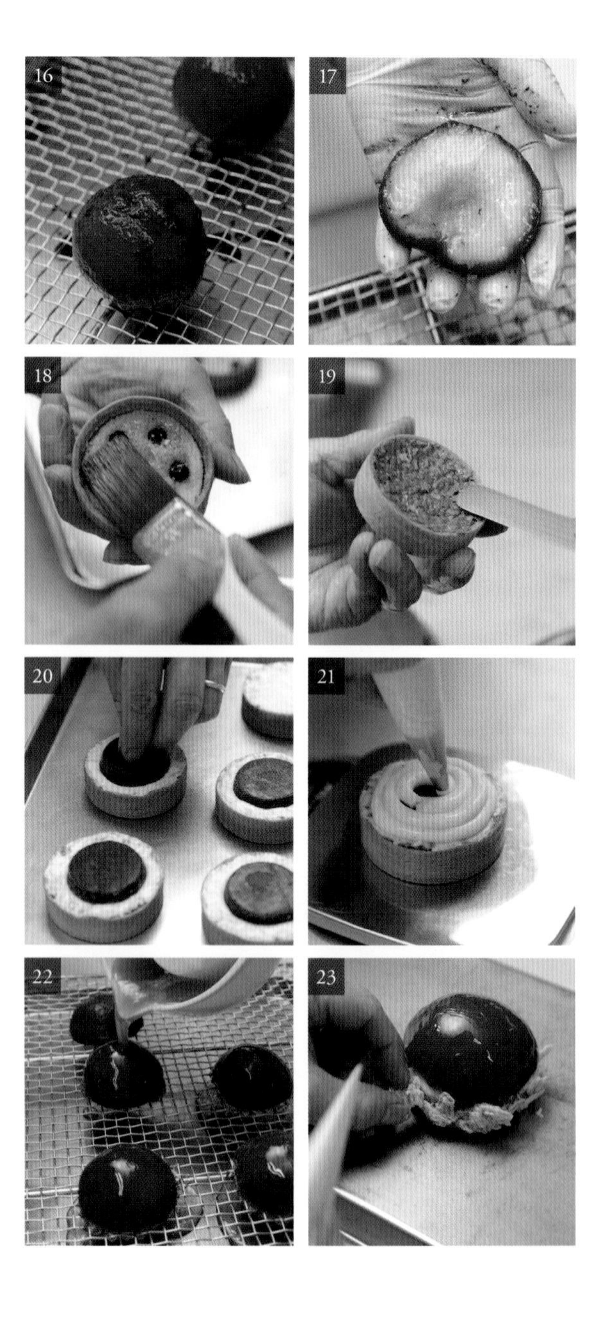

塔皮一定要充分烤乾，因為白桃非常多汁，必須仔細拭乾多餘的水分後再放到塔皮上。即便如此隨著時間經過，還是會有水氣滲出，所以只能每次製作少量放在甜點櫃中。

無花果塔

提到水果塔，傳統形式是填入水果和杏仁奶油餡一起烘烤，不過這款「無花果塔」的作法卻更進一步。也就是說，不是同時烘烤塔皮和水果，而是在烤好的塔皮上填入分別處理過的果醬和糖煮水果，再組裝完成的塔皮點心。充分吸飽糖漿煮到鬆軟的糖煮白無花果和黑無花果，味道香甜醇厚，配上黑醋栗果醬的濃縮酸味，達到畫龍點睛之效，令人留下鮮明的印象。

從上到下

- 香緹鮮奶油
- 核桃、杏仁
- 糖煮白無花果
- 糖煮黑無花果
- 黑醋栗果醬
- 甜塔皮

無花果塔 Tarte aux figues

材料 （直徑6.5cm、高1.7cm的慕斯圈・30個份）

甜塔皮 Pâteà sucrée
（每個使用20g）
奶油 beurre 180g
糖粉 sucre glace 120g
杏仁粉 amandes en poudre 40g
全蛋 œufs entiers 60g
低筋麵粉 farine ordinaire 300g

黑醋栗果醬 Confiture de cassis
（容易製作的份量。每個使用15g）
黑醋栗果泥 purée de cassis 300g
水 eau 30g
細砂糖 A sucre semoule 120g
水飴 glucose 60g
細砂糖 B sucre semoule 75g
NH 果膠粉 pectine 7.2g
檸檬汁 jus de citron 12g

糖煮黑無花果 Confites figues noires
（容易製作的份量）
黑無花果（果乾） figues noires séchées 500g
水 eau 750g
香草莢 gousse de vanille 1根
細砂糖 sucre semoule 360g

糖煮白無花果 Confites figues blanches
（容易製作的份量）
白無花果（果乾）
figues blanches séchées 500g
水 eau 900g
細砂糖 sucre semoule 450g
香草莢 gousse de vanille 1根

核桃 noix 適量
杏仁（帶皮）* amandes 適量
香緹鮮奶油（p.248） crème Chantilly 適量
肉桂粉 cannelles en poudre 適量

作法

甜塔皮
① 麵團作法參閱p.82「春日塔」的〈甜塔皮〉①～④。放入冰箱靜置一晚。
② 輕輕揉捏麵團，軟化後整成四方形。放進壓麵機每次轉90度壓成2.75mm厚。
③ 放到烤盤上，用比慕斯圈大兩圈直徑8.5cm的圓模分切。放進冰箱靜置約30分鐘。
④ 把③鋪入直徑6.5cm、高1.7cm的慕斯圈內側（塔皮入模→p.265），放入冰箱靜置30分鐘。
⑤ 排在鋪好網狀矽膠烤墊的烤盤上，內側擺上鋁杯放入重石。送進170℃的旋風烤箱烤約11分鐘。
⑥ 拿走重石和鋁杯，置於室溫下放涼。

黑醋栗果醬
① 銅鍋中倒入黑醋栗果泥、水、細砂糖 A 和水飴，開大火用橡皮刮刀一邊攪拌一邊煮沸。
② 細砂糖 B 和NH果膠粉拌勻，一邊倒入①中一邊用打蛋器攪拌溶解。
③ 用刮鏟一邊攪拌一邊熬煮到糖度67% brix。離火加入檸檬汁拌勻。
④ 倒入方盤中，包上保鮮膜貼緊。置於室溫下放涼後用極細篩網過濾，放入冰箱中冷藏。

糖煮黑無花果
① 用竹籤在黑無花果果乾上貫穿3個洞（橫向2處、直向1處）。浸泡水中一晚膨脹，瀝乾水分。
② 鍋中倒入水、香草籽和香草莢開大火加熱。煮滾後加入細砂糖攪拌再煮沸。
③ 加入①蓋上鍋中蓋，用中火煮到糖度72% brix。
④ 連同鍋子放在室溫下放涼，倒入別的容器放入冰箱保存。

糖煮白無花果
① 和糖煮黑無花果的作法相同。

裝飾
① 核桃和杏仁分別放在烤盤上鋪平，放入160℃的旋風烤箱中烤約15分鐘直到輕微上色。置於室溫下放涼。
② 擠花袋不裝花嘴，前端剪小孔，倒入黑醋栗果醬。在甜塔皮上各擠入15g。
③ 糖煮黑無花果和白無花果瀝乾水分，黑無花果縱向對半切開，白無花果橫向對半切開。各分切成3片，隨興地放在②上。
④ 用手把①的核桃剝成2～4等份，杏仁切成2～3等份。取少許撒在③上。
⑤ 放上用茶匙整成橄欖狀的香緹鮮奶油。輕撒上肉桂粉即可。

Il est cinq heure.
Paris s'éveille.

Marron Passion
栗子百香果

M 我在巴黎工作時遇見栗子和百香果的組合。搭配栗子的素材以季節相同的水果西洋梨，或是在法國作為王牌組合的黑醋栗最常見，百香果則是和栗子毫不相干的南國食材。對當時的我而言是帶著異常新鮮、強烈酸味，記憶深刻的味道。這道甜點的重點在於，搭配的百香果用量要比栗子少很多。這樣才能無損栗子溫潤柔和的風味，達到提味效果。蛋糕體部分也希望讓人印象深刻，所以選用夾著法式奶油霜的傳統甜點「聖米歇爾奶油餅」的餅乾作法製成聖米歇爾蛋糕體。質地介於蛋白霜和達克瓦茲之間，說不上濕潤、綿密也談不上酥鬆脆硬的口感頗具魅力。添加烤過切碎的杏仁增添酥脆感和香氣，凸顯其存在感。希望可以讓人從心底感受到隨著咀嚼帶來不同變化，味道和口感互相調和得宜的喜悅。

從上到下
- 百香果果膠
- 栗子香緹鮮奶油
- 巧克力淋醬
- 栗子鮮奶油
- 聖米歇爾蛋糕體
- 百香果奶油
- 百香果果凍
- 栗子鮮奶油
- 聖米歇爾蛋糕體

栗子百香果　Marron Passion

材料　（57×37cm、高4cm的框模・1個份）

聖米歇爾蛋糕體　Biscuit St-Michel
（60×40cm的烤盤・2片份）
蛋白A*　blancs d'œufs　450g
低筋麵粉　farine ordinaire　81g
杏仁粉　amandes en poudre　108g
糖粉　sucre glace　1012g
杏仁（帶皮）*　amandes　621g
蛋白B*　blancs d'œufs　450g
細砂糖　sucre semoule　225g
蛋白粉　blanc d'œuf en poudre　22.5g
*杏仁放入160℃的烤箱中烤約15分鐘後切碎備用。
*蛋白分別冷藏備用。

百香果奶油　Crème fruit de la Passion
（57×37cm、高5mm的模板・1片份）
百香果果泥
purée de fruit de la Passion　507g
蛋黃　jaunes d'œufs　152g
全蛋　œufs entiers　95g
細砂糖　sucre semoule　165g
吉利丁片　gélatine en feuilles　5g
奶油　beurre　190g

百香果果凍　Gelée de fruits de la Passion
（57×37cm、高5mm的模板・1片份）
百香果果泥
purée de fruit de la Passion　922g
細砂糖　sucre semoule　175g
吉利丁片　gélatine en feuilles　23g

栗子鮮奶油　Crème de marron
栗子醬*　pâte de marron　1200g
栗子奶油*　crème de marron　300g
奶油　beurre　600g
蘭姆酒　rhum　90g
鮮奶油（乳脂肪35%）
crème fraîche 35% MG　210g
蛋白　blancs d'œufs　130g
細砂糖A　sucre semoule　20g
細砂糖B　sucre semoule　200g
水　eau　50g
糖漬栗子*　marrons confits　480g
蘭姆酒　rhum　25g
*栗子醬和栗子奶油分別回復室溫備用。
*糖漬栗子切粗粒。

百香果果膠　Nappage fruits de la Passion
（容易製作的份量）
百香果果泥
purée de fruit de la Passion　165g
水　eau　83g
塔塔粉　crème tarter　4g
細砂糖A　sucre glace　165g
NH果膠粉*　pectine　5g
細砂糖B*　sucre glace　83g
*NH果膠粉和細砂糖B混合均勻備用。

栗子香緹鮮奶油　Crème Chantilly au marron
（11×2.8cm・20個份）
栗子奶油　crème de marron　150g
鮮奶油（乳脂肪40%）
crème fraîche 40% MG　230g

金黃巧克力淋醬 (p.261)
glaçage beige au chocolat　適量
百香果籽　pepin de fruit de la Passion　適量

作法

聖米歇爾蛋糕體

① 攪拌機轉高速充分打發蛋白A。
② 鋼盆中倒入低筋麵粉、杏仁粉、糖粉和切碎的杏仁粒，用手混合均勻（1）。加入①，不要攪拌靜置備用。
③ 取1/3量的細砂糖和蛋白粉混合均勻。和蛋白B一起倒入攪拌盆中（2），用高速打發。打到5分發、8分發時，各倒入半量剩餘的細砂糖，打發成氣泡緊緻、質地黏稠的蛋白霜（3）。
*打發的標準請參閱p.21〈蛋白脆餅〉②。
④ 配合蛋白霜完成的時間，用刮板將②的粉類和蛋白霜混拌均勻（4）。

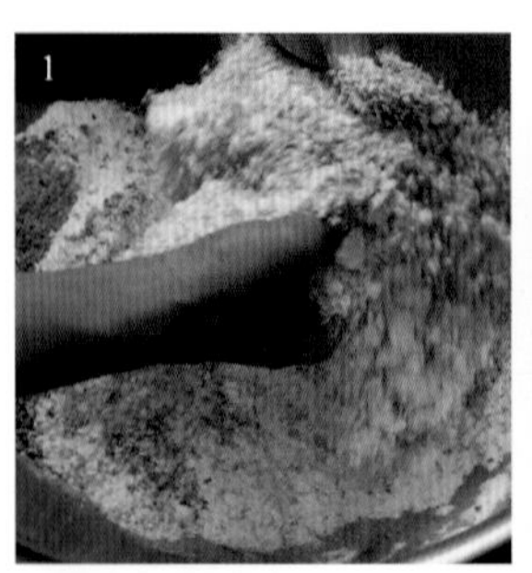
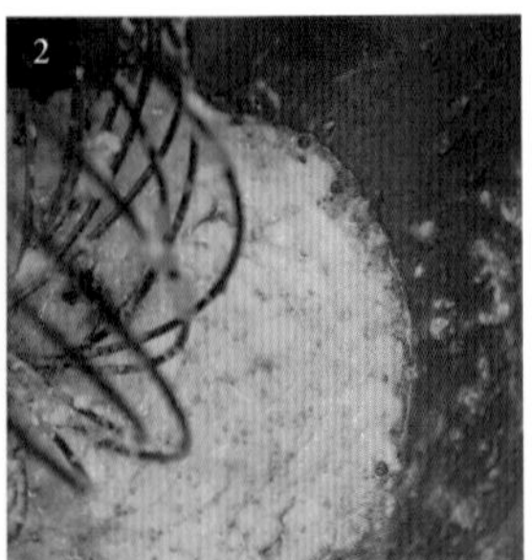
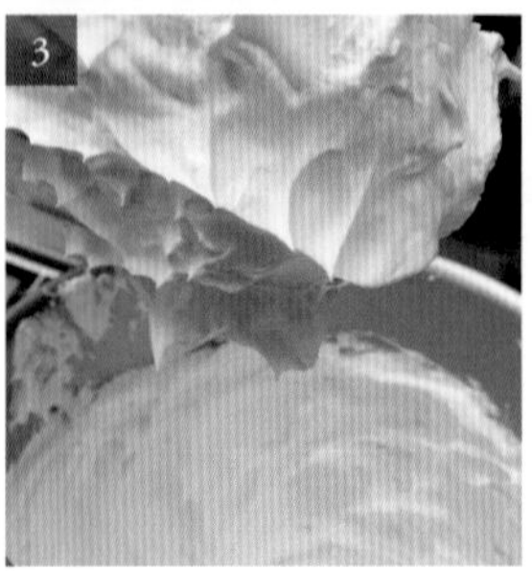

⑤　把③加入④中，用刮板由下往上撈混拌均勻（5）。

⑥　把烘焙紙鋪在2片60×40cm的烤盤上，各倒入半量的⑤用抹刀抹平（6）。輕撒上糖粉。

⑦　放入170℃的旋風烤箱中烤約30分鐘（7）。直接置於室溫下放涼。

⑧　蛋糕體脫模撕除烘焙紙。配合57×37cm的框模外圍用鋸齒刀切開。取下1片備用〈A〉。另一片烤面朝上放在貼好OPP紙的烤盤上，蓋住57×37cm的框模備用〈B〉。

＊因為蛋糕體表面易碎，翻面時要小心。

百香果奶油

①　參考p.94〈百香果奶油〉作法①～⑤。

②　把57×37cm、高5mm的模板放在鋪好OPP紙的烤盤上用膠帶固定住。倒入①抹平（8）。放入急速冷凍櫃中冰凍。

③　拿小刀插入模板和奶油間脫模，換嵌入高1cm的模板（9）。放入急速冷凍櫃中冰凍備用。

百香果果凍

①　百香果果泥加熱到人體溫度。倒入細砂糖攪拌溶解。

②　取1/5量的①一邊分次少量地倒入軟化的吉利丁片中，一邊用打蛋器攪拌（10）。倒回①，用橡皮刮刀攪拌均勻（11）。

③　倒入冷凍的百香果奶油上，用抹刀抹平（12）。噴上酒精噴霧消除浮在表面的氣泡後靜置片刻，凝固後放入急速冷凍櫃中冰凍。

④　脫模，上下用OPP紙貼緊。果凍朝下放入急速冷凍櫃中備用〈C〉。

栗子鮮奶油

①　攪拌機裝上平攪拌槳，用中速攪拌栗子醬到沒有結塊殘留。

②　加入半量的栗子奶油攪拌融合。先用刮板刮下黏在平攪拌槳和攪拌盆上的奶油，再加入剩下的栗子奶油大致攪拌融合（13）。

③　分5次在②中加入軟化的乳霜狀奶油（14），每次都用中速混拌，融合後再轉高速打發。中途約暫停2次刮下黏在平攪拌槳和攪拌盆上的奶油，再打發到蓬鬆狀態（15）。

＊材料回復室溫備用，打發拌入空氣。整體攪拌均勻，打到稍微起泡蓬鬆後再加入之後的奶油。

④　鮮奶油加熱到50℃左右，淋入蘭姆酒混合。注入③中攪拌（16）。

＊在④變涼奶油凝固前進行⑧。

⑤　攪拌盆中倒入冷蛋白和細砂糖A，用攪拌機高速打到8分發。

⑥　進行⑤的同時，另取一鍋倒入細砂糖B和水開火加熱，熬煮到118℃。一邊注入⑤中，一邊用高速打發到蓬鬆狀態（17）。降到中速→低速，一邊調整質地一邊繼續攪拌到溫度降至30℃。

＊為了避免之後和奶油含量高的鮮奶油混合時造成油水分離，蛋白霜不要放到全涼。

⑦　在切碎的糖漬栗子上灑入蘭姆酒，用橡皮刮刀混拌均勻（18）。

⑧　把④移入鋼盆中，分4次加入⑥的蛋白霜，每次都用攪拌器稍微攪拌（19）。換拿橡皮刮刀混拌至均勻一致。

＊以撈起攪拌的方式讓奶油穿過打蛋器的鋼圈間避免消泡。

⑨　取1100g的⑧，加入⑦的栗子用橡皮刮刀混拌（20）。剩餘⑧的奶油放置他處備用。

＊輕輕地混拌避免消泡。

組合1

①　把栗子奶油（含栗子）倒在〈B〉的蛋糕體上，用抹刀抹平（21）。

②　取出〈C〉冷凍的百香果奶油和果凍，果凍面朝下放在①上貼緊。撕除OPP紙，用小刀在各處戳出氣孔，蓋上OPP紙放上板子等重物從上確實壓緊使其貼合（22、23）。

＊氣孔是為了不讓空氣進入栗子奶油和冷凍的果凍間。

③　取1200g做好備用的栗子鮮奶油（無栗子），倒在②上用抹刀鋪平（24）。抹除黏在框模上多餘的奶油。

④　另一片蛋糕體〈A〉烤面朝下地覆蓋在上方，用手壓緊密合。蓋上烘焙紙放上板子等重物，從上確實壓緊使其貼合（25）。

⑤　切除從框模露出的OPP紙。用噴槍輕輕加熱框邊往上提起框模，在長邊這端放上高8mm的鐵棒（26）。

＊放上鐵棒是因為框模的高度對甜點而言少了8mm。如果框模高度有4.8cm的話就不需要這個步驟。

⑥　鋪上剩餘的栗子奶油（無栗子），用抹刀稍微抹平。沿著框模高度滑動平面蛋糕刀，刮除多餘奶油抹平（27）。放入急速冷凍櫃中冰凍。

⑦　用噴槍加熱側邊，脫模取出甜點。用平面蛋糕刀切除兩端後，依40×11cm的大小先在上面切出切痕。

＊一次切斷的話會產生裂痕，所以只切到最上面的栗子奶油先劃出切痕。一邊用噴槍輕輕加熱刀子一邊進行。

⑧　換拿鋸齒刀，切到第1片蛋糕體。再換拿平面蛋糕刀，直接切到底（28）。放入急速冷凍櫃中冰凍。

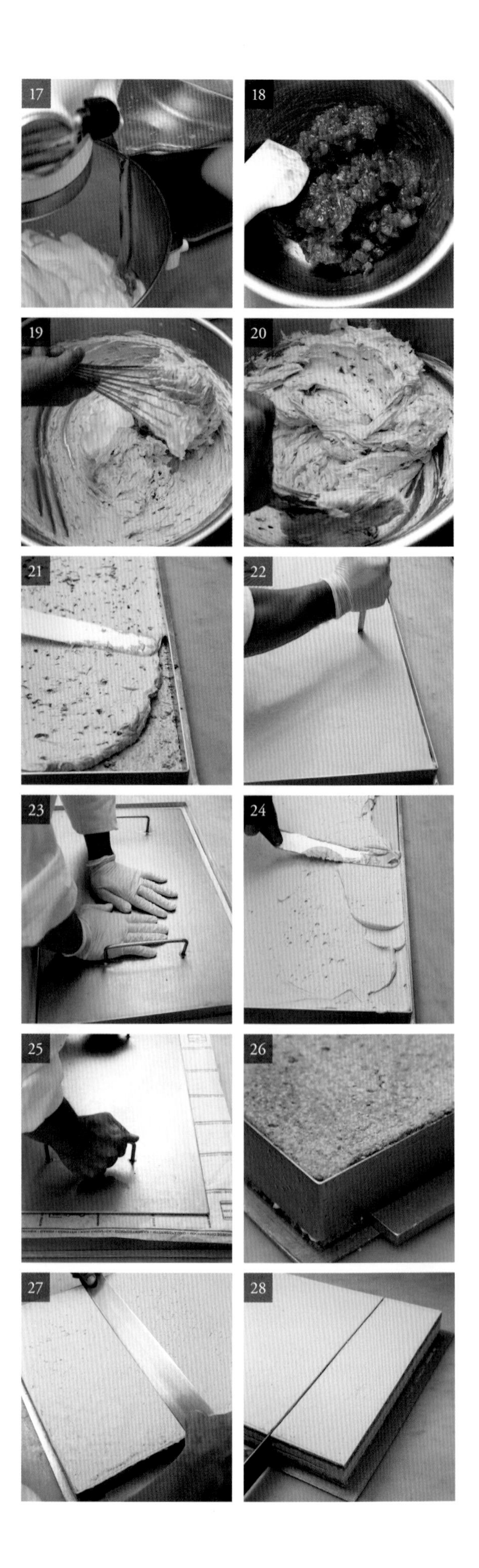

百香果果膠

① 鍋中倒入百香果果泥、水、塔塔粉和細砂糖 A 煮沸。

② 加入混合均勻的NH果膠粉和細砂糖 B，用打蛋器充分攪拌。再次煮沸後關火。倒入鋼盆中，包上保鮮膜置於室溫下放涼（29）。再放入冰箱靜置一晚。

＊使用前先用篩網過濾。

組合2

① 將網架放在烤盤上，用抹刀把甜點放到網架上。不須取下抹刀，金黃巧克力淋醬加熱到33～34℃，依側面→上面的順序均勻淋在甜點上（30）。

② 用抹刀滑過上方抹平（31）。連同網架輕敲烤盤抖落多餘的淋醬，刮除堆積在邊緣的部分。放入冰箱靜置片刻。

③ 用噴槍稍微加熱平面蛋糕刀，切除兩端。鋸齒刀稍微加熱後切出2.8cm寬的印痕，再從上面劃下切痕直到蛋糕體（32、33）。側面也切出約1cm的切痕。

＊因為連這裡也會產生裂痕，所以分2次切開。

④ 一邊用噴槍稍微加熱鋸齒刀，一邊往下整個切開（34）。放在底紙上。

栗子香緹鮮奶油

① 在栗子奶油中加入少許鮮奶油，用打蛋器攪拌均勻。加入剩下的鮮奶油，用打蛋器打到7分發（35）。

裝飾

① 把栗子香緹鮮奶油倒入裝上12齒7號星形花嘴的擠花袋中，在甜點上分次少量地擠出奶油重疊一邊做成5個貝殼形。

② 在①上用茶匙滴入一條百香果果膠（36）。取廚房紙巾擦乾百香果籽的水分，用鑷子各放3顆在果膠上即可。

聖米歇爾蛋糕體在混合蛋白霜和粉類時如果攪拌不足，會因烘烤造成麵團膨脹形成孔洞，所以攪拌到稍微產生黏性是很重要的。烤好後表面乾燥容易剝落，盡量小心拿取。

4

減法設計之美

L'esthétique épurée

在我20多歲時，曾經暫別甜點業，做了6年平面設計的工作。起因是想自己設計甜點包裝。並不是厭棄了甜點師傅這一行，雖說動機相當簡單，但也努力埋首於設計工作中，過著每天碰壁卻刺激十足的生活。

最讓我動心的是，削除多餘部分，呈現純粹本質美感的設計。我覺得像貝爾納畢費（Bernard Buffet）、馬塞爾杜象（Marcel Duchamp），或松永真先生、葛西薰先生等普遍、簡潔，沒有綴飾的寧靜世界觀就很美。正因為有所削減，留下的每一樣才具寓意。任何空間距離都是有意義的。我認為憑感覺「好像很漂亮」是行不通的。甜點也一樣。我的主張是進行減法，不做多餘裝飾。就算只放上1顆莓果也有其道理。我認為不是用多餘的裝飾來炫耀技術，只有確實做出富含意義的設計，才能產生食物的美感。有人說「金子先生的甜點，沒有令人意外的裝飾耶」，但那就是我的設計。我認為簡潔和單調都很美，藉此才能凸顯味道的本質。

就算在製作新甜點的過程，也經常受到設計工作的影響。在甜點店最重要的是動手做，往往是與其思考不如先製作，相較於此，設計的工作是構思占8成，之後的作業占2成。極端的說法是「就算不是自己動手做也可以」。我自己是連製作過程都想動手做的類型，果然還是職人氣息大過設計師吧。但是，要孕育出好商品，我知道先仔細推敲思考，琢磨出點子相當重要，至今仍保有這個習慣。

要琢磨出點子必須擁有經驗、知識或記憶等多種構思來源。教我這件事的，是服務過的設計師事務所藝術指導——攝影師島隆志先生。他的作品實在優秀！或許帶有某種異樣色彩，但無論是設計或照片都擁有懾人心弦的張力與說服力。大件作品或一張小名片都很漂亮。我強烈認為「這才是工作的本質」，住進事務所，利用睡眠時間，擠出空檔和島先生一起工作，讓我雀躍不已。他對我說：「請趁著年輕多看看不同的事物。見識會擴展你的人生。請多經歷感動、多嘗試失敗。隨著年歲累積，該做的事終會在最佳時機到來。」在那之前我身為甜點師傅「製作產品」的技術，只掌握到高深困難層面。但是他教我製作時還要有創意。這項訓練的累積，拓展了我的視野並得以成長。

最後，我還是回到甜點的世界。不過面對工作的態度比以前更熱情，更能自由發揮。我認為那7年身為設計師的工作，是對自己必要的歷練。時光荏苒，不知不覺間不再以積極追求的眼光看待他人的甜點與設計。必定是因為已確立了自己心中的美好事物吧。或許已然到達島先生說的「那個時機」了。

右上：薩莫色雷斯之勝利女神／右下：在杜樂麗公園的水球內遊玩的孩子們／左上：歌劇院的屋頂與天空／左下：羅浮宮美術館的金字塔

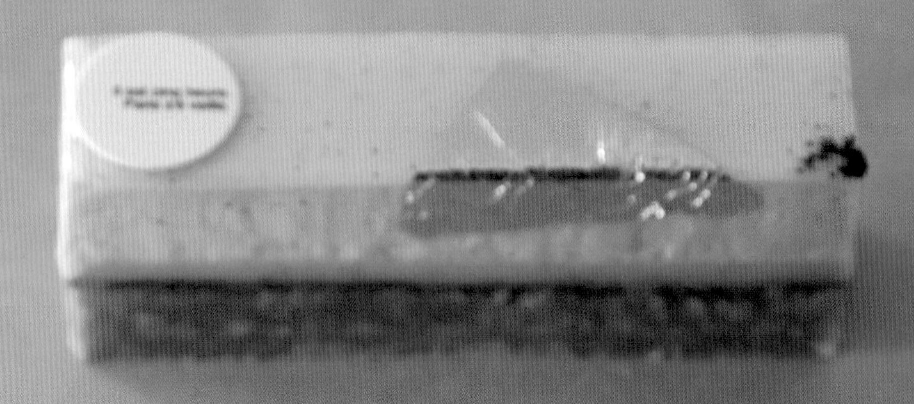

Il est cinq heure.
Paris s'é veille.

Gâteau vanille
香草蛋糕

「香草蛋糕」的設計概念是做出在高級餐廳品嚐，如冰淇淋般有很多香草籽的甜點。餅皮以外的所有配料（杏仁奶油餡、甘納許、糖漿、香緹鮮奶油、果膠醬）都加了香草，整體充滿馥郁的香氣。使用大溪地生產，氣味迷人優雅的香草莢。裝飾方面和味道一樣走簡潔風格，只貼上一大片金箔。透過極簡作法帶出強而有力的味道與外型，我認為是款設計得宜的單品。喜歡這款點心的人相當多，可以說從法國來到日本的甜點師傅一定會過來品嚐。我曾想過，不知何時才能做出如同水果蛋糕對日本人而言般，讓法國人都說好吃的甜點，或許這款甜點就符合資格了吧。對於外國人的我而言，無從衡量法國人自小培養的味覺，但我打算一邊苦思一邊努力朝著接近的方向邁進。

從上到下
- 金箔、香草粉
- 香草透明果膠
- 香草馬斯卡彭香緹鮮奶油
- 香草風味甘納許
- 香草糖漿
- 香草風味杏仁奶油餡
- 甜餅皮

材料 （57×37cm、高4cm的框模・1個份）

香草馬斯卡彭香緹鮮奶油
Crème Chantilly à la vanille et au mascarpone

調溫巧克力（白巧克力）*
couverture blanc 470g
鮮奶油（乳脂肪35%）
crème fraîche 35% MG 1600g
香草莢 gousse de vanille 3根
香草精* extrait de vanille 50g
馬斯卡彭起司 mascarpone 500g
吉利丁片 gélatine en feuilles 15.5g
＊調溫巧克力使用法芙娜的「伊芙兒（Ivoire）」。
＊香草精是天然香草濃縮原汁。

香草糖漿 Sirop à imbiber vanille

水 eau 225g
細砂糖 sucre semoule 140g
香草莢 gousse de vanille 1根

甜餅皮 Pâte à sucrée

奶油 beurre 260g
糖粉 sucre glace 174g
杏仁粉 amandes en poudre 58g
全蛋 œufs entiers 87g
低筋麵粉 farine ordinaire 433g

香草風味杏仁奶油餡
Crème frangipane à la vanille

杏仁奶油餡
crème frangipane
- 奶油 beurre 575g
- 杏仁粉 amandes en poudre 575g
- 細砂糖 sucre semoule 575g
- 全蛋 œufs entiers 430g
- 卡士達粉 flan en poudre 72g
- 蘭姆酒 rhum 90g
- 卡士達醬（p.248）
crème pâtissière 720g

香草粉 vanilles en poudre 4g
香草精 extrait de vanille 20g
香草醬 pâte de vanille 40g

香草風味甘納許 Ganache à la vanille

鮮奶油（乳脂肪35%）
crème fraîche 35% MG 300g
香草莢 gousse de vanille 2.5根
轉化糖 trimoline 60g
奶油 beurre 75g
調溫巧克力（白巧克力）*
couverture blanc 675g
＊調溫巧克力使用法芙娜的「伊芙兒（Ivoire）」。

香草透明果膠（p.258）
nappage vanille 適量
金箔 feuilles d'or 適量
香草粉 vanille en poudre 適量

作法

香草馬斯卡彭香緹鮮奶油

① 調溫巧克力隔水加熱，融解約2/3。
② 鍋中倒入鮮奶油、香草莢和香草籽煮沸。關火蓋上鍋蓋，浸泡30分鐘。
③ 過濾②。用手指分開香草莢取淨香草籽，以橡皮刮刀壓緊用力擠出留在濾網上的種籽和奶油液（1）。
④ 取1600g的③，不夠的部分加鮮奶油（份量外）補足。開中火煮沸。
⑤ 取235g分5次加入①中。每次都用打蛋器從中間開始攪拌。剛開始會因出油呈現結塊的油水分離狀態（2），但接下來就會慢慢融合，到了第3次後便成為黏稠滑順的乳化狀態（3）。
＊短暫的分離狀態會讓後續乳化得更確實，打發時也更穩定。直到攪拌結束鮮奶油都要保持一定的溫度不能降溫。
⑥ 倒入深容器中，用攪拌棒攪拌到光澤滑順的乳化狀態。先用橡皮刮刀刮下黏在容器邊的奶油，加入235g的③，再用攪拌棒攪拌至滑順的乳化狀態（4）。

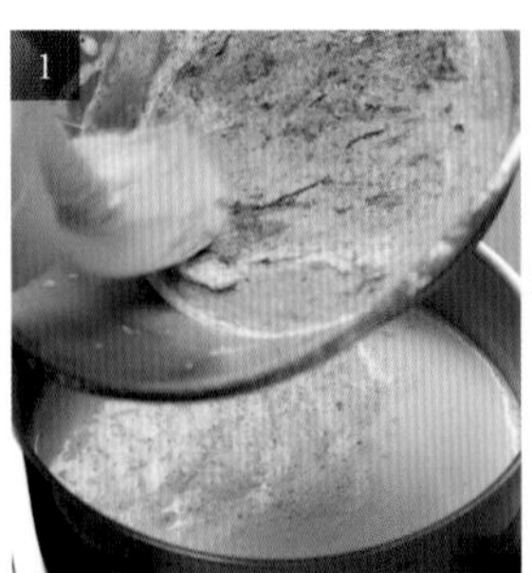

⑦ 移入鋼盆中，分3次加入③剩餘的鮮奶油，每次都用打蛋器攪拌均勻。貼上保鮮膜包緊，放進冰箱靜置2天。

＊充分的靜置時間能穩定鮮奶油的質地，後續更好打發。當鮮奶油表面結膜，因為會結塊，用保鮮紙沾取起來。

⑧ 使用時，把香草精倒入靜置的鮮奶油中（5），攪拌機以中速打發到撈起時，鮮奶油的尖端呈現黏稠下垂的狀態（6）。

⑨ 馬斯卡彭起司用打蛋器充分攪散。加入一勺的⑧，用打蛋器由底部往上撈的方式輕敲鋼盆抖落鮮奶油大致拌勻（7）。換拿橡皮刮刀，攪拌至均勻一致。

⑩ 軟化的吉利丁片約加熱到40℃。倒入一勺的⑨進去混合均勻。溫度維持在約40℃，再加入一勺的⑨充分混拌。再重複一次這個步驟。

⑪ ⑩用微波爐加熱到40℃左右，分4次加入⑨用打蛋器攪拌均勻（8）。攪拌結束後的溫度約為30℃。

＊因為容易結塊要特別注意溫度。溫度下降的話，就隔水加熱。

⑫ 將⑪一次倒入⑧的鮮奶油中，用打蛋器稍微攪拌混合。換拿橡皮刮刀混拌至均勻一致（9）。

香草糖漿

① 鍋中倒入水、細砂糖、香草莢煮沸（10）。放涼後包上保鮮膜貼緊，放進冰箱靜置一晚。

甜餅皮

① 作法參閱p.82〈甜塔皮〉①～④。

② 輕輕揉捏麵團，軟化後整成四方形。放進壓麵機每次轉90度壓成3mm厚。

③ 切成烤盤大小（60×40cm），放在鋪好網狀矽膠烤墊的烤盤上。

④ 放入160℃的旋風烤箱中烤14分鐘直到稍微上色（11）。為了避免餅皮翹起，放在烤盤上置於室溫下放涼。

⑤ 放涼後放在57×37cm的框模上，用小刀沿著框模內側切開（12）。蓋住框模備用。

＊餅皮容易裂開所以請小心緩慢移動切開。

香草風味杏仁奶油餡

① 參閱p.250製作杏仁奶油餡（13）。

② 在①中加入香草粉、香草精和香草醬，攪拌機裝上平攪拌槳以低速混合（14）。

③ 倒入〈甜餅皮〉⑤的框模中，用抹刀抹平（15）。放入冰箱靜置一晚。

④ 放入160℃的烤箱中烤45～50分鐘，直到整體稍微上色。為了不加深烤色，蓋住烤盤再烤10～15分鐘。

⑤ 拿開蓋在上面的烤盤，放在網架上置於室溫下放涼。放入急速冷凍櫃中冰凍（A、16）。

＊冷凍是為了取出網狀矽膠烤墊時，不易破壞壓在上方的甜餅皮。

組合1

① A蓋上烤盤倒扣。用噴槍加熱烤盤取下鋪著甜餅皮的烤盤和網狀矽膠烤墊。

② 把①放入170℃的旋風烤箱中加熱約5分鐘解凍。

③ 過濾香草糖漿。用手指分開香草莢取淨香草籽，以橡皮刮刀壓緊用力濾出留在濾網上的種籽和汁液。加熱到37℃左右，用刷子沾取塗滿整片②的杏仁奶油餡（17）。

＊因為邊緣比較乾燥，所以多沾點糖漿。

④ 用抹刀押入杏仁奶油餡的邊緣整平表面。

香草風味甘納許

① 調溫巧克力隔水加熱，融解約2/3。

② 鍋中倒入鮮奶油、香草莢和香草籽煮沸。關火蓋上鍋蓋，浸泡30分鐘。

③ 過濾②。用手指分開香草莢取淨香草籽（18），以橡皮刮刀壓緊用力擠出留在濾網上的香草籽。

④ 取300g的③，不夠的部分加鮮奶油（份量外）補足。加入轉化糖，開中火煮到咕嚕冒泡沸騰。

⑤ 分3次加入①的調溫巧克力中，每次都用打蛋器從中間開始用力攪拌（19）。剛開始會因出油呈現結塊的油水分離狀態，但從第2次以後便成為黏糊有光澤的乳化狀態（20、21）。

＊短暫的分離狀態會讓後續乳化得更確實。

⑥ 倒入深容器中，用攪拌棒攪拌到光澤滑順的乳化狀態。用橡皮刮刀刮淨黏在容器邊的奶油。

⑦ 加入乳霜狀奶油，用橡皮刮刀混拌再用攪拌棒攪拌至光澤黏稠的乳化狀態（22）。

⑧ 倒入〈組合1〉的④上，用抹刀抹平（23）。連同烤盤在工作台上輕敲幾下，整平表面並敲出空氣。放入急速冷凍櫃中冷藏凝固。

組合2、裝飾

① 在放涼的甘納許上先倒入半量的香草馬斯卡彭香緹鮮奶油，用抹刀抹平。添入少許在框模的側邊整成淺缽狀。

＊直到邊緣都要充分抹上香緹鮮奶油。

② 倒入剩餘的香緹鮮奶油並用抹刀稍微抹平。用平面蛋糕刀滑過框模上方刮平奶油（24），放入急速冷凍櫃中冰凍。

③ 用噴槍稍微加熱框模，插入小刀沿著框模劃一圈脫模取下甜點。放進冰箱約30分鐘解凍一半左右。

④ 用噴槍一邊稍微加熱平面蛋糕刀一邊分切甜點。先切除兩端，再分切成37×11cm（25）。不要一次切開，先切到甘納許部分，再重新加熱蛋糕刀往下切開。

⑤ 在上面淋入香草透明果膠，用抹刀薄薄地推開抹勻。並滑過上方刮除多餘的果膠（26）。

⑥ 每個分切成11×2.5cm。

⑦ 撒上香草粉，貼上切成三角形的金箔即可（27）。

Macaron provençal
普羅旺斯馬卡龍

「普羅旺斯馬卡龍」的靈感來自南法傳統點心蒙特利馬牛軋糖。我覺得馬卡龍本身就很美味，便想試做味道與眾不同的變化款。在搭配各項味道強烈的組合時，如蘋果和咖啡、蘭姆酒和香蕉等，突然靈光一現「不如做成味道和外觀都讓人誤以為是蒙特利馬牛軋糖吧」，於是誕生這道甜點。從側面看馬卡龍夾著牛軋糖慕斯和奶油整齊堆疊的樣子，就像被威化餅夾著的蒙特利馬牛軋糖。為了做出簡潔之美，不做任何多餘裝飾。主角牛軋糖慕斯用風味沉穩的百花蜜製作，加入果實味明顯，擁有美麗色澤，普羅旺斯生產的畢加羅甜櫻桃（Bigarreau），和香氣十足的杏仁牛軋糖，呈現豐富味道。不過，光是這樣蜂蜜的甜味和特殊風味太過明顯，所以一起夾入杏桃果凍和優格風味的香緹鮮奶油。我覺得多了鮮明的酸味和清爽度，能帶出回甘的餘韻。

從上到下
- 馬卡龍蛋糕體
- 杏桃糖漿
- 蜂蜜優格香緹鮮奶油
- 杏桃果凍（中間內餡）
- 蒙特利馬牛軋糖慕斯
- 杏桃糖漿
- 馬卡龍蛋糕體

普羅旺斯馬卡龍 Macaron provençal

材料 （直徑6cm・36個份）

馬卡龍蛋糕體 Biscuit macarons

（直徑6cm・80個份）

冷凍蛋白 blancs d'œufs congelée 330g
細砂糖* sucre semoule 132g
蛋白粉* blanc d'œufs poudre 7.4g
咖啡濃縮液（p.250） pâte de café 5g
杏仁粉 amandes en poudre 476g
糖粉 sucre glace 696g

＊冷凍蛋白解凍冷藏備用。
＊細砂糖和蛋白粉混合均勻備用。

杏桃果凍 Gelée d'abricot

（130個份）

杏桃果泥 purée d'abricot 285g
檸檬汁 jus de citron 16g
細砂糖 sucre semoule 63g
吉利丁片 gélatine en feuilles 5g

蒙特利馬牛軋糖慕斯 Mousse au nougat Montelimar

（每個使用33g）

蜂蜜 miel 80g
水飴 glucose 20g
細砂糖 sucre semoule 55g
蛋白* blancs d'œufs 80g
吉利丁片 gélatine en feuilles 10g
濃縮鮮奶油 crème épaisse 400g
綜合糖漬水果 fruits confits 210g
糖漬畢加羅甜櫻桃 bigarreaux confits 120g
杏仁牛軋糖（p.257） nugatine amandes 220g

＊蛋白冷藏備用。

蜂蜜優格香緹鮮奶油 Crème Chantilly au miel et au yaourt

（每個使用22g）

鮮奶油（乳脂肪35%） crème fraîche 35% MG 220g
優格香緹* "yaourt chantilly" 430g
蜂蜜 miel 60g
調溫巧克力（白巧克力）* couverture blanc 168g

＊「優格香緹」是中澤乳業的優格風味發酵乳。可打發。
＊調溫巧克力使用法芙娜的「伊芙兒（Ivoire）」。

杏桃糖漿 Sirop abricot

基底糖漿（p.250） base de sirop 100g
杏桃白蘭地 eau-de-vie d'abricot 50g

＊材料混合均勻。

作法

馬卡龍蛋糕體

① 攪拌盆中倒入蛋白，混合均勻的細砂糖和蛋白粉，用打蛋器稍微攪拌，加入咖啡濃縮液繼續攪拌（1）。

② 用攪拌機中低速打發。打到6分發後轉高速，攪拌到泡沫蓬鬆地黏在打蛋器上，撈起時尾端挺立。

＊打到6分發時，蛋白霜體積膨脹用攪拌器撈起會留下明顯痕跡。

③ 鋼盆中倒入杏仁粉和糖粉混合，加入②。用刮板切拌後，不時地用從上輕壓的方式讓粉類和蛋白霜融合，混拌至看不到粉粒（2）。

④ 用刮板以塗抹的方式將鋼盆中麵糊的整體表面混拌約10次破壞氣泡，一邊將麵糊集中到鋼盆中間一邊混合均勻（壓拌混合（Macaronage））。約重複此步驟5次（3）。

⑤ 當麵糊出現光澤，用刮板撈起時麵糊呈現緩慢流動的擴散狀態即可（4）。

⑥ 倒入裝上口徑13mm圓形花嘴的擠花袋中，擠出直徑5cm的圓形（5）。

＊把畫好直徑5cm圓形的畫紙放在烤盤上，再鋪上矽膠烤墊，以花嘴為圓心擠出麵糊，擠開到直徑5cm後收尾。抽掉畫紙。

⑦ 用手掌輕敲烤盤底部數次，讓麵糊散開（約為直徑5.8cm）。放在乾燥處乾燥約15分鐘直到用手摸也不沾黏。

⑧ 放入150℃的旋風烤箱中烤約12分鐘（6）。直接置於室溫下放涼。

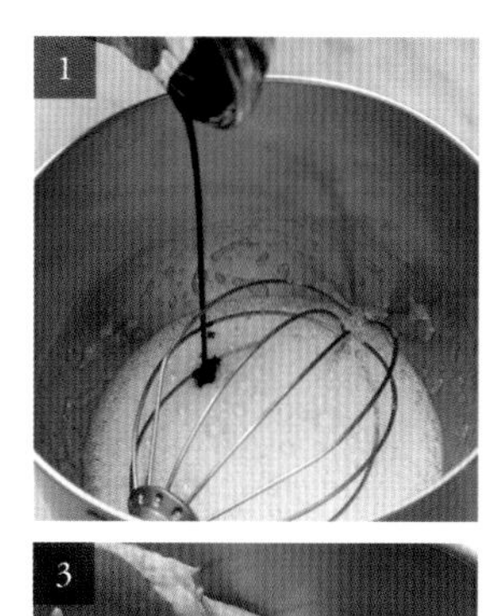

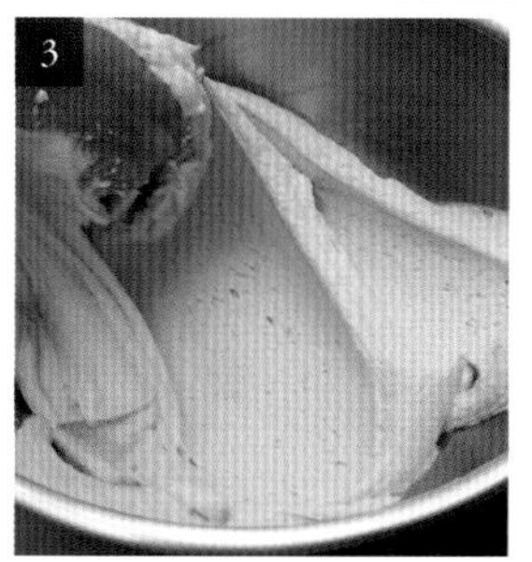

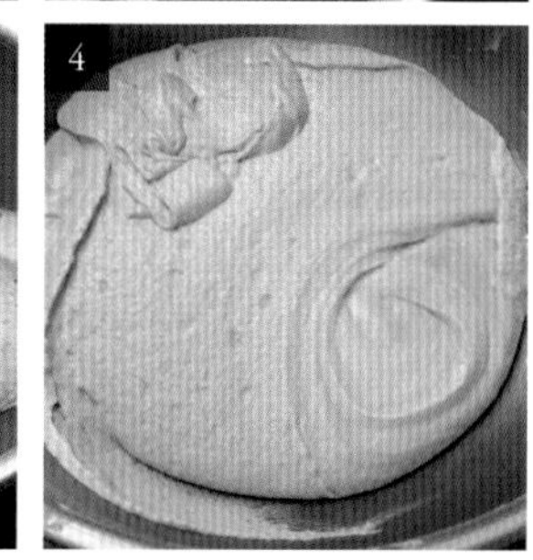

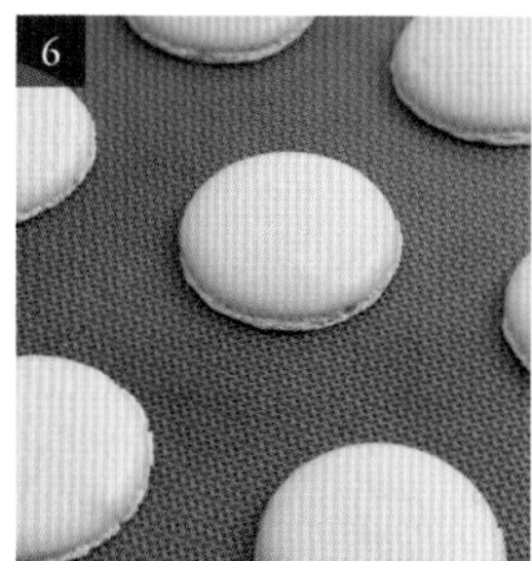

杏桃果凍

① 作法參閱p.22〈杏桃果凍〉①～②。

② 把OPP紙貼在43×32cm的方盤上，倒入①放入急速冷凍櫃中冰凍。

③ 用平面蛋糕刀分切成3cm的正方形（7），放入急速冷凍櫃中冰凍。

蒙特利馬牛軋糖慕斯

① 銅鍋中倒入蜂蜜、水飴和細砂糖開小火熬煮到120℃。

② 同時用攪拌機高速攪拌蛋白到8分發。

③ ①的鍋底泡在冰水中避免溫度繼續升高，一邊注入②中一邊高速打發（8）。當體積膨脹後轉中速，一邊調整質地一邊攪拌。趁熱注入軟化的吉利丁片，繼續攪拌到蛋白霜的溫度降至室溫左右（9）。

④ 用打蛋器攪散濃縮鮮奶油直到柔軟滑順。加入綜合糖漬水果、糖漬甜櫻桃和1/3量的②，用橡皮刮刀混拌均勻（10）。再倒入剩餘的蛋白霜和杏仁牛軋糖，混拌至均勻一致（11）。

⑤ 把③倒入裝上口徑14mm圓形花嘴的擠花袋中，在直徑6.5cm×高1.7cm的慕斯圈中各擠入33g到一半高度。用茶匙背面稍微抹平，在側面抹些蛋白避免氣泡進入（連結用）。

⑥ 在慕斯圈中填入大量剩餘的慕斯，用抹刀抹平並刮除多餘的慕斯（12）。放入急速冷凍櫃中冰凍。

蜂蜜優格香緹鮮奶油

① 調溫巧克力隔水加熱，融解約1/2。

② 進行①的同時，另取一鍋倒入鮮奶油和蜂蜜煮沸。取84g注入①中。用打蛋器從中間慢慢往周圍移動攪拌滑順。

③ 倒入深容器中，用攪拌棒攪拌到光澤滑順的乳化狀態。

④ 移入鋼盆中，分3次加入剩餘的②，每次都用打蛋器攪拌到均勻一致（13）。

⑤ 優格香緹用打蛋器攪散滑順。將④分2次倒入，用打蛋器攪拌融合（14）。

⑥ 換拿橡皮刮刀混拌至均勻一致（15）。包上保鮮膜，放進冰箱靜置一晚。

裝飾

① 馬卡龍蛋糕體內側輕輕沾上杏桃糖漿（16）。

② 蒙特利馬牛軋糖慕斯脫模取出，放在一半（36片）的①上。

③ 蜂蜜優格香緹鮮奶油用攪拌機高速充分打發。放入裝上8齒10號星形花嘴的擠花袋中，在②上各擠出22g的圓圈狀（17）。

＊優格香緹就算充分打發也呈濃稠柔軟狀。

④ 中間放上杏桃果凍，用手指壓進鮮奶油內（18）。蓋上剩下的馬卡龍蛋糕體，輕壓密合即可。

hocolat café tonka

黑香豆咖啡巧克力蛋糕

黑香豆就像香草擁有華麗的香氣，是我從以前就一直想嘗試的素材。但是，不知道該怎麼運用在法式小點上，經過多年思索，最終想出搭配咖啡和巧克力的組合。以味道濃郁口感十足的核桃巧克力蛋糕為基底，放上黑香豆風味甘納許和輕盈的咖啡香緹鮮奶油，呈現均衡調和的香氣。外型上採用大膽的單色系，以香氣為主角。隨意放上巧克力捲片，展現自然美感。

從上到下
- 黑巧克力捲片
- 焦糖榛果
- 咖啡香緹鮮奶油
- 黑巧克力片
- 黑香豆甘納許
- 濃郁巧克力蛋糕體

黑香豆咖啡巧克力蛋糕 Chocolat café tonka

材料 （6×6cm・54個份）

濃郁巧克力蛋糕體
Biscuit cake au chocolat moelleux

（60×40cm的烤盤・1片份）

奶油 beurre 381g
鹽 sel 3.5g
杏仁粉 amandes en poudre 139g
細砂糖 sucre semoule 277g
全蛋 œufs entires 381g
低筋麵粉 farine ordinaire 173g
可可粉 cacao en poudre 173g
牛奶 lait 103g
蛋白 blancs d'œufs 415g
細砂糖 sucre semoule 156g
核桃（烤過） noix 118g

＊奶油、全蛋、牛奶、蛋白回復室溫備用。
＊核桃放入160℃的旋風烤箱中烤10～15分鐘。切成4～6等份。

黑香豆甘納許
Crème ganache à la fève de tonka

調溫巧克力A（苦甜，可可含量66%）*
couverture noir 152g
調溫巧克力B（苦甜，可可含量56%）*
couverture noir 300g
調溫巧克力C（苦甜，可可含量70%）*
couverture noir 455g
牛奶 lait 872g
鮮奶油（乳脂肪35%）
crème fraîche 35% MG 872g
黑香豆 fève de tonka 12g
香草莢 gousse de vanille 1⅓根
蛋黃 jaunes d'œufs 173g
細砂糖 sucre semoule 348g
香草精* extrait de vanilla 12g

＊調溫巧克力A使用「加勒比（Caraibe）黑巧克力」、B使用「卡拉克（Caraque）黑巧克力」、C使用「瓜納拉（Guanaja）黑巧克力」（皆是法芙娜（Valrhona）的產品）。
＊香草精是天然香草濃縮原汁。

咖啡香緹鮮奶油 Crème Chantilly au café

（10個份）

鮮奶油（乳脂肪40%）
crème fraiche 40% MG 240g
即溶咖啡 café soluble 4g
糖粉 sucre glace 15g

黑巧克力片 (p.253)
plaquettes de chocolat noir 10片
可可粉 cacao en poudre 適量
黑巧克力捲片 (p.252)
copeaux de chocolat noir 適量
焦糖榛果 (p.256)
noisettes caramelisées 適量

作法

濃郁巧克力蛋糕體

① 攪拌盆中放入奶油和鹽，攪拌機裝上平攪拌槳以低速攪打成乳霜狀，依序加入細砂糖、杏仁粉以低速混合均勻。

② 全蛋打散，分5～6次加入，每次都用中低速一邊打進少量空氣一邊混拌。

③ 加入過篩混合的低筋麵粉和可可粉，用低速混拌到看不見粉粒。倒入牛奶混合，自攪拌機取下，加入核桃用手混合均勻。

④ 另取一攪拌盆倒入蛋白，以高速打發。在打到4分發、6分發、8分發時各加入1/3量的細砂糖，打發到蛋糊充滿光澤感尾端挺立。

*打發的標準請參閱p.21〈蛋白脆餅〉②。過度打發的話後續很難和麵糊融合。

⑤ 取1/3量的④加入③中，用手稍微混拌均勻。

⑥ 倒入鋪好烘焙紙的烤盤上，用抹刀抹平。放入175℃的旋風烤箱中烤約17分鐘。置於室溫下放涼後自烤盤取出，放入急速冷凍櫃中冰凍。

*為了避免組合時蛋糕體裂開，冷凍備用。

黑香豆甘納許

① 鍋中倒入牛奶、鮮奶油、切碎成8～10等份的黑香豆、香草莢和香草籽煮到沸騰。關火蓋上鍋蓋浸泡10分鐘。

② 過濾①。用手指確實分開留在篩網上的香草莢挖淨香草籽，用橡皮刮刀壓緊，充分濾出香草和黑香豆的濃縮液。

③ 取1744g的②，不夠的部分各加半量的牛奶和鮮奶油（皆份量外）補足。開中火加熱。

*為了讓後續加入的蛋黃熟透，這裡只要煮到牛奶和鮮奶油冒泡即可離火，不要煮到沸騰。

④ 進行③的同時，蛋黃和細砂糖攪散。加入1/3量的③，充分拌勻後倒回鍋中開中火加熱，用刮鏟一邊攪拌一邊煮到82℃（安格列斯醬）。

⑤ 鋼盆中放入3種調溫巧克力，加入過濾後的④。用打蛋器從中間開始攪拌，慢慢地往周圍移動整體攪拌均勻。

⑥ 加入香草精。用打蛋器攪拌，再以攪拌棒攪拌成光澤滑順的乳化狀態。

組合

① 撕除濃郁巧克力蛋糕體的烘焙紙，烤面朝上放在貼好OPP紙的烤盤上。

② 用鋸齒刀切掉一層薄薄的表面烤皮，配合57×37cm框模的外側分切。蓋滿框模。

③ 倒入黑香豆甘納許，用抹刀抹平。放入急速冷凍櫃中冰凍。

咖啡香緹鮮奶油

① 將材料倒進鋼盆中，用打蛋器攪拌。放入冰箱靜置一晚。

② 用打蛋器打到8分發。

裝飾

① 加熱框模側面取出甜點，放進冰箱直到半解凍。用平面蛋糕刀切除兩端，再分切成6×6cm。

② 放上在冰箱中完全解凍的黑巧克力片貼緊。把咖啡香緹鮮奶油倒入裝上12齒8號星形花嘴的擠花袋中，在上面三處擠出雙層薔薇花形。

③ 把可可粉撒在黑巧克力捲片上，放上2個。再撒上切成粗粒的焦糖榛果即可。

黑巧克力薄片帶來似有若無的加分口感。厚度不薄不厚，不能太不顯眼也不可喧賓奪主。

É*clair breton*
布列塔尼閃電泡芙

我認為閃電泡芙的形狀，是在「用手拿著吃」的前提下完成的美麗設計。雖然泡芙圓胖不優雅，但擠得細一點就會顯得雅致，味道也均衡得宜。目前有很多法式小點作法複雜，然而，法國人最先伸手拿的還是簡樸的閃電泡芙。遵守淋上光澤糖衣的傳統形式，同時在口味上尋求變化，做出有別於基本款巧克力或咖啡的鹹味焦糖閃電泡芙。烤到酥透的泡芙香氣和熬成深色的焦糖，形成強烈組合。

從上到下
・含鹽奶油
・焦糖糖衣
・泡芙外皮
・焦糖卡士達鮮奶油

布列塔尼閃電泡芙 Éclair breton

材料 （15×3cm・20個份）

泡芙外皮 Pâte à chou
（20個份）
泡芙外皮
牛奶 lait 125g
水 eau 125g
奶油 beurre 112g
鹽 sel 5g
細砂糖 sucre semoule 5g
低筋麵粉 farine ordinaire 137g
全蛋 œufs entiers 250g
增豔蛋黃液 dorure 適量

焦糖卡士達醬
Crème pâtissiere au caramel
牛奶 lait 470g
鮮奶油（乳脂肪35%）
crème fraîche 35% MG 115g
鹽之花 fleur de sel 0.3g
細砂糖 sucre semoule 140g
蛋黃 janues d'œufs 140g
細砂糖 sucre semoule 60g
玉米澱粉 fécule de maïs 26.5g
低筋麵粉 farine ordinaire 26.5g
含鹽奶油 beurre 60g

焦糖香緹鮮奶油
Crème Chantilly au caramel
（容易製作的份量）
細砂糖 sucre semoule 100g
鮮奶油（乳脂肪40%）
crème fraîche 40% MG 230g

焦糖卡士達鮮奶油
Crème diplomate au caramel
（每個使用48g）
焦糖風味卡士達醬
crème patissière au caramel 900g
焦糖香緹鮮奶油
crème Chantilly au caramel 90g

焦糖糖衣 Fondant au caramel
（容易製作的份量）
翻糖 fondant 300g
焦糖液（p.251） Base de caramel 30g
基底色粉* 適量
- 黃色色粉 colorant jaune 4g
- 紅色色粉 colorant rouge 2g
- 綠色色粉 colorant vert 1g
- 藍色色粉 colorant bleu 0.1g

*所有色粉混合均勻（份量是容易製作的份量）。

含鹽奶油 beurre salé 適量
鹽之花 fleur de sel 適量
金箔 feuilles d'or 適量

作法

泡芙外皮

① 依p.173〈泡芙外皮〉①～⑥的要領製作麵糊。
② 將①放入裝上口徑15mm圓形花嘴的擠花袋中，擠成長13.5cm、寬2.5cm的棒狀。
＊把畫好寬13.5cm直線的畫紙放在烤盤上，再鋪上矽膠烤墊，沿著線長擠出麵糊。抽掉畫紙。
③ 叉子輕輕沾水，輕壓表面後印出線條。塗上一層薄薄的蛋黃液，放入急速冷凍櫃中冰凍。
＊先冷凍有助於穩定麵糊，烘烤時能膨脹得漂亮。
④ 放入關閉排氣孔，上火210℃，下火200℃的電烤箱中烤約4分鐘。打開排氣孔，溫度降到上火160℃，下火130℃再烤約60分鐘。連同矽膠烤墊取出放在網架上置於室溫下放涼。

焦糖卡士達醬

① 鍋中倒入牛奶、鮮奶油和鹽之花稍微煮沸。
② 銅鍋中倒入半量細砂糖開小火隨時攪拌並加熱。從周圍開始溶解後加入剩下的細砂糖，全部溶解後火力稍微轉大，用打蛋器一邊輕輕攪拌一邊加熱。煮到泡泡靜止下來，冒煙且糖液呈深色的焦化狀態。
③ 離火，一邊攪拌焦糖一邊以穩定的速度（水柱保持約1cm寬）注入①，攪拌到乳化。
＊以穩定的速度倒入液體混合，就能攪拌滑順。
④ 鋼盆中加入蛋黃和細砂糖用打蛋器攪拌。加入過篩混合的玉米澱粉和低筋麵粉，混拌到看不見粉粒。
⑤ 加入1/4量的③充分混拌。再倒回③的鍋中。
⑥ 用打蛋器不停地攪拌一邊開大火加熱。沸騰後續煮到整體變得輕盈滑順有光澤。
⑦ 離火，加入含鹽奶油充分攪拌到乳化。
＊如果這裡沒有乳化確實，放涼後會不夠滑順造成略帶粗糙的質感。
⑧ 倒到烤盤上稍微鋪平。包上保鮮膜貼緊，放入急速冷凍櫃急速降溫後置於冰箱中存放。

焦糖香緹鮮奶油

① 鍋中倒入鮮奶油開火加熱到稍微沸騰。
② 銅鍋中倒入半量的細砂糖開小火，用打蛋器不停攪拌並加熱。從周圍開始溶解後加入剩下的細砂糖，待全部溶解後火力稍微轉大，一邊輕輕地攪拌一邊加熱。當鍋緣開始冒出細小泡泡後關火。
③ 離火，一邊攪拌②的焦糖一邊以穩定的速度（水柱保持約1cm寬）注入①，攪拌到乳化。
＊以穩定的速度倒入液體混合，就能攪拌滑順。
④ 再次開火，一邊溶解黏在鍋邊的焦糖一邊加熱。過濾後置於室溫下放涼，再放入冰箱靜置一晚。
⑤ 使用前，以攪拌機高速打發到尾端挺立。

焦糖卡士達鮮奶油

① 用橡皮刮刀攪散焦糖風味卡士達醬到滑順狀態。
② 焦糖香緹鮮奶油充分打發到尾端挺立。加入①中，用橡皮刮刀切拌均勻色澤一致。

焦糖糖衣

① 鋼盆中放入翻糖，用手揉捏到滑順成團。
② 加入焦糖液，用刮鏟混拌到均勻一致。
③ 加入適量的基底色粉，用橡皮刮刀混拌成適宜的焦糖色。
④ 使用時，取必要份量放入微波爐中每次加熱數秒並用木鏟充分拌勻，直到溫度達人體體溫。
＊翻糖每次加熱只有部分會融解，因此多加熱幾次再混拌到整體均勻軟化。

裝飾

① 用擠花嘴在泡芙外皮底部鑽出3個約5mm大的洞。
② 把焦糖卡士達鮮奶油倒入裝上口徑5mm圓形花嘴的擠花袋中，從①的孔洞擠入鮮奶油填滿泡芙。
③ 將②的表面浸在已加熱的翻糖中再拿起來。用手指滑過泡芙兩端調整翻糖厚度，刮除多餘的翻糖。放在方盤上置於室溫下乾燥約10分鐘。
④ 用奶油刨刀將含鹽奶油刨成捲片狀，各放上1個在③上。上面再擺上2粒鹽之花，以金箔裝飾即可。

上面放的是布列塔尼地區的特產，含鹽奶油捲片。一起品嚐的話，能感受到柔和的焦糖苦味和鹹味。

Bacchus
酒神巴克斯

「巴克斯」（酒神）如同名稱所示，是以濃醇酒味為主角的單品。使用大量高雅的干邑白蘭地加蘭姆酒，呈現圓潤的酒味與香氣。我自己也非常喜歡酒味明顯的甜點，但作為甜點選項就必須顧及前來購買的不同客群，不能擺出太多種類。但是，我想做一個試試，經過深思熟慮後端出這款甜點。不用黑巧克力改用可可膏做蛋糕體和甘納許，以明顯的可可味凸顯出濃烈酒味。手工排滿酒漬葡萄乾，緊密地像是多加一層內餡。蛋糕體的厚度要恰到好處地能吸飽大量糖漿，夾著甘納許疊上3層。這樣一絲不亂的平衡感，正是這款甜點的主要味道及造型。因為太過簡單心有不安想再放點什麼，但體認到所謂的美麗造型其實是留白而強自忍耐。我覺得符合味道恰如其分的美感，就是追求越精簡的設計。

從上到下
- 黑巧克力鏡面淋醬
- 甘納許
- 干邑白蘭地和蘭姆酒糖漿
- 濃郁巧克力蛋糕體
- 干邑白蘭地和蘭姆酒的酒漬葡萄乾
- 甘納許
- 干邑白蘭地和蘭姆酒糖漿
- 濃郁巧克力蛋糕體
- 干邑白蘭地和蘭姆酒的酒漬葡萄乾
- 甘納許
- 干邑白蘭地和蘭姆酒糖漿
- 濃郁巧克力蛋糕體

酒神巴克斯　Bacchus

材料　（57×37cm的框模・1個份）

干邑白蘭地和蘭姆酒的酒漬葡萄乾
Cognac et rhum raisin

（取用以下製作的300g）

葡萄乾　raisins secs　1000g
干邑白蘭地　Cognac　250g
蘭姆酒　rhum　250g

濃郁巧克力蛋糕體
Biscuit moelleux chocolat

（57×37cm、高8cm的模板・3片份）

調溫巧克力*（苦甜，可可含量55%）
couverture noir　685g
可可膏　pâte de cacao　70g
奶油　beurre　730g
轉化糖　trimoline　90g
蛋黃　jaunes d'œufs　320g
蛋白*　blancs d'œufs　570g
細砂糖*　sucre semoule　120g
蛋白粉*　blanc d'œufs en poudre　4.5g
杏仁粉　amandes en poudre　285g
糖粉　sucre glace　685g
低筋麵粉　farine ordinaire　340g

*調溫巧克力使用法芙娜的「Extra Noir」。
*蛋白冷藏備用。
*細砂糖和蛋白粉混合均勻備用。

干邑白蘭地和蘭姆酒糖漿
Sirop à imbiber Cognac et rhum

干邑白蘭地　Cognac　235g
蘭姆酒　rhum　115g
基底糖漿（p.250）　base de sirop　700g

*所有材料混合均勻。

甘納許　Ganache

調溫巧克力*（苦甜，可可含量61%）
couverture noir　840g
可可膏　pâte de cacao　235g
吉安地哈榛果巧克力（苦甜）*
gianduja de noisettes　360g
鮮奶油（乳脂肪35%）
crème fraîche 35% MG　840g
轉化糖　trimoline　120g
干邑白蘭地　Cognac　68g
蘭姆酒　rhum　35g
奶油　beurre　135g

*調溫巧克力使用法芙娜的「Extra Bitter」。
*吉安地哈榛果巧克力使用法芙娜的「Gianduja noisette noir」。切碎備用。

黑巧克力鏡面淋醬（p.259）
glaçage miroir chocolat noir　適量
金箔　feuilles d'or　適量

作法

干邑白蘭地和蘭姆酒的酒漬葡萄乾

① 葡萄乾、干邑白蘭地和蘭姆酒混合均勻，放入冰箱浸漬2週以上（1）。

濃郁巧克力蛋糕體

① 調溫巧克力、可可膏、奶油和轉化糖隔水加熱融解，溫度調整到50℃左右。將打散的蛋黃液倒入中間，手持打蛋器立起放在中間攪拌乳化，攪拌的動作不要太大（2）。

＊蛋黃的水分一旦滲入巧克力的油脂中會很難乳化。垂直拿著打蛋器靠著鋼盆底，像畫小圓圈般攪拌。如果這個步驟沒有做到乳化，烘烤時蛋糕體會回縮造成上方塌陷。

② 當乳化得差不多出現光澤後，加大打蛋器的攪拌動作混拌整體（3）。當變得濃稠光亮後隔水加熱保持在40℃左右。

③ 攪拌盆中倒入蛋白、混合均勻的細砂糖和蛋白粉，用攪拌機高速打發。當呈現尾端挺立，光亮柔滑的狀態後自攪拌機取下（4），用打蛋器稍微攪拌滑順。

④ 在②中加入1/4量③的蛋白霜，用刮板稍微混拌。

＊比起粉量巧克力的用量相對較少，麵糊厚重不好攪拌。先在巧克力中加入1/4量的蛋白霜混合，接著比較容易和粉類拌勻。

⑤ 在④中加入混合均勻的杏仁粉、糖粉和低筋麵粉，用刮板稍微混拌均勻（5）。

⑥ 剩下的蛋白霜分3次加入⑤中，同時用刮板混拌均勻一致（6）。看不見蛋白霜即可。

⑦ 把57×37cm、高8mm的模板放在矽膠烤墊上，倒入⑥抹平。取下模板（7）。

⑧ 連同矽膠烤墊放在烤盤上，送入175℃的旋風烤箱烤約18分鐘。和矽膠烤墊一起放在網架上置於室溫下放涼。

⑨ 取下矽膠烤墊放上57×37cm的框模，沿著框模內側切下蛋糕體。取其中1片烤面朝上放在貼好OPP紙的烤盤上，蓋上框模（8）。

＊蛋糕體先用小刀劃出切痕後再用鋸齒刀切開。

甘納許

① 調溫巧克力、可可膏和吉安地哈榛果巧克力隔水加熱融解約1/2。

② 鍋中放入鮮奶油和轉化糖煮沸。注入①中，用打蛋器從中間開始攪拌，慢慢地往周圍移動整體攪拌均勻（9）。

③ 倒入深容器中，用攪拌棒攪拌成光澤滑順的乳化狀態。倒入②的鋼盆中。

④ 加入軟化成乳霜狀的奶油，用打蛋器攪拌，再用攪拌棒攪拌乳化滑順。

⑤ 倒入干邑白蘭地和蘭姆酒，用打蛋器從中間開始攪拌，慢慢地往周圍移動攪拌（10）。用攪拌棒攪拌成光澤滑順的乳化狀態（11）。

組合

① 用刷子沾取350g干邑白蘭地和蘭姆酒糖漿刷在鋪於框模的蛋糕體上（12）。

② 甘納許調整到35℃左右，取1000g倒在①上用抹刀鋪平。均勻撒滿瀝乾水分的干邑白蘭地和蘭姆酒的酒漬葡萄乾。用抹刀輕壓入甘納許內（13）。

＊如果甘納許的溫度降到35℃以下，抹平時會油水分離。

③ 取1片蛋糕體烤面朝上蓋在②上（14）。放上烘焙紙和當重石用的平板，從上壓緊確實密合。

＊因為蛋糕體容易裂開，先放在烤盤上，讓蛋糕體像滑動般蓋上。

④ 取下當重石用的板子和烘焙紙，沾上350g的糖漿，重複②～③（15）。取350g糖漿沾濕蛋糕體。

⑤ 倒入剩餘的甘納許，用抹刀稍微抹平。用平面蛋糕刀滑過框模上方，一邊刮除多餘的甘納許一邊抹平。放入急速冷凍櫃中冰凍，刮下的剩餘甘納許備用。

⑥ 用噴槍加熱框模側面，脫模取出甜點。用噴槍稍微加熱平面蛋糕刀切除甜點頭尾，再分切成37×10.5cm。

⑦ 備用的甘納許加熱到體溫左右。用抹刀在⑥的長邊切口上薄薄地抹上一層，置於室溫下稍微凝固後再塗一次甘納許。刮除上面溢出的甘納許，放入急速冷凍櫃中冰凍。

裝飾

① 把網架放在烤盤上，擺上甜點。加熱黑巧克力鏡面淋醬，依序淋在甜點的側面→上面覆蓋整體（16）。

② 用抹刀滑過上面，刮除多餘的淋醬。除去堆積在底部的淋醬，放在貼好OPP紙的烤盤上，放入冰箱約10分鐘稍微凝固。

③ 用噴槍稍微加熱平面蛋糕刀，切除頭尾。從上面劃下切痕到2.5cm寬的甘納許。稍微加熱小刀，側面也在2.5cm寬處劃入約5mm的切痕。

＊為避免葡萄乾掉落，分2階段切開。

④ 稍微加熱平面蛋糕刀後完全切開（17）。用小刀尖端在其中一個頂點處黏上金箔即可（18）。

12

13

14

15

16

17

18

美味關鍵在於入口即化、風味厚實的濃郁巧克力蛋糕體。加入巧克力和可可膏味道飽滿之餘，因為麵糊變得厚重，如果沒有事先乳化完全，烘焙時內部很難熟透，糖漿也滲不進去。留意溫度和攪拌方法，按部就班地確實做好乳化動作。

Cappuccino
卡布奇諾

在法國，想放鬆時就會前往街上隨處可見的咖啡館。邊喝濃縮咖啡（或許會被評為錯誤喝法，但我不加糖）邊發呆想事情，一回神已經過了2小時。肚子餓的話也能用餐，悠閒地愛坐多久就多久是咖啡館的優點。「卡布奇諾」的靈感來自咖啡館菜單，是自己很喜歡的甜點杯。試著將味道和外觀設計成「卡布奇諾」。使用現沖的濃縮咖啡做成滑溜果凍，味道濃烈口感水嫩，令人驚豔。上面是以泡過咖啡豆染上香氣的牛奶為基底再加上洋溢干邑白蘭地香氣的巴伐利亞奶油，表現出咖啡融合鮮奶的部分。至於奶泡，是擠成圓形的香緹鮮奶油，如奶酪般用鮮奶油浸煮榛果，只萃取濃縮液製成的奢侈味道。和口感濃稠滑膩的巧克力奶油霜一起品嚐，為咖啡和牛奶的結合增添厚實感與濃郁度，能享受到層次豐富的餘韻。

從上到下
- 杏仁脆粒
- 咖啡榛果香緹鮮奶油
- 咖啡巴伐利亞奶油
- 咖啡凍
- 巧克力奶油霜

材料　（口徑5.5cm、高7cm的玻璃杯・20個份）

咖啡榛果香緹鮮奶油
Crème Chantilly au café et à la noisette
（每個使用30g）
榛果（去皮）　noisesttes　200g
鮮奶油（乳脂肪35%）　crème fraîche　650g
咖啡豆（中焙）　grains de café　40g
調溫巧克力 A*（白巧克力）
couverture blanc　80g
調溫巧克力 B*（牛奶，可可含量40%）
couverture au lait　40g
咖啡濃縮液（p.250）　pâte de café　2.5g
＊調溫巧克力 A 使用「伊芙兒（Ivoire）」、B 使用「吉瓦納牛奶巧克力（Jivara Lactee ）」（皆是法芙娜（Valrhona）的產品）。

巧克力奶油霜
Crème onctueuse au chocolat
（每個使用50g）
鮮奶油（乳脂肪35%）
crème fraîche 35% MG　300g
牛奶　lait　300g
肉桂棒　bâton de cannelle　1根
調溫巧克力 A*（苦甜，可可含量61%）
coouverture noir　110g
調溫巧克力 B*（苦甜，可可含量66%）
couverture noir　165g
調溫巧克力 C*（牛奶，可可含量40%）
couverture au lait　50g
蛋黃　jaunes d'œufs　115g
細砂糖　sucre semoule　55g
肉桂粉　cannelle en poudre　2g
＊調溫巧克力 A 使用「Extra Bitter」、B 使用「加勒比（Caraibe）黑巧克力」、C 使用「伊芙兒（Ivoire）」（皆是法芙娜（Valrhona）的產品）。

咖啡凍　Gelée de café
（每個使用30g）
義式濃縮咖啡液*　café express　555g
細砂糖　sucre semoule　55g
即溶咖啡（粉）　café soluble　10g
吉利丁片　gélatine en feuilles　10g
＊使用現沖的義式濃縮咖啡。

咖啡巴伐利亞奶油　Bavarois au café
（每個使用25g）
牛奶　lait　130g
咖啡豆（中焙／磨成粉）　grains de café　25g
蛋黃　jaunes d'œufs　63g
細砂糖　sucre semoule　45g
吉利丁片　gélatine en feuilles　5.5g
即溶咖啡　café soluble　1.5g
干邑白蘭地　Cognac　25g
鮮奶油（乳脂肪35%）
crème fraîche 35% MG　285g

杏仁脆粒（p.255）　craquelin amandes　100g
調溫巧克力*（白巧克力）
couverture blanc　40g
＊調溫巧克力使用法芙娜的「伊芙兒（Ivoire）」。

防潮糖粉（p.264）　sucre décor　適量
肉桂粉　cannelle en poudre　適量

作法

咖啡榛果香緹鮮奶油
① 榛果放入160℃的旋風烤箱烤約12分鐘，用菜刀刀面壓碎成2～4等份。
② 鍋中倒入鮮奶油和①煮沸（1）。關火蓋上鍋蓋浸泡10分鐘。
③ 取半量的②放入果汁機間斷式攪打，榛果大致打碎後用錐形濾網過濾（2）。剩下的榛果也以相同的方法處理。
＊榛果要是切得太細會出現澀味，稍微打碎提出強烈風味後就停止。過濾時也一樣，避免產生澀味而不擠壓榛果，用刮鏟輕敲錐形濾網自然地濾出汁液。
④ 過濾後的液體取430g，墊著冰水降溫至室溫左右。
⑤ 放入咖啡豆混拌（3），包上兩層保鮮膜放進冰箱靜置2天。1天後先取出混拌再放回冰箱。
⑥ 2種調溫巧克力隔水加熱融解約2/3。
⑦ 用錐形濾網過濾⑤，取430g（4）。不夠的部分加鮮奶油（份量外）補足。開中火，煮到咕嘟冒泡沸騰。

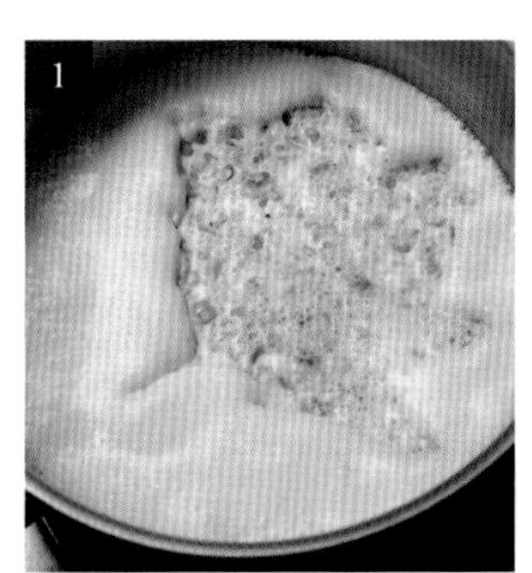

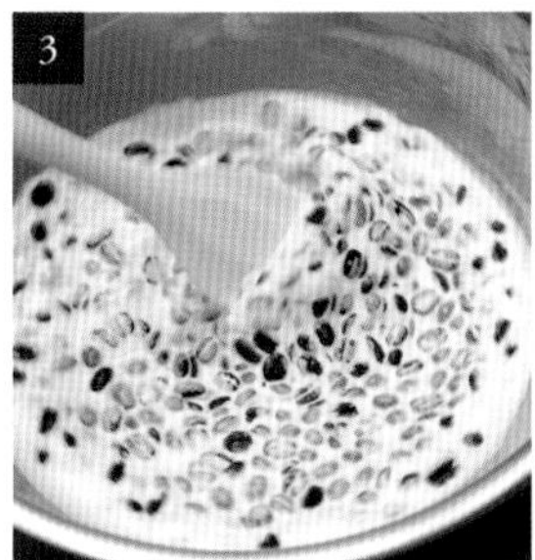

⑧　在⑥中注入60g，用橡皮刮刀攪拌均匀（5）。倒入深容器，用攪拌棒攪拌成光澤滑順的乳化狀態（6）。用橡皮刮刀刮淨奶糊。
＊先充分乳化調溫巧克力及其半量的鮮奶油，做成基底甘納許。像這樣分2階段加入奶油能乳化得更確實。
⑨　加入剩餘的⑦60g，用橡皮刮刀混拌均匀。再次以攪拌棒攪拌成更有光澤的乳化狀態。
⑩　移入鋼盆中，分3次加入剩餘的⑦，每次都用打蛋器充分混拌。
⑪　加入咖啡濃縮液用橡皮刮刀混拌（7）。置於室溫下放涼後放進冰箱靜置一晚。

組合

①　鋼盆中放入杏仁脆粒，分次少量地加入已調溫的調溫巧克力，每次都用刮鏟迅速地攪拌到杏仁脆粒散開（8）。
＊當整體均匀沾上一層薄巧克力即可。
②　咖啡棒果香緹鮮奶油打到8分發，倒入裝上口徑20mm圓形花嘴的擠花袋中。把OPP紙鋪在畫好直徑5.5cm圓圈的畫紙上，擠出比圓圈略小的圓頂形鮮奶油（9）。抽走畫紙。
③　均匀撒滿①（10），放入急速冷凍櫃中冰凍。

巧克力奶油霜

①　銅鍋中放入鮮奶油、牛奶和肉桂棒，開火加熱。煮沸後關火，蓋上鍋蓋浸泡5分鐘。
②　3種調溫巧克力隔水加熱，融解約1/2。
③　再次煮沸①。
④　同時另取一鋼盆，倒入蛋黃、混合均匀的細砂糖和肉桂粉，用打蛋器攪拌到細砂糖溶解（11）。
⑤　取1/3量的③加入④中用打蛋器充分攪拌。倒回銅鍋中開中火加熱，用刮鏟一邊攪拌一邊煮到82℃（安格列斯醬）。
⑥　過濾後倒入②的調溫巧克力中，用打蛋器從中間開始攪拌，慢慢地往周圍移動整體攪拌均匀（12、13）。
⑦　倒入深容器中，用攪拌棒攪拌成光澤滑順的乳化狀態。用充填器在玻璃杯中各注入50g（14），放入急速冷凍櫃中冰凍。

咖啡凍

①　在現沖的義式濃縮咖啡中依序加入細砂糖、即溶咖啡和吉利丁片，每次都要用橡皮刮刀攪拌溶解（15）。
②　墊著冰水冷卻至20℃左右。倒入充填器，在裝了巧克力奶油霜的玻璃杯中各注入30g（16）。放進冰箱冷藏凝固。

咖啡巴伐利亞奶油

① 鋼盆中放入牛奶和咖啡豆，用橡皮刮刀攪拌。包上兩層保鮮膜放進冰箱靜置2天（17）。1天後先取出混拌再放回冰箱。

② 過濾後取130g。不夠的部分加牛奶（份量外）補足。

③ 銅鍋中倒入②和即溶咖啡開火加熱，一邊用刮鏟混拌一邊煮沸。

＊咖啡豆的風味，就算用牛奶萃取也比用水沖泡還淡，所以加即溶咖啡補強。

④ 鋼盆中放入蛋黃和細砂糖，用打蛋器攪拌到細砂糖溶解。加入1/3量的③，用打蛋器充分攪拌（18）。倒回鍋中開中火加熱，用刮鏟一邊攪拌一邊煮到82℃（安格列斯醬）。

＊快到指定溫度前就關火，一邊攪拌一邊用餘溫加熱。

⑤ 離火，加入吉利丁片攪拌溶解（19）。用篩網過濾，墊著冰水冷卻到26℃左右。加入干邑白蘭地攪拌（20）。

⑥ 鮮奶油打到7分發，取1/3量加入⑤中用打蛋器稍微攪拌。一邊加入剩餘的鮮奶油一邊攪拌，大致拌勻後換拿橡皮刮刀混拌至均勻一致。為了避免攪拌不均，換倒入原本裝鮮奶油的鋼盆中，用橡皮刮刀攪拌至色澤一致（21）。

⑦ 倒入裝上口徑12mm圓形花嘴的擠花袋中，在裝了咖啡凍的玻璃杯中各擠入25g（22）。放入急速冷凍櫃中冰凍。

裝飾

① 在冷凍的咖啡榛果香緹鮮奶油上依序輕撒上防潮糖粉和肉桂粉（23）。

② 在頂端輕輕地插入竹籤，放在〈咖啡巴伐利亞奶油〉⑦上，輕輕地抽掉竹籤即可（24）。

在卡布奇諾中加入榛果風味的點子來自在法國咖啡館中看到，名為卡布奇諾榛果的變化款咖啡。把切碎的榛果加入鮮奶油中浸泡後，再多一道放進果汁機打碎的程序，如此一來榛果風味就能完全釋放到鮮奶油內。

5

日常生活好物

L'excellence tous les jours

巴黎的麵包店、甜點店大約在早上7點開始營業。法國人大部分在住家附近都有喜歡的店。一邊揉著惺忪睡眼，一邊買走剛烤好外皮酥脆的溫暖麵包回家，就是最棒的早餐。還有快速外帶的午餐三明治、解饞用的樸實點心或奶酥麵包，坐在公園裡或電車上，或是邊走邊吃。在法國進修時覺得「這樣的『日常生活』真好」，希望做出更美好的點心，提供「日常生活好物」的想法，成為「Paris S'éveille」的起點。

那並不是在如同珠寶盒般鑲著大理石的華麗空間中擺放甜點，而是在熟悉的周遭環境中，提供稍微優質的點心或麵包。肚子餓時，若吃到比平常更美味的點心，就會很開心。雖然不能每天上餐廳，但有西點麵包店的話，就能隨時以實惠價格買到優質商品。正因為如此，不僅冷藏甜點，連烘焙點心、奶酥麵包、麵包或果醬等都用心鑽研，希望提供高品質產品。每樣點心都是仔細認真製作每個配料後組合成的商品，因為這層原由，也可以說是我製作甜點的特色。

2013年，在凡爾賽開幕的麵包甜點店「Au Chant du Coq」，也是在早上7點半開門時，就有客人進來購買剛烤好的麵包和點心。不同於日本，看到在早上、中午、晚上任何時刻都來的常客，不由得再次體認到「法國人的身邊隨時要有甜點和麵包」。看了一整年也一樣。在法國，周末有家庭聚會的文化，因此「法式甜點」會以驚人的速度售罄。另外，聖誕節、主顯節、復活節或母親節等，會在家中舉辦各種盛大的慶祝儀式，當天的營業額也很驚人！這種購買必需品的態度，只有在以長久歷史、文化或風土養成法式甜點的當地才感受得到。文化中有甜點、有食物。正因為如此，幾乎每樣甜點都不追求稀奇度或新穎性，而是使用法國的尋常食材，做出平常自然的產品。從我這個外國人的角度來看，「沒有比製作法式甜點更自然的事物啊」，佩服得不得了。

相較之下，日本的法式甜點雖說相當普遍，仍是充滿特殊性的非日常物品。我覺得這樣也不錯，自己對走在流行尖端的新奇甜點或話題性商店也感興趣。不光是法式甜點，我也喜歡到個性十足的特色餐廳，被廚師的哲學或技術所感動，經常去接受刺激。但是，能直覺地認為「很棒」的，還是與日常生活連成一氣的點心、料理或店家風格。偶爾享受一下特別的非尋常感，藉此也能重新體認日常的美好吧。不須刻意勉強，只要能持續做出非常自然，讓人覺得是日常生活好物般的甜點，或許有一天法國甜點的真正意義也能融入日本，成為生活的一部分並樂在其中吧。我開心地在心中描繪著那天到來的情景。

上：艾菲爾鐵塔前的旋轉木馬／第2張：外型俐落的移動攤車／第3張：拉法葉百貨公司的聖誕樹／下：市集

Bonnet
軟帽

每年的聖誕節店內會提供5種蛋糕。都是平常吃不到，專為該年聖誕節製作的特別商品，有3種是老少咸宜的口味，另2種則是以大人為取向的成熟風味。當中約有3款聖誕樹幹蛋糕，另2種則是圓形或圓頂蛋糕。也會做聖誕樹主題飾品、擺上象徵馴鹿角的巧克力或聖誕風華麗甜點。模仿溫暖毛帽的「軟帽」為其中之一。是我自己設計造型的客製商品。即便外型講究，味道也絲毫不馬虎。有裹滿吉安地哈榛果巧克力和果仁糖的香脆奶酥、味道微苦的巧克力蛋糕體、溫和滑順的果仁糖巴伐利亞奶油、香濃柔軟的巧克力慕斯……。在寒冷季節才有的濃醇組合，搭配Griotte櫻桃的酸味和櫻桃白蘭地的香氣達畫龍點睛之效。外型則是鬆軟如毛線質感的傑諾瓦士蛋糕屑。輕柔的肉桂香更添聖誕節氣氛。

從上到下
- 白巧克力球
- 傑諾瓦士蛋糕屑
- 巧克力慕斯
- 果仁糖巴伐利亞奶油
- 酒漬酸櫻桃
- 杏仁巧克力蛋糕體
- Griotte櫻桃糖漿
- 果仁糖巴伐利亞奶油
- Griotte櫻桃果醬
- Griotte櫻桃糖漿
- 杏仁巧克力蛋糕體
- 奶酥脆片
- 側面是糖飾片

材料 （直徑16cm、高12cm的軟帽模・5個份）

榛果巧克力奶酥
Pâte à crumbre aux noisettes et au chocolat
（容易製作的份量）
調溫巧克力（苦甜，可可含量70%）
couverture noir 78g
細砂糖 sucre semoule 180g
奶油 beurre 180g
低筋麵粉 farine ordinaire 180g
泡打粉 levere chimique 2.5g
榛果（帶皮） noisettes 228g
＊調溫巧克力以外的材料放入冰箱冷藏備用。
＊調溫巧克力使用法芙娜的「瓜納拉（Guanaja）黑巧克力」。
＊奶油切成1cm丁狀。
＊榛果放入160℃的烤箱中烤約15分鐘，去皮切粗粒。

杏仁巧克力蛋糕體
Biscuit amandes chocolat
（58×38cm、高1cm的模板・1片份）
蛋黃 jaunes d'œufs 170g
全蛋 œufs entiers 120g
糖粉 sucre glace 243g
杏仁粉 amandes en poudre 15g
蛋白* blancs d'œufs 245g
細砂糖 sucre semoule 105g
低筋麵粉 farine ordinaire 80g
可可粉 cacao en poudre 80g
融化的奶油 beurre fondu 80g
＊蛋白冷藏備用。

Griotte櫻桃糖漿 Sirop à imbiber griotte
酒漬酸櫻桃糖漿*
marinade de griottines 450g
＊使用過濾的酒漬酸櫻桃（用櫻桃白蘭地浸漬的Griotte櫻桃）浸料。

Griotte櫻桃果醬 Confiture de griotte
（容易製作的份量。每個使用50g）
Griotte 櫻桃 griotte 500g
細砂糖 A sucre semoule 195g
細砂糖 B* sucre semoule 50g
NH 果膠粉* pectine 5g
＊細砂糖 B 和NH果膠粉混合均勻備用。

果仁糖巴伐利亞奶油 Bavarois au praliné
（每個使用265g）
牛奶 lait 207g
蛋黃 jaunes d'œufs 108g
細砂糖 sucre semoule 135g
杏仁果仁糖 praliné d'amandes 129g
榛果果仁糖 praliné de noisettes 129g
吉利丁片 gélatine en feuilles 13.8g
鮮奶油（乳脂肪35%）
crème fraîche 35% MG 677g

巧克力慕斯 Mousse au chocolat
調溫巧克力*（苦甜，可可含量61%）
couverture noir 630g
牛奶 lait 220g
鮮奶油 A（乳脂肪35%）
crème fraîche 35% MG 220g
蛋黃 jaunes d'œufs 90g
細砂糖 sucre semoule 45g
鮮奶油 B（乳脂肪35%）
crème fraîche 35% MG 800g
＊調溫巧克力使用法芙娜的「Extra Bitter」。

奶酥脆片
Fond croustillant de crumbre
吉安地哈榛果巧克力 A（牛奶）
gianduja de noisettes 42g
吉安地哈榛果巧克力 B（苦甜）
gianduja de noisettes 42g
榛果醬 pâte de noisettes 85g
榛果果仁糖 praliné de noisettes 130g
融化的奶油 beurre fondu 45g
榛果* noisettes 65g
榛果巧克力奶酥
pâte à crumbre aux noisettes et au chocolat 350g
＊吉安地哈榛果巧克力 A 使用「Gianduja noisette lait」，B 使用「Gianduja noisette noir」（皆是法芙娜（Valrhona）的產品）。
＊榛果放入160℃的烤箱中烤約15分鐘，去皮切粗粒。

糖飾片 Pastillage
（容易製作的份量）
水 lait 30g
檸檬汁 jus de citron 20g
糖粉 sucre glace 500g
玉米澱粉 fécule de maïs 100g
吉利丁片 gélatine en feuilles 7.5g
色粉*（黃、紅、綠）
colorant (jaune, rouge, vert) 各適量
＊色粉加10倍用量左右的櫻桃白蘭地溶解，以黃8：紅1：綠1為比例調成駝色（偏黃的米色）。

傑諾瓦士蛋糕屑 Chapelure de génoise
（容易製作的份量）
杏仁傑諾瓦士蛋糕*
Genoise aux amandes 100g
＊杏仁傑諾瓦士蛋糕使用p.24「天堂」或p.96「紅木」等剩餘的蛋糕體。切除表面烤皮後再秤重。

肉桂風味傑諾瓦士蛋糕屑
Chapelure de génoise à la cannelle
（容易製作的份量）
杏仁傑諾瓦士蛋糕*
Genoise aux amandes 100g
肉桂粉 cannelles en poudre 4g
＊杏仁傑諾瓦士蛋糕使用p.24「天堂」或p.96「紅木」等剩餘的蛋糕體。直接用不切除烤皮。

酒漬酸櫻桃* griottines 300g
白巧克力球（p.254）
boule chocolat blanc 5個
調溫巧克力*（白巧克力）
couverture blanc 適量
＊放在廚房紙巾上吸乾水分備用。
＊調溫巧克力使用法芙娜的「伊芙兒（Ivoire）」。

作法

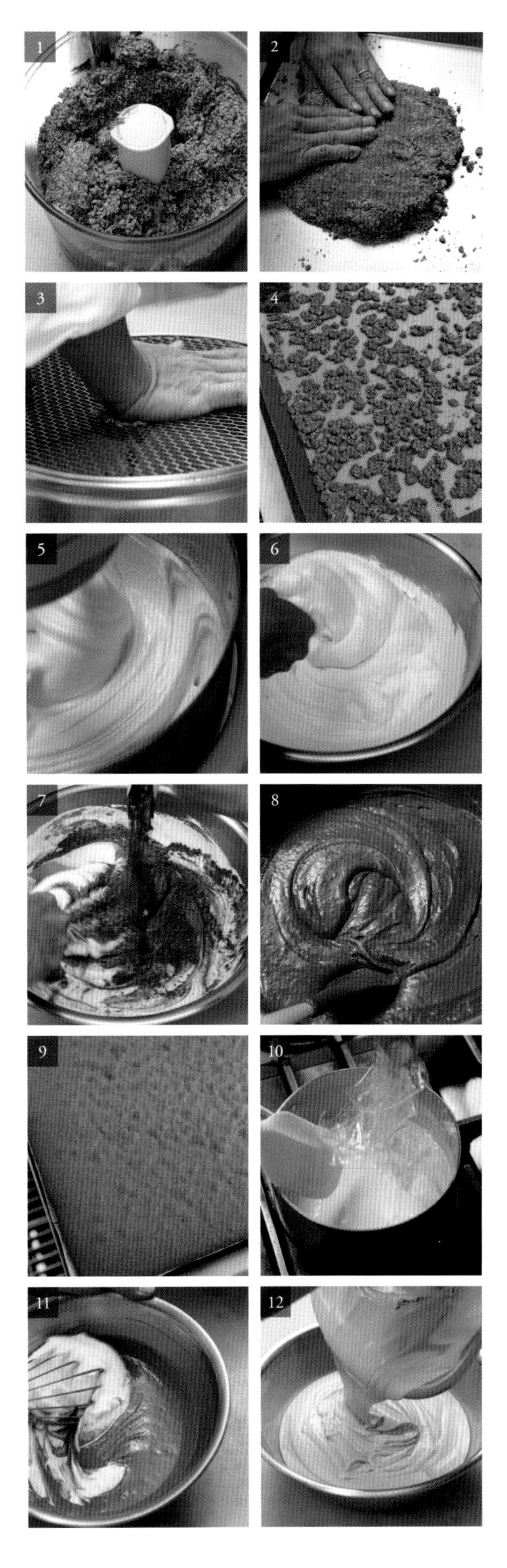

榛果巧克力奶酥

① 調溫巧克力隔水加熱融解。

② 該項以外的所有材料放進食物處理機中，加入①間斷式攪拌。大致拌勻後刮下黏在攪拌葉片或容器上的麵團，如果呈鬆散狀，攪拌到用手握住會黏結成團的狀態（1）。

＊須多次刮下黏在攪拌葉片和容器上的麵團，再混拌均勻。

③ 倒入方盤中，一邊用手整理成團一邊稍微壓平（2）。包上保鮮膜貼緊，放入冰箱靜置一晚。

④ 用網目5mm的方形格網過篩（3），倒在鋪上矽膠烤墊的烤盤上鋪平。放進冰箱充分冷藏。

⑤ 放入170℃的旋風烤箱中烤約8分鐘。取出後攤開奶酥不要黏結成塊，再烤約7分鐘。置於室溫下放涼（4）。

杏仁巧克力蛋糕體

① 蛋黃和全蛋打散，隔水加熱到體溫左右。

② 攪拌盆中放入①、混合的杏仁粉和糖粉，用裝上平攪拌槳的攪拌機高速打發（5）。打入空氣呈泡沫細緻的蓬鬆狀態後移到鋼盆中。

③ 另取一攪拌機高速打發蛋白。在打到4分發、6分發、8分發時，各加入1/3量的細砂糖，充分打發至尾端挺立。自攪拌機取下，用打蛋器混拌調整質地。

＊打發的標準請參閱p.21〈蛋白脆餅〉②。

④ 取1/3量加入②中，用橡皮刮刀稍微混拌（6）。加入過篩混合的低筋麵粉和可可粉（7），大致混拌後加入剩下的蛋白霜混合。

⑤ 在60℃左右的融化奶油中加入少許④，用打蛋器充分攪拌。一邊倒回④中，一邊用橡皮刮刀攪拌到色澤均勻光亮（8）。

⑥ 把58×38cm、高1cm的模板放在烘焙紙上，倒入⑤鋪平。

⑦ 取下模板，連同烘焙紙放在烤盤上送入175℃的旋風烤箱中烤約17分鐘。連烘焙紙一起取出放在網架上，置於室溫下放涼（9）。

Griotte櫻桃果醬

① 作法和p.82〈Griotte櫻桃果醬〉①～⑤相同，熬煮到糖度65% Brix。倒入方盤中，包上保鮮膜貼緊。置於室溫下放涼後送入冰箱冷藏。

果仁糖巴伐利亞奶油

① 銅鍋中倒入牛奶煮沸。

② 同時用打蛋器攪拌蛋黃和細砂糖直到溶解。

③ 取1/3量的①加入②中用打蛋器充分攪拌。倒回銅鍋中開中火，一邊用刮鏟混拌一邊煮到82℃（安格列斯醬）。

④ 關火，加入吉利丁片攪拌溶解（10）。加入2種果仁糖後過濾到鋼盆中，用打蛋器充分攪拌。墊著冰水冷卻到26℃左右。

⑤ 鮮奶油打到7分發，取1/3量加入④中攪拌均勻一致（11）。加入剩下的鮮奶油繼續攪拌。為了避免攪拌不均，換到別的鋼盆攪拌至色澤一致（12）。

組合1

① 用鋸齒刀切掉杏仁巧克力蛋糕體的表面烤皮，翻面後用直徑12cm和14cm的圓模分切（每個各使用1片・13）。

② 把直徑14cm、高7cm的圓頂模放在慕斯圈上，固定住避免移動。各倒入55g的果仁糖巴伐利亞奶油用湯匙背面等工具抹平。距離邊緣5mm塞滿酒漬酸櫻桃（14），上面再各倒入60g的巴伐利亞奶油。

③ 用刷子沾取Griotte櫻桃糖漿輕輕刷過直徑12cm的蛋糕體底部，翻面在烤皮部分刷滿大量糖漿（建議用量40g）。

④ 烤面朝上蓋住②。放上當重石用的平面圓盤輕壓使其貼合。倒入150g的果仁糖巴伐利亞奶油鋪平（15）。

⑤ 在直徑14cm的蛋糕體底部輕輕沾上Griotte櫻桃糖漿。並塗滿50g的Griotte櫻桃果醬（16）。

⑥ 果醬面朝下蓋住④，和④一樣壓平（17）。在蛋糕體上面沾滿大量的Griotte櫻桃糖漿，放入急速冷凍櫃中冰凍。

＊沾濕直徑14cm蛋糕體的糖漿用量合計50g左右。

⑦ 把模型迅速泡過熱水，轉一圈脫模（18）。放入急速冷凍櫃中冰凍備用（內餡）。

巧克力慕斯

① 調溫巧克力隔水加熱，融解約2/3。

② 銅鍋中倒入牛奶和鮮奶油 A 煮沸。

③ 同時用打蛋器攪拌蛋黃和細砂糖。

④ 取1/3量的②倒入③中，用打蛋器充分攪拌。倒回銅鍋中開中火，一邊用刮鏟攪拌一邊煮到82℃（安格列斯醬）。

＊快到指定溫度前就關火，一邊攪拌一邊用餘溫加熱。

⑤ 把④過濾到①中，用打蛋器從中間開始攪拌，慢慢地往外移動整體攪拌均勻（19）。倒入深容器中，用攪拌棒攪拌到光澤滑順的乳化狀態（攪拌結束的建議溫度是45℃）。移入鋼盆中。

⑥ 鮮奶油 B 打到7分發，取1/4量加入⑤中用打蛋器充分攪拌。再慢慢地一邊倒回剩餘的鮮奶油中一邊攪拌均勻（20）。換拿橡皮刮刀，混拌至均勻一致無殘留。

組合2

① 在慕斯圈中塞入一圈捲成圓形的保鮮膜，放上軟帽模固定住（21）。倒入160g的巧克力慕斯，用湯匙背面在模具內側抹上慕斯（連結用・22）。放入急速冷凍櫃中冰凍到半硬狀態。

＊凝固到用手指壓慕斯時，只會凹陷不黏手即可。

② 倒入150g的巧克力慕斯。顛倒放進內餡後用手壓入到慕斯高度（最好低於模型邊緣5mm左右・23）。放入急速冷凍櫃中冰凍。

奶酥脆片

① 2種吉安地哈棒果巧克力隔水加熱融解。倒入放了棒果醬和棒果果仁糖的鋼盆中，用橡皮刮刀充分混拌。加入約45℃的融化奶油後攪拌均勻一致。

② 加入切碎的棒果粒、棒果巧克力奶酥，混拌到整體均勻沾滿醬料（24）。

③ 取150g放在冷凍的〈組合2〉上，用抹刀抹開鋪滿（25）。擦淨模型邊緣，放入急速冷凍櫃中冰凍。

糖飾片

① 水和檸檬汁加熱到40℃左右，加入軟化的吉利丁片用橡皮刮刀混拌均勻。

② 在攪拌盆中倒入過篩混合的糖粉和玉米澱粉，一邊加入①一邊用裝上平攪拌槳的攪拌機低速混拌成膏狀（26）。取出放在工作台上，用手揉捏到柔軟狀態。撒上玉米澱粉（份量外）當手粉，揉成團後大致整成正方形（27）。

③ 在壓麵機上撒上玉米澱粉（份量外），壓成9mm厚。整成長方形，轉90度壓成3mm厚。

④ 切除頭尾再切成3.8cm寬。蓋上印章，切除四邊（28・29）。放在撒了玉米澱粉的方盤上，置於室溫下乾燥1整天。

＊印章上的「P」取自店名Paris S'éveille。

⑤ 排在撒上糖粉（份量外）的方盤上，噴上色粉做出漸層效果（30）。置於室溫下乾燥。

傑諾瓦士蛋糕屑

① 杏仁傑諾瓦士蛋糕放在網目3mm的格網上過篩（31）。

② 倒在鋪上烘焙紙的烤盤上鋪平，放入110℃的電烤箱中烤約20分鐘。中途多次翻動混合，讓整體均勻乾燥。置於室溫下放涼。

肉桂風味傑諾瓦士蛋糕屑

① 杏仁傑諾瓦士蛋糕不切除烤皮放在網目3mm的格網上過篩。撒入肉桂粉，用手搓拌融合（32）。

② 和〈傑諾瓦士蛋糕屑〉②一樣烤完後放涼。

裝飾

① 甜點中間插上叉子，將模型泡在熱水中。脫模取出甜點拔掉叉子，放在底紙上放進冰箱解凍。

② 用手拿取肉桂風味傑諾瓦士蛋糕屑黏滿甜點上方。

③ 在甜點下方（帽緣部分）黏滿傑諾瓦士蛋糕屑。放在方盤上，用手在帽緣部分壓上大量的傑諾瓦士蛋糕屑，做出蓬鬆質感（33）。

＊撒蛋糕屑時要分清楚茶色和白色的邊界。

④ 在白巧克力球上薄薄地塗上融解的調溫巧克力。在傑諾瓦士蛋糕屑上轉動，以用手包住的方式沾滿蛋糕屑（34）。

⑤ 用加熱過的湯匙放在甜點頂端（帽尖），融化慕斯。再貼上④的圓球，放入冰箱冷藏凝固（35）。

⑥ 用小刀削薄甜點正面的帽緣部分直到可以看到慕斯。在糖飾片背面擠上少許融解的調溫巧克力，黏在削薄處即可（36）。

傑諾瓦士蛋糕屑很難黏緊，所以要細心地多黏幾層。因為要呈現毛線質感，不要壓扁且鬆鬆地撒上靜置的話，剛好吸收蛋糕水分變得不容易掉落。

*B*ûche baroque
巴洛克樹幹蛋糕

一說到聖誕蛋糕就是裝飾得琳瑯滿目，但這款「巴洛克樹幹蛋糕」在外觀和味道上刻意呈現簡潔風格。入口時加了大量蘭姆酒的巴伐利亞奶油從滑順的巧克力慕斯中流出，全身彷彿籠罩在擴散開來的馥郁香氣下，相當迷人。鋪在底部的吉安地哈榛果巧克力餅皮喀滋喀滋的脆粒口感也充滿樂趣。使用2種不添加麵粉的巧克力蛋糕體，搭配均衡得宜。從素材挑選到組合、口感都仔細思索琢磨味道，是款專為大人設計的樹幹蛋糕。

巴洛克樹幹蛋糕　Bûche baroque

材料　（20×8cm、高7cm的樹幹蛋糕模・6個份）

吉安地哈榛果巧克力餅皮 Pâte à gianduja cacao

（60×40cm的烤盤・1片份）

奶油* beurre 150g
橙皮（磨粗屑） zestes d'orange 4顆份
細砂糖 sucre semoule 220g
榛果粉 noisettes en poudre 220g
可可粉 cacao en poudre 75g
低筋麵粉 farine ordinaire 150g
鹽之花 fleur de sel 8g
吉安地哈榛果巧克力（苦甜）* gianduja noisettes noir 290g

＊奶油軟化成乳霜狀。
＊吉安地哈榛果巧克力使用法芙娜的「Gianduja noisette noir」。

巧克力翻糖蛋糕體 Biscuit fondant chocolat

（60×40cm的烤盤・1片份）

奶油 beurre 252g
調溫巧克力（苦甜，可可含量70%）* couverture noir 252g
蛋黃 jaunes d'œufs 132g
細砂糖 A sucre semoule 100g
蛋白* blancs d'œufs 252g
細砂糖 B sucre semoule 140g

＊調溫巧克力使用法芙娜的「瓜納拉（Guanaja）黑巧克力」。
＊蛋白冷藏備用。

薩赫蛋糕體 Biscuit sacher

（60×40cm的烤盤・1片份）

生杏仁膏 pâte d'amandes cru 200g
蛋黃 jaunes d'œufs 200g
蛋白* blancs d'œufs 350g
細砂糖 sucre semoule 280g
蛋白粉* blancs d'œufs en poudre 6g
可可粉 cacao en poudre 60g

＊蛋白冷藏備用。
＊蛋白粉和部分細砂糖（一撮）混合均勻備用。

蘭姆酒風味巴伐利亞奶油 Bavaroise rhum

（34×8cm、高6.5cm的三角形羅蘭蛋糕模・3個份）

牛奶 lait 190g
鮮奶油（乳脂肪35%） crème fraîche 35% MG 190g
細砂糖 sucre semoule 38g
蛋黃 jaunes d'œufs 75g
吉利丁片 gélatine en feuilles 12g
蘭姆酒 rhum 98g
鮮奶油（乳脂肪35%） crème fraîche 35% MG 435g

黑巧克力慕斯 Mousse chocolat noir

調溫巧克力（苦甜，可可含量61%）* couverture noir 620g
牛奶 lait 218g
鮮奶油 A（乳脂肪35%） crème fraîche 35% MG 218g
蛋黃 jaunes d'œufs 87g
細砂糖 sucre semoule 44g
鮮奶油 B（乳脂肪35%） crème fraîche 35% MG 793g

＊調溫巧克力使用法芙娜的「Extra Bitter」。

焦糖咖啡淋醬 (p.260) glaçage au caramel café 適量
可可粒* grué de cacao 適量

＊使用法芙娜的「可可粒（Grué de Cacao）」。
＊可可粒放入160℃的旋風烤箱中烘烤約3分鐘乾燥。

作法

吉安地哈棒果巧克力餅皮

① 攪拌盆中倒入吉安地哈榛果巧克力以外的材料，用平攪拌槳間斷式混拌到看不見粉粒。

② 倒入貼了OPP紙的烤盤上鋪平。包上保鮮膜貼緊，放入冰箱靜置一晚。

③ 用手稍微揉搓麵團，軟化後整成四方形。放入壓麵機每次轉90度壓成3mm厚。

④ 放在鋪了矽膠烤墊的烤盤上，送入170℃的旋風烤箱中烤約15分鐘。直接置於室溫下放涼。

⑤ 放入鋼盆中，用擀麵棒搗成粗塊。吉安地哈榛果巧克力隔水加熱融解後倒入鋼盆中，用橡皮刮刀混拌均勻。

⑥ 倒進貼了OPP紙60×40cm的烤盤上，用抹刀抹勻推薄。放入急速冷凍櫃中冷藏硬化。

⑦ 撕除OPP紙，用主廚刀切成18×6.5cm（每個使用1片）。放入冷凍庫備用。

巧克力翻糖蛋糕體

① 奶油和調溫巧克力隔水加熱融化，調整到45℃左右。

② 蛋黃隔水加熱，一邊用打蛋器攪拌一邊加熱到40℃左右。倒入細砂糖 A 攪拌溶解。

③ 把②加入①中，用打蛋器從中間開始攪拌，慢慢地往周圍移動整體攪拌乳化均勻。

④ 攪拌機轉高速打發蛋白。在打到4分發、6分發、8分發時，各加入1/3量的細砂糖 B，充分打發成尾端挺立，光澤柔軟的蛋白霜。

*打發的標準請參閱p.21〈蛋白脆餅〉②。

⑤ 取1/3量④的蛋白霜加入③中，用打蛋器充分攪拌。加入剩下的蛋白霜，用橡皮刮刀切拌至看不見蛋白霜。

⑥ 把58×38cm、高1cm的模板放在烘焙紙上，倒入⑤鋪平表面。

⑦ 拿開模板連同烘焙紙放在烤盤上，送入175℃的旋風烤箱中烤約18分鐘。自烤盤取出，置於網架上放涼。

⑧ 用平面蛋糕刀切除頭尾，分切成34×6.5cm（每個使用1/2片）。

薩赫蛋糕體

① 生杏仁膏加熱到體溫左右。蛋黃打散，隔水加熱至40℃左右。

② 攪拌盆中放入生杏仁膏，一邊分次少量地加入半量的蛋黃一邊用裝上平攪拌槳的攪拌機以低速攪拌到沒有粉末顆粒。當攪拌完1/3量和半量的蛋黃時，暫停攪拌機，用橡皮刮刀刮除黏在平攪拌槳和攪拌盆上的蛋糊。

③ 攪拌均勻後一次倒完剩餘的蛋黃，攪拌機轉高速攪拌。打到充滿空氣呈泛白黏稠狀即可。

④ 一邊以中速→中低速→低速分段降速一邊攪拌，調整質地。打到撈起麵糊，滴落下來的部分有明顯摺痕後，倒入鋼盆中。

⑤ 另取一攪拌盆放入蛋白、混合均勻的蛋白粉和一撮細砂糖，用攪拌機高速打發。在打到4分發、6分發、8分發時，各加入1/3量剩餘的細砂糖，充分打發至尾端挺立。自攪拌機取下，用打蛋器攪拌調整質地。

*打發的標準請參閱p.21〈蛋白脆餅〉②。

⑥ 取1/3量⑤的蛋白霜加入④中，用橡皮刮刀混拌均勻。加入可可粉，大致拌勻後倒入剩下的蛋白霜，切拌至均勻一致。

⑦ 把58×38cm、高1cm的模板放在烘焙紙上，倒入⑥鋪平表面。

⑧ 取下模板連同烘焙紙放在烤盤上，送入175℃的旋風烤箱中烤約18分鐘。和烘焙紙一起放在網架上置於室溫下放涼。

⑨ 用平面蛋糕刀切除頭尾，分切成34×3.5cm（每個使用1/2片）。

蘭姆酒風味巴伐利亞奶油

① 銅鍋中倒入牛奶和鮮奶油煮沸。

② 同時用打蛋器攪拌蛋黃和細砂糖直到溶解。

③ 取1/3量加入①中，充分攪拌。倒回銅鍋中開中火加熱，用刮鏟一邊攪拌一邊煮到82℃（安格列斯醬）。

*快到指定溫度前就關火，一邊攪拌一邊用餘溫加熱。

④ 離火，加入吉利丁攪拌溶解。過濾到鋼盆中，墊著冰水用橡皮刮刀一邊混拌一邊冷卻到26℃左右。加入蘭姆酒混合均勻。

⑤ 鮮奶油打到7分發。取1/3量加入③中，用打蛋器稍微攪拌。一邊加入剩下的鮮奶油一邊攪拌均勻。為了避免殘留在鋼盆底部攪拌不均，換倒入打發鮮奶油的鋼盆中，用橡皮刮刀混拌均勻一致。

組合1

① OPP紙切成33.5×12cm，對半縱摺出摺痕。在34×8cm、高6.5cm的三角形羅蘭蛋糕模內側噴上酒精，貼緊OPP紙。
② 把蘭姆酒巴伐利亞奶油倒入沒裝花嘴的擠花袋中，在①上擠入75g。
③ 取1片薩赫蛋糕體烤面朝下放在②上。輕壓使其貼合，放入急速冷凍櫃中冰凍。
④ 在③上擠入230g的蘭姆酒巴伐利亞奶油。放上1片烤面朝下的巧克力翻糖蛋糕。輕壓使其貼合，放入急速冷凍櫃中冰凍。
⑤ 用噴槍加熱側面脫模，放在貼了OPP紙的烤盤上放入急速冷凍櫃中冰凍。
⑥ 用稍微加熱過的平面蛋糕刀分切成長15.5cm，放入急速冷凍櫃中冰凍備用（內餡）。

黑巧克力慕斯

① 調溫巧克力隔水加熱融解約1/2。
② 銅鍋中倒入牛奶和鮮奶油A煮沸。
③ 用打蛋器攪拌蛋黃和細砂糖直到溶解。
④ 在③中加入1/3量的②，用打蛋器充分攪拌。倒回銅鍋中開中火加熱，一邊用刮鐐攪拌一邊煮到82℃（安格列斯醬）。
＊快到指定溫度前就關火，一邊攪拌一邊用餘溫加熱。
⑤ 過濾到①中。用打蛋器從中間開始攪拌，慢慢地往外移動整體攪拌均勻。
⑥ 倒入深容器中，用攪拌棒攪拌成光澤滑順的乳化狀態。倒回⑤的鋼盆中。
⑦ 鮮奶油B打到7分發，在⑥中倒入1/3量用打蛋器稍微攪拌均勻。一邊加入剩下的鮮奶油一邊繼續攪拌。為了避免攪拌不均，換倒入打發鮮奶油的鋼盆中，用橡皮刮刀混拌均勻一致。

組合2、裝飾

① 把黑巧克力慕斯倒入沒裝花嘴的擠花袋中，在20×8cm、高7cm的樹幹蛋糕模中擠入330g。用刮板在內側薄薄地塗上一層（連結用）。
② 顛倒放進內餡，用手壓入直到與慕斯等高。用抹刀抹平周圍的慕斯，放入急速冷凍櫃中冰凍。
③ 將模型輕輕地泡在溫水中，拿起後脫模取出甜點。放在貼了OPP紙的烤盤上，放入急速冷凍櫃中冰凍。
④ 把網架放在烤盤上，放上③。焦糖咖啡淋醬加熱，從上倒下淋滿表面。用小刀刮除堆積在底部的淋醬。
⑤ 把吉安地哈榛果巧克力餅皮放在底紙上，放上④。撒上可可粒擺上松果和葉片裝飾即可。

從上到下
・焦糖咖啡淋醬
・黑巧克力慕斯
・蘭姆酒巴伐利亞奶油
・薩赫蛋糕體
・蘭姆酒巴伐利亞奶油
・巧克力翻糖蛋糕體
・吉安地哈榛果巧克力餅皮

Galette des rois
國王餅

法國的1月，清一色地充滿國王餅。正確地說，是從1月6號的主顯節到月底。甜點店也比聖誕節時還忙，從早到晚不停地追加製作國王餅。雖然日本也有以和菓子為主的各項傳統節日點心，但我想沒有像這樣讓小孩大人都滿心期待，陷入瘋狂的糕點。身為甜點師傅，真是羨慕極了。從在巴黎工作時起，就決定回國後自己開店時，要把這款樸實的優質甜點列入招牌商品之一。店內製作的國王餅，是用提高奶油比例做出酥鬆感的反疊派皮，搭配以香草般香甜的卡士達粉製作的杏仁奶油餡。烤成薄片提高奶油的存在感，口感比酥餅更細緻。圖案方面，如果做得太漂亮可能會蓋住美味鋒芒，所以我堅持只在能呈現手繪質感的範圍內畫出美麗線條，烤出光澤感。在時代的推波助瀾下，國王餅也在日本慢慢地普及起來，我很開心能有更多人品嚐到這款美味。

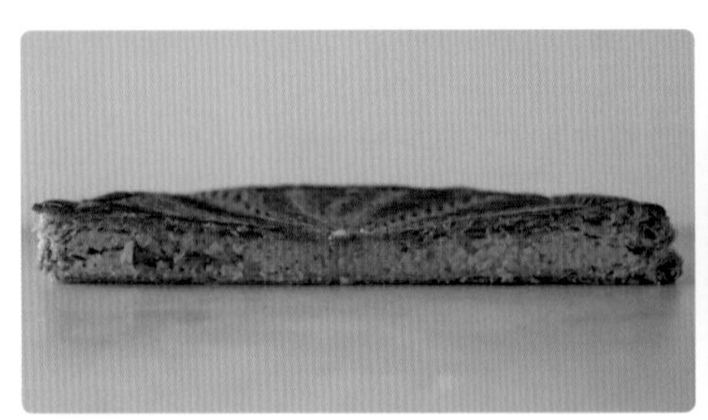

從上到下
- 反疊派皮
- 杏仁奶油餡
- 反疊派皮

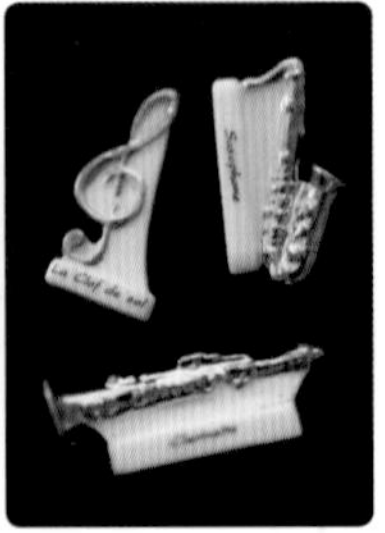

國王餅是主顯節的點心。吃到藏在內餡奶油中小陶偶的人，會成為當天的國王，並好運連連。

材料 （直徑25cm・2個份）

反疊派皮

Pâte feuilletée inversée

（容易製作的份量／4個份）

奶油麵團 pâte de beurre

- 低筋麵粉 farine ordinaire 150g
- 高筋麵粉 farine gruau 150g
- 奶油* beurre 750g

派皮麵團 détrempe

- 低筋麵粉 farine ordinaire 455g
- 高筋麵粉 farine gruau 245g
- 水 eau 215g
- 鹽 sel 30g
- 細砂糖 sucre semoule 50g
- 白酒醋 vinaigre de vin blanc 5g
- 奶油 beurre 200g

*所有材料放在冰箱中充分冷藏備用。

*奶油麵團中的奶油切成1.5cm丁狀。

*派皮麵團用的低筋麵粉和高筋麵粉混合後放入攪拌盆中，連同攪拌盆放進冰箱冷藏。

杏仁奶油餡

Crème frangipane

（每個使用300g）

奶油 beurre 180g

杏仁粉 amandes en poudre 180g

細砂糖 sucre semoule 180g

全蛋 œufs entiers 135g

卡士達粉 flan en poudre 22g

蘭姆酒 rhum 30g

卡士達醬 (p.248)

crème pâtissière 225g

增豔蛋黃液 dorure 適量

基底糖漿 (p.250) base de sirop 適量

作法

反疊派皮

① 製作奶油麵團。攪拌盆中放入混合過篩的低筋麵粉和高筋麵粉、奶油，用刮板稍微混拌。再用裝上平攪拌槳的攪拌機低速攪拌，攪拌到看不見粉粒，略帶黏性（1）。

*中途暫停攪拌機數次，用刮板刮下黏在平攪拌槳和攪拌盆上的麵團。如果奶油沒有確實融入麵團中，摺疊時會有部分凝固結塊，容易碎裂，所以須充分拌勻。

② 把①放在攤開的塑膠膜上包起來，用擀麵棒從上方擀壓麵團，整成25cm的方形（2）。再打開塑膠膜重新包成25cm方形。用擀麵棒擀壓成25cm方形，放在方盤上，放進冰箱靜置一晚。

③ 製作派皮麵團。攪拌盆中放入水、鹽、細砂糖和白酒醋攪拌溶解。放入冰箱充分冷藏備用。

④ 在冷卻的攪拌盆中倒入低筋麵粉和高筋麵粉，加入軟化成乳霜狀的奶油。攪拌機裝上麵團鉤轉低速混拌到奶油完全融入麵粉中，呈偏黃的鬆散狀態。

⑤ 分次少量地注入③（3），稍微拌勻後刮下黏在麵團鉤和攪拌盆上的麵團。繼續攪拌到看不見粉粒，麵團大致黏結成團（4）。

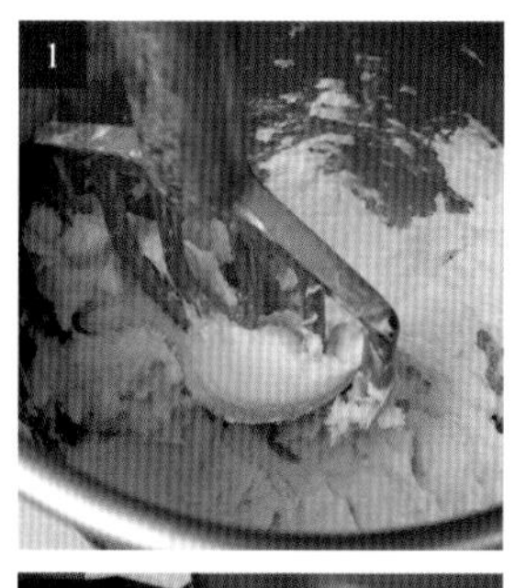
1

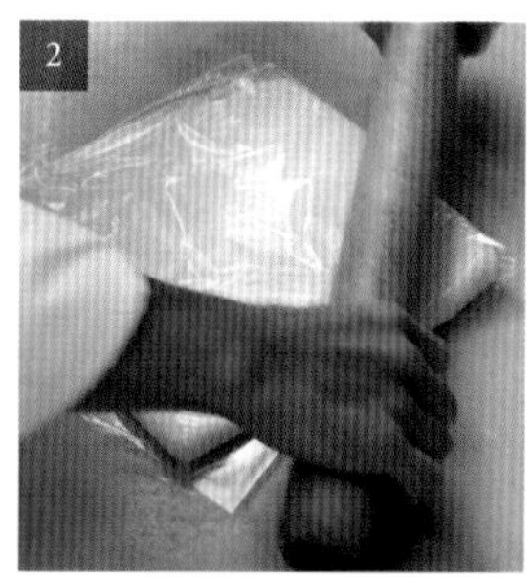
2

3

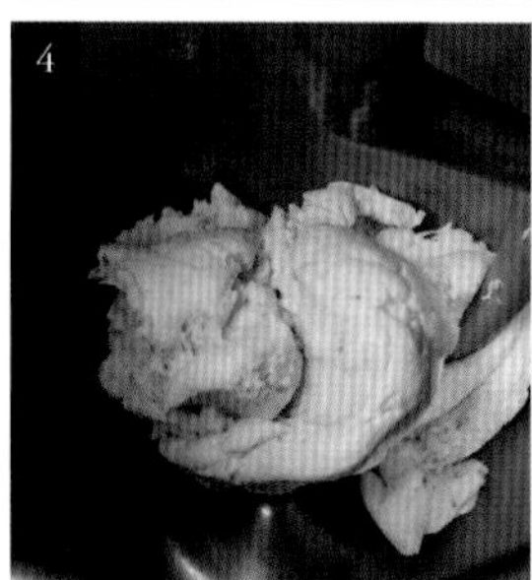
4

⑥　取出放在工作台上，稍微整成正方形。放在塑膠膜上包起來，用擀麵棒擀壓整成20cm方形。打開塑膠膜，包成一樣大小（5）。用擀麵棒擀成20cm方形，放進冰箱靜置約30分鐘。

⑦　摺疊派皮。從冰箱取出派皮麵團，置於室溫下約10分鐘備用。

⑧　在②的奶油麵團上撒上稍多手粉。用擀麵棒從上方以擠壓的方式敲打整體。維持中間的厚度，先往四個角擀壓麵團，再以擀開凹陷處整成35cm正方形的方式擀平麵團。

⑨　派皮麵團轉45度角放在奶油麵團上（6），從四邊摺起包緊麵團不讓空氣進入。用手指壓緊麵團重疊部分使其充分密合（7）。

⑩　用擀麵棒輕敲整塊麵團後，緩緩移動從上方擠壓擀成45×27cm（8）。確實壓出邊角。

⑪　用塑膠膜包好，以擀麵棒整成厚度一致。放在網架上送入冰箱內靜置30分鐘。

⑫　將手粉撒在壓麵機上，放入麵團多次壓成9mm厚（建議大小65×30cm）（9）。

⑬　用刷子刷除多餘手粉，仔細地摺成3折。用手整形後以擀麵棒從上擀壓整體密合。轉90度，壓著山摺線之外的3邊和對角線後用擀麵棒整成30×25cm（10）。

⑭　撒上手粉，用壓麵機壓成9mm厚（建議大小70×27cm）（11）。

⑮　再仔細地摺成3折，用手整形。用擀麵棒擀壓山摺線之外的3邊和對角線後整成27×25cm（12）。包上塑膠膜放進冰箱靜置2小時。

⑯　重複⑫～⑮（13・14）。

⑰　再重複一次⑫～⑬（共進行5次摺3折的工序），整成25cm左右的方形（15）。包上塑膠膜放進冰箱靜置一晚。

＊如果麵團擀成橢圓形，對著擀壓的方向用擀麵棒擀薄中心線，再送進壓麵機就能拉成長方形。

杏仁奶油餡

①　作法參閱p.250「杏仁奶油餡」（16）。

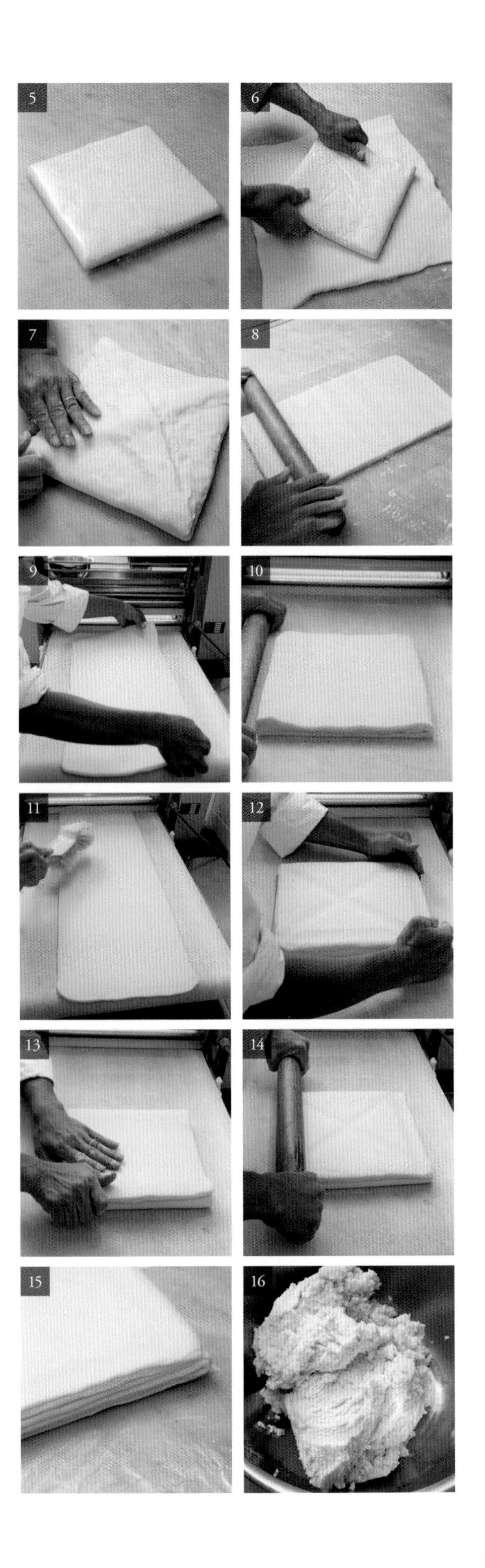

裝飾

① 將反疊派皮分成4等份，每個使用1份（17）。撒上手粉，送入壓麵機多次壓成9mm厚（建議大小30×15cm）。轉90度，撒上手粉擀成3mm厚（建議大小30×30cm）。

② 取出派皮，稍微整形後轉90度放好。轉動擀麵棒整成工整的正方形。

③ 撒上手粉，用壓麵機壓成1.75mm厚（建議大小60×30cm）。中途，拿起派皮抖動，自然地縮緊整形。

④ 拿到沒有邊框的烤盤上，用手抖動派皮使其自然縮緊（18）。放進冰箱靜置約2小時。

⑤ 用主廚刀切成兩半（約27cm的方形）。把直徑18cm和直徑24cm的慕斯圈放在其中1片派皮上確認大小和位置後，用18cm的慕斯圈在派皮上印出壓痕（19）。

＊這時派皮的方向不變。

⑥ 將杏仁奶油餡放入裝上口徑16mm圓形花嘴的擠花袋中，沿著⑤的壓痕由內往外擠成漩渦狀（每個約300g・20）。用抹刀抹開在中間稍微堆高。

⑦ 把小瓷偶埋進奶油裡（21）。刷子沾水輕輕地塗在奶油周圍的派皮上。

⑧ 取另1片派皮轉90度蓋上。用手像是從中間緩緩地擠出空氣般讓奶油和派皮貼合（22）。

＊若是派皮重疊的方向相同，烘烤時2片會同時往同一方向縮起，容易變形。轉90度的話可以減輕變形的情況。

⑨ 手指在奶油外圍擠壓一圈使其貼合。蓋上直徑21cm的慕斯圈壓緊派皮密合，再放上直徑24cm的慕斯圈，用刀片沿著外圈切下派皮（23）。

＊為了割出整齊漂亮的切口，請用銳利的刀片俐落地切開。

⑩ 用中指壓緊切口，以貼近指尖側面的方式拿裁紙刀由下往上劃出痕跡捏緊派皮（24）。

＊以邊壓邊劃出切痕的方式封緊邊緣，使其不容易分開。

⑪ 在底紙上噴水，放上翻面的⑩。塗上一層薄薄的增豔蛋黃液，放進冰箱靜置30分鐘乾燥表面。取出再塗一次蛋黃液。

⑫ 連同底紙放在旋轉台上，先以中間為圓心用裁紙刀將外圈分成4等份的方式劃上記號。再以此為目標，將外圈分成12等份般劃出12條弧線（25）。

＊使用裁紙刀，是為了不切斷派皮擦掉蛋黃液。以靠近中心刀子直立，越往外側越放平刀子的方式切出紋路，就會烤出漂亮的圖案。

⑬ 從兩旁弧線約一半的位置往中間弧線終點畫出曲線，描繪葉片重疊的圖樣（26）。畫上葉脈，在邊緣空白處畫直線。

⑭ 用竹籤在圖案的紋路上往外6處，往中央3處刺出氣孔（27）。放入冰箱靜置一晚。

＊烘烤前靜置可以穩定派皮的膨脹度，呈現一致性。

⑮ 放在烤盤上，送入170℃的烤箱中烤約20分鐘。先取出，將高3cm的慕斯圈放在烤盤的4個角落上再蓋上另一片烤盤（28）。續烤30分鐘，移除上方烤盤再烤約20分鐘。

⑯ 放在網架上，塗上一層薄薄的波美30度糖漿。置於室溫下放涼即可。

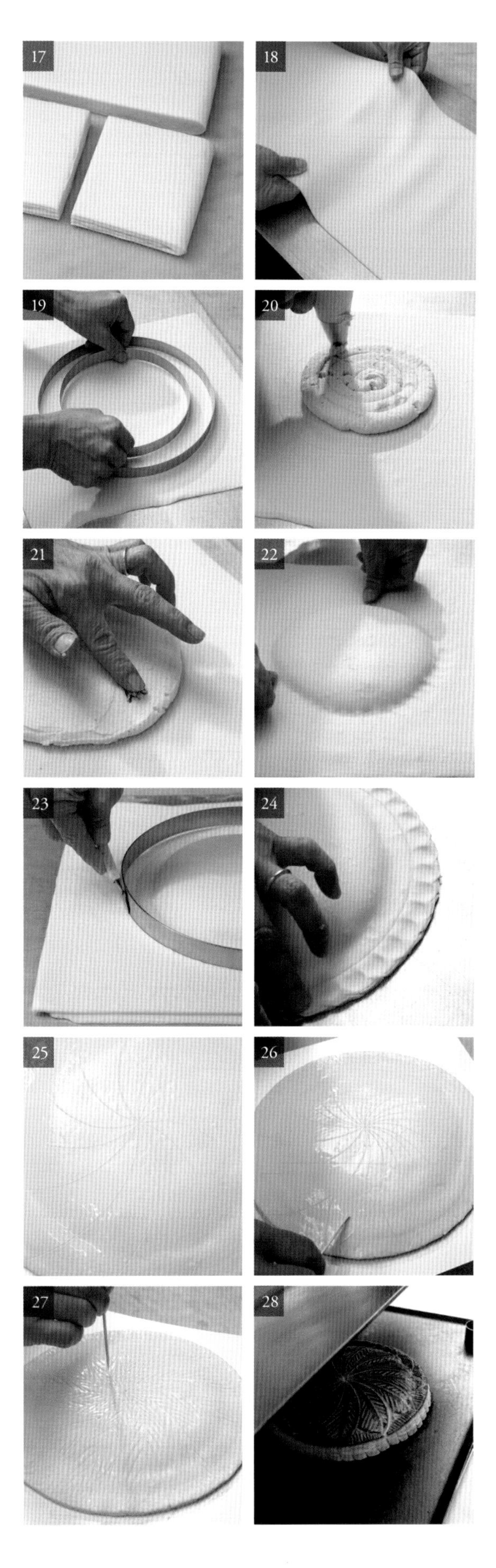

Galette des rois pomme abricot
蘋果杏桃國王餅

隨著時代轉變，市面上已推出多款味道和外型都不同的國王餅。即便如此，自己身為外國人，還是不敢變更傳統點心，持續做原汁原味的基本款，某天，有位年輕的法國甜點師傅對我說：「你在堅持什麼？每年都做相同的東西，有趣嗎？」老實講，當下大受打擊。我終於能理解這句縈繞在耳際的話語，是在凡爾賽擁有自己的店，更深入法國生活的10年後。那時候的我，不會勉強對抗潮流演進，過於堅持傳統，希望深根傳統的同時也像法國人般自然地與甜點結合，一起向前邁進。「蘋果杏桃國王餅」就是從這樣的心境變化孕育而生的現代款國王餅。藉著蘋果柔和的酸甜味搭配杏桃強烈的酸味，呈現出讓人聯想到新鮮蘋果的整體風味，和杏仁奶油餡一起包進派皮裡。方正的外型和畫在表面上的幾何學圖樣，與傳統國王餅形成對比。

從上到下
- 細蔗糖
- 杏桃果膠
- 反疊派皮
- 蘋果餡料
- 杏桃餡料
- 糖煮蘋果
- 杏仁奶油餡
- 反疊派皮

蘋果杏桃國王餅 Galette des rois pomme abricot

材料 （16cm方形・2個份）

反疊派皮 Pâte feuilletée inversée

＊全數使用p.161的反疊派皮材料。

杏仁奶油餡 Crème d'amande

（每個使用140g）

奶油* beurre 75g

初階糖 vergeoise 75g

杏仁粉 amandes en poudre 75g

全蛋* œufs entiers 55g

卡士達粉 flan en poudre 10.5g

＊奶油和全蛋分別回復室溫備用。

蘋果餡料 Garniture de pommes

（每個使用80g）

蘋果 pomme 1個

奶油 beurre 15g

細砂糖 sucre semoule 30g

肉桂粉 cannelles en poudre 0.1g

香草籽 pépins de vanille 0.3根份

杏桃餡料 Garniture d'abricots

（每個使用25g）

杏桃（果乾） abricots sec 50g

杏桃香甜酒* liqueur d'abricot 12g

＊使用Wolfberger的杏桃香甜酒。

糖煮蘋果 Compote de pomme

（每個使用70g）

蘋果 pomme 1個

水 eau 100g

檸檬汁 jus de citron 5g

香草籽 pépins de vanille ⅕根份

細砂糖A sucre semoule 40g

水 eau 20g

細砂糖B sucre semoule 40g

鮮奶油（乳脂肪35%）

crème fraîche 35% MG 20g

增豔蛋黃液 dorure 適量

基底糖漿（p.250） base de sirop 適量

杏桃果膠（p.258） napage d'abricot 適量

初階糖 vergeoise 適量

作法

杏仁奶油餡

① 攪拌機裝上平攪拌槳將奶油打成柔軟的乳霜狀，加入初階糖以低速混拌。

② 加入杏仁粉，以低速攪拌到看不見粉粒。全蛋打散分5～6次倒入，每次都要乳化確實。中途暫停攪拌機一次，用橡皮刮刀刮下黏在平攪拌槳和攪拌盆上的奶油。

＊雞蛋回復室溫，分次少量地加入以免油水分離。

＊為了呈現適當的輕盈感，不用高速攪拌打入空氣，以低速混拌到自然含有空氣的狀態。

③ 加入卡士達粉混合，攪拌到看不見粉粒後，倒入方盤中鋪平。包上保鮮膜貼緊，放入冰箱靜置一晚。

蘋果餡料

① 蘋果去皮，挖除果核縱切成8等份後再橫切成3等份。奶油融化備用。

② 鋼盆中放入所有的材料，用橡皮刮刀混拌均勻。倒在矽膠烤墊上攤開，放入200℃的旋風烤箱中烤約15分鐘。中途，每隔5分鐘取出拌勻蘋果果肉和汁液。

＊因為之後還要再烤，不須完全烤熟。

杏桃餡料

① 杏桃果乾切成4等份，淋上杏桃香甜酒後混合均勻。放進冰箱中浸漬1週，並且每天取出攪拌一次。

糖煮蘋果

① 蘋果連皮對半切開，去除果核切成適當大小。

② 鍋中放入①、水、檸檬汁、香草籽和細砂糖A開中火加熱，煮約30分鐘直到軟化。

③　銅鍋中放入細砂糖B開火加熱，一邊用打蛋器攪拌一邊煮成焦糖。充分上色冒泡後關火。
④　依次加入微溫的水和鮮奶油攪拌。
⑤　加入①開中火加熱，一邊用刮鏟不停地攪拌一邊收乾水分。湯汁煮乾後離火，用攪拌棒攪打成滑順的果醬。
⑥　再開火加熱，一邊用刮鏟攪拌一邊熬煮到糖度50% Brix。
⑦　倒入方盤中鋪平，包上保鮮膜貼緊。置於室溫下放涼後放進冰箱保存。

裝飾

①　和p.163「國王餅」的〈裝飾〉①～⑤一樣擀製反疊派皮。放入冰箱靜置2小時。
②　杏仁奶油餡和糖煮蘋果回復室溫，杏仁奶油餡攪拌滑順。以2：1的比例混合。
③　用主廚刀將①切成20cm方形（每個使用2片）。將12cm的方形框模放在其中1片上印出記號。
④　把②倒入裝上口徑14mm圓形花嘴的擠花袋中，沿著③的印痕由外往內擠成漩渦狀。
⑤　在④上均勻撒滿蘋果餡料和杏桃餡料。手指輕壓入奶油餡內，用抹刀抹平表面。
⑥　刷子沾水輕輕地塗在奶油周圍的派皮上。取另1片派皮轉90度蓋緊。用手像是從中間擠出空氣般讓奶油和派皮貼合。
＊若是派皮重疊的方向相同，烘烤時2片會同時往同一方向縮起，容易變形。轉90度的話可以減輕變形的情況。
⑦　手指在奶油外圍擠壓一圈使其貼合。放進冰箱靜置30分鐘。
⑧　蓋上18cm的方形框模，用刀片沿著外圈切下派皮。
＊為了割出整齊漂亮的切口，請用銳利的刀片俐落地切開。
⑨　用中指壓緊切口，以貼近指尖側面的方式拿裁紙刀由下往上劃出痕跡捏緊派皮。
＊以邊壓邊劃出切痕的方式封緊容易分開的邊緣。
⑩　在底紙上噴水，放上翻面的⑨。塗上一層薄薄的增豔蛋黃液，放進冰箱靜置30分鐘乾燥表面。取出再塗一次蛋黃液。
⑪　用裁紙刀在上面畫出波浪形圖案，用竹籤在紋路上刺出6處氣孔。放入冰箱靜置一晚。
＊烘烤前靜置可以穩定派皮的膨脹度，呈現一致性。
⑫　放在烤盤上，送入170℃的烤箱中烤約15分鐘。先取出，將高3cm的慕斯圈放在烤盤的4個角落上再蓋上另一片烤盤。續烤45分鐘，移除上方烤盤再烤約15分鐘。
⑬　放在網架上，塗上一層薄薄的基底糖漿。置於室溫下放涼。
⑭　在波浪形圖案處交錯塗上加熱過的杏桃果膠。撒上初階糖，手指輕壓使其貼合。抖落多餘的砂糖即可。

糖煮蘋果要充分熬煮到水分收乾呈果醬狀備用。不然派皮會吸進多餘的水分，造成中間不易烤熟。

6

追求普遍性

A la recherche de la pâtisserie intemporelle

「不要追求新事物。請讓我看到有能力的作品。」這是平面設計師橫尾忠則先生說的話。20多歲時，我在某個設計大賽上聽到這句話，內心頗受衝擊。強而有力的作品是什麼？要如何做出來？思索半天也尋不到明確的答案，返回甜點業界後，心中一直惦記著要繼續找出答案。

一旦開始思考新甜點，不知不覺會偏向複雜稀奇的作品，猛然回神「自己到底想做什麼」，腦袋一片空白。不知為何映入眼簾的、心中在意的盡是流行潮流和最新技術。但是，看不清本質輕易地隨波逐流，只不過是追求表面事物，無法創造出有能力的作品。因此，我很迷惘。那時候我一直回顧傳統點心與它的起源。絕對不是想表達「守護傳統」、「最終還是要回歸傳統」。只是，在至今仍未消失代代相傳的甜點中，必有其過人之處。因為傳統和流行經常在時間潮流中大戰，一邊競爭一邊淘汰弱者，唯有強而有力者才得以倖存。回顧在甜點界的過去，可以看到為了做出美味商品，如何處理、烹調素材的辛苦過程與意義，並從那裏挖掘出新面孔。向那般強韌的傳統致敬，與其拓展自我思考模式，不如做出更好的商品，是我不變的信念。

另外，這幾年來我注意到自己更進一步地不追求過去與未來，自然地看待眼前的甜點，思考如何精進美味的態度。自法國回來後，日本的法國甜點面貌產生急劇變化，大幅傾向顛覆傳統味道與外型的「進化派」。我覺得難以適應，有很長一段時間不知該如何面對，非常鬱悶。在這樣的心境下開始進行凡爾賽店的開業。當然就有很多機會前往法國，經常和法國甜點師傅交流對話。於是從中了解到，他們不像我們這些外國人拘泥於以往的常識或概念，只是自然地凝視著現今的甜點，看著前方走下去。我任性地繼續堅守傳統的態度，在回國後的10年內完全得到解放，以任何人都知道的甜點為開端，自然地提出自由解讀的方案。有部分盡是傾向注重流行度和嶄新性，雖然對此一定會感到疑惑，但甜點師傅大多依自己的作法來解決美味問題。如果現在看到那樣的法國甜點，就算自己無法掙脫出傳統的框架，也會以更彈性的想法來面對進化吧。總覺得從那裏也能看到「有能力的事物」本質。

所謂真正美好的事物，是既舊且新，另外也是新舊皆非的事物。並且，綻放出超越時間及地點的光芒，擁有去蕪存菁的優質美。那就是普遍性的過人之處吧。甜點店也好、餐廳也罷，擁有能力的好店經過10年、20年也不退流行，依舊門庭若市。我想今後會永不停歇地致力追求打造出那樣的店面及甜點。

右上：帶有「喜訊」含意的地鐵9號線佳音站／右下：聖拉查車站的地標「L' heure peur tous」／左上：咖啡館的侍者／左下：在聖拉查車站月台

BONNE NOUVELLE

Il est cinq heure.
Paris s'è veille.

Saint-Honoré d'été
夏日聖安娜

自「Paris S'éveille」開幕經過10年後，2013年也在凡爾賽開店，我深切地感受到時代的趨勢與經驗的累積。同時，開始思索著跨越困住自己「法國甜點應該是這樣」的藩籬，不妨慢慢地試著做出內心真正想要的味道或造型吧。「夏日聖安娜」就是我踏出的第一步。和傳統的聖安娜泡芙塔不同，鋪上甜派皮做底座，填入充滿夏季風味的芒果慕斯和果凍，代替希布斯特奶油和卡士達鮮奶油。在小泡芙上填滿百香果奶油，再擠上溫醇的椰子香草風味香緹鮮奶油。到目前為止即便也在聖安娜泡芙塔上做過變化，但味道上僅限於和傳統不會差太遠的焦糖、果仁糖或咖啡味，對我而言，這是覺悟後的口味組合。就連外觀，既要保有聖安娜泡芙塔的元素又要變出新造型，所以就做成四方形。這是我破殼而出將自由發揮的想法帶入傳統點心的演變中，做出令人印象深刻的創意甜點。

從上到下
・芒果
・萊姆皮和檸檬皮
・椰子香草香緹鮮奶油
・芒果慕斯
・芒果凍
・芒果
・芒果慕斯
・達克瓦茲蛋糕體
・甜塔皮
・側面是脆皮泡芙和百香果卡士達醬

材料　（約14×14cm・2個份）

椰子香草香緹鮮奶油
Crème Chantilly à la noix de coco et à la vanille

鮮奶油（乳脂肪35%）
crème fraîche 35% MG　315g
香草莢　gousse de vanille　0.5根
調溫巧克力（白巧克力）*
couverture blanc　92g
椰子蘭姆酒　liqueur de la noix de coco　65g
椰子糖漿　sirop à la noix de coco　32g
*調溫巧克力使用法芙娜的「伊芙兒（Ivoire）」。
*椰子蘭姆酒使用馬里布（MALIBU），椰子糖漿使用莫林（MONIN）的產品。

脆皮麵團　Pâte à sutreusel
（直徑2.4cm，約300片份）
奶油　beurre　100g
初階糖　vergeoise　125g
低筋麵粉　farine ordinaire　125g

泡芙外皮　Pâte à chou
（直徑4.5cm，約150個份）
牛奶　lait　250g
水　eau　250g
奶油　beurre　225g
鹽　sel　10g
細砂糖　sucre semoule　10g
低筋麵粉　farine ordinaire　275g
全蛋　œufs entiers　500g
*奶油切成易融化的薄片備用。

甜塔皮　Pâte à sucrée
（p.82。12cm 方形・6片份，每片使用50g）
約300g

芒果凍　Gelée de mangue
（37×28.5cm 的框模・1個份）
芒果果泥　purée de mangue　480g
柳橙果泥　purée d'oranges　130g
檸檬汁　jus de citron　30g
細砂糖　sucre semoule　95g
吉利丁片　gélatine en feuilles　12.5g

椰香達克瓦茲蛋糕體
Biscuit dacquoise à la noix de coco
（57×37cm、高8mm 的模板・1片份）
蛋白*　blancs d'œufs　300g
細砂糖　sucre semoule　100g
杏仁粉　amandes en poudre　130g
糖粉　sucre glace　270g
椰子粉　noix de coco râpé　140g
*蛋白冷藏備用。

芒果慕斯　Mousse à la mangue
（37×28.5cm 的框模・1片份）
芒果果泥　purée de mangue　616g
細砂糖　sucre semoule　126g
吉利丁片　gélatine en feuilles　12.5g
櫻桃白蘭地　kirsch　18g
柑橘香甜酒*　liqure d'orange　6g
鮮奶油（乳脂肪35%）
crème fraîche 35% MG　610g
*使用「Mandarine Napoleon」柑橘香甜酒。

百香果卡士達醬
Crème pâtissiere passion
卡士達醬（p.248）
Crème pâtissière　600g
百香果奶油
Crème fruit de la Passion　600g
- 百香果果泥
  purée fruit de la Passion　360g
- 蛋黃　jaunes d'œufs　108g
- 全蛋　œufs entiers　67g
- 細砂糖　sucre semoule　116g
- 吉利丁片　gélatine en feuilles　3.5g
- 奶油　beurre　130g

芒果*（果肉）　mangues　330g
防潮糖粉（p.264）　sucre décor　適量
杏桃果醬　confiture d'abricot　適量
檸檬皮（磨粗屑）　zestes de citron　適量
萊姆皮（磨粗屑）
zestes de citron vert　適量
透明果膠　nappage neutre　適量
*芒果切成1cm丁狀。

作法

椰子香草香緹鮮奶油

① 鮮奶油的作法參閱p.74〈椰子香草香緹鮮奶油〉①～⑧，放進冰箱靜置24小時。

② 用裝上打蛋器的攪拌機高速打發。變得稍微黏稠後，自攪拌機取下，整體混拌均勻一致。再放上攪拌機打至6分發備用（1）。

脆皮麵團

① 攪拌盆中放入軟化成乳霜狀的奶油和初階糖，攪拌機裝上平攪拌槳以低速混拌均勻（2）。

② 加入低筋麵粉，混拌到看不見粉粒（3）。中途，刮下黏在攪拌盆內側的粉粒。

③ 稍微黏結成團後放到方盤上，用手壓平成2cm厚（3）。包上保鮮膜貼緊，放入冰箱靜置一晚。

④ 撒上手粉，一邊黏合裂紋一邊整成四方形（4）。隨時撒上手粉同時放入壓麵機數次壓成1.75mm厚。

⑤ 放在鋪了烘焙紙的烤盤上，用直徑2.4cm的圓模分切（5）。切完後不要取下連同周圍的麵團一起放進冰箱冷藏。

*因為麵團質地鬆散易碎，盡量不要挪動。

泡芙外皮

① 鍋中放入牛奶、水、奶油、鹽和細砂糖，開大火加熱。

② 沸騰後關火，倒入所有的低筋麵粉（6）。一邊讓麵粉吸收水分一邊用木鏟迅速用力混拌使麵團結塊（7）。

③ 開中火，一邊混拌一邊加熱。混拌到麵團不黏鍋底後離火（8）。

④ 放入攪拌盆中，用裝上平攪拌槳的攪拌機低速攪拌略為降溫。

⑤ 全蛋打散後留1/8的份量備用，剩下的分6次加入攪拌盆中，每次都要混拌到均勻一致（9）。要加入第4次和第6次的全蛋液前先暫停攪拌機，用刮鏟刮下黏在平攪拌槳和攪拌盆上的麵糊（10）。

*事先留下的全蛋液用於調整軟硬度。

⑥ 自攪拌機取下，用橡皮刮刀混拌整體。混拌到撈起時麵糊滑順地流動滴落，留在刮鏟上的麵糊呈完整的三角形即可（11）。如果麵糊太硬，加入少許預留的蛋液混拌調整。

⑦ 倒入裝上口徑10mm圓形花嘴的擠花袋中，擠成直徑3.2cm的圓形（12）。放入急速冷凍櫃中冰凍。

*把畫好直徑3cm圓形的畫紙鋪在烤盤上放上矽膠烤墊，沿著圓形擠出麵糊。再抽離畫紙。

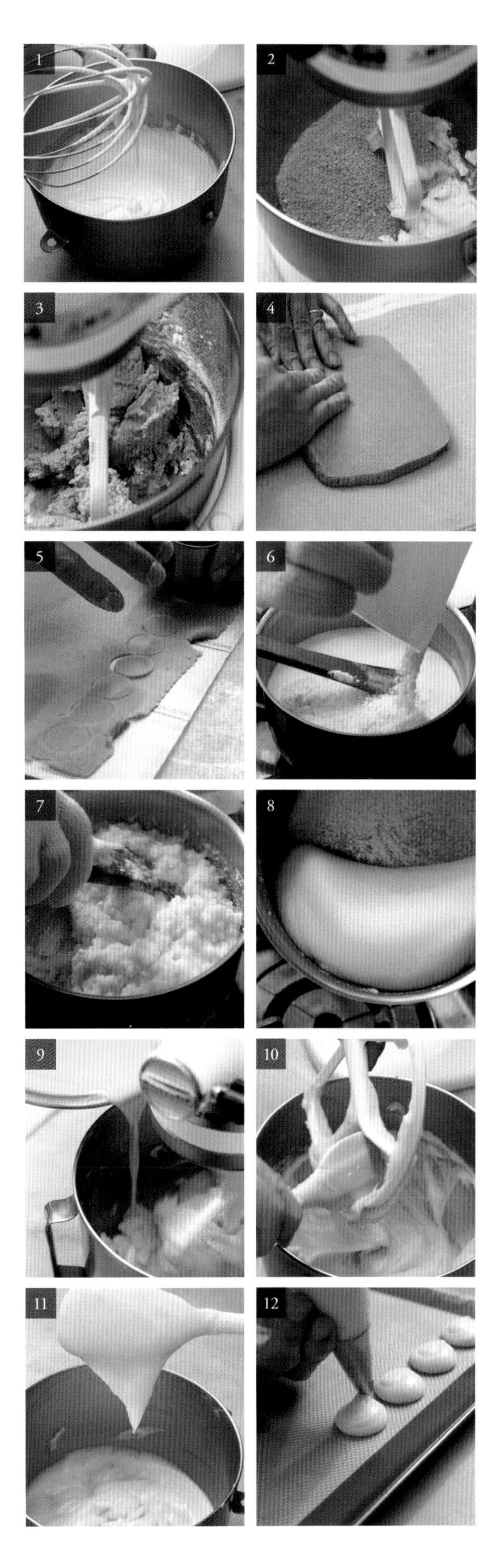

甜塔皮

① 麵團作法參考p.82〈甜塔皮〉①～④。

② 取出麵團放在工作台上輕輕揉捏，軟化後整成四方形。用壓麵機每次轉90度壓成2.75mm厚。

③ 放在烤盤上用平面蛋糕刀切成12cm的方形（13）。放進冰箱靜置30分鐘。

④ 放在鋪了網狀矽膠烤墊的烤盤上，放入170℃的旋風烤箱烤約14分鐘。連同網狀矽膠烤墊一起取出放在網架上置於室溫下放涼。

芒果凍

① 芒果果泥和柳橙果泥加熱至40℃左右。倒入細砂糖，用橡皮刮刀攪拌溶解。

② 取1/6量的①，分次少量地一邊倒在軟化的吉利丁片中一邊用橡皮刮刀混拌。再一邊倒回剩餘的①中，一邊用橡皮刮刀混拌（14）。

③ 框模底部用OPP紙拉緊貼上膠帶固定住。放在貼了OPP紙的烤盤上，倒入②抹平表面（15）。放入急速冷凍櫃中冰凍。

椰香達克瓦茲蛋糕體

① 麵團作法參考p.75〈椰香達克瓦茲蛋糕體〉①～②。

② 把57×37cm、高8mm的模板放在烘焙紙上，倒入①抹平。

③ 拿開模板，連同烘焙紙放在烤盤上送入175℃的旋風烤箱烤約20分鐘。連烘焙紙一起取出放在網架上置於室溫下放涼。

④ 撕除烘焙紙，用平面蛋糕刀沿著37×28.5cm的框模外側切開（16）。放入框模內側鋪平。

＊配合框模外側分切蛋糕體，避免鋪進框模時出現隙縫。

芒果慕斯

① 芒果果泥加熱到40℃左右。倒入細砂糖用橡皮刮刀攪拌溶解。

② 取1/6量的①，分次少量地一邊倒在軟化的吉利丁片中一邊用橡皮刮刀混拌。再一邊倒回剩餘的①中一邊混拌。加入櫻桃白蘭地和柑橘香甜酒（17）。

③ 鮮奶油打到8分發，取1/4量加到②中用打蛋器充分攪拌均勻。再倒回剩餘的鮮奶油中，攪拌到均勻一致（18）。倒入別的鋼盆中用橡皮刮刀混拌，避免混合不均（19）。

組合

① 在鋪好達克瓦茲蛋糕體的框模上，倒入半量（700g）的芒果慕斯，用抹刀抹平。

② 平均撒上芒果丁，用抹刀輕壓埋入慕斯內（20）。放入急速冷凍櫃中冷藏10～15分鐘。

③ 芒果凍脫模，蓋在②上撕除OPP紙。用小刀在各處戳出氣孔，以抹刀壓緊使其確實密合（21）。

④ 倒入剩餘的芒果慕斯，抹平表面（22）。連同烤盤在工作台上輕敲幾下整平，放入急速冷凍櫃中冰凍。

⑤ 把脆皮麵團放在冷凍的泡芙外皮上（23）。放入關閉排氣孔，上火210℃，下火200℃的電烤箱中烤約4分鐘，打開排氣孔，溫度降到上火150℃，下火130℃再烤約50分鐘（24）。連同矽膠烤墊取出放在網架上置於室溫下放涼。
⑥ 將甜塔皮排在方盤上，用噴霧器噴上可可脂（份量外）。
⑦ 用噴槍稍微加熱④的框模，取出甜點。用稍微加熱過的平面蛋糕刀切除頭尾，再分切成8cm方形。放在⑥上，置於室溫下解凍（25）。

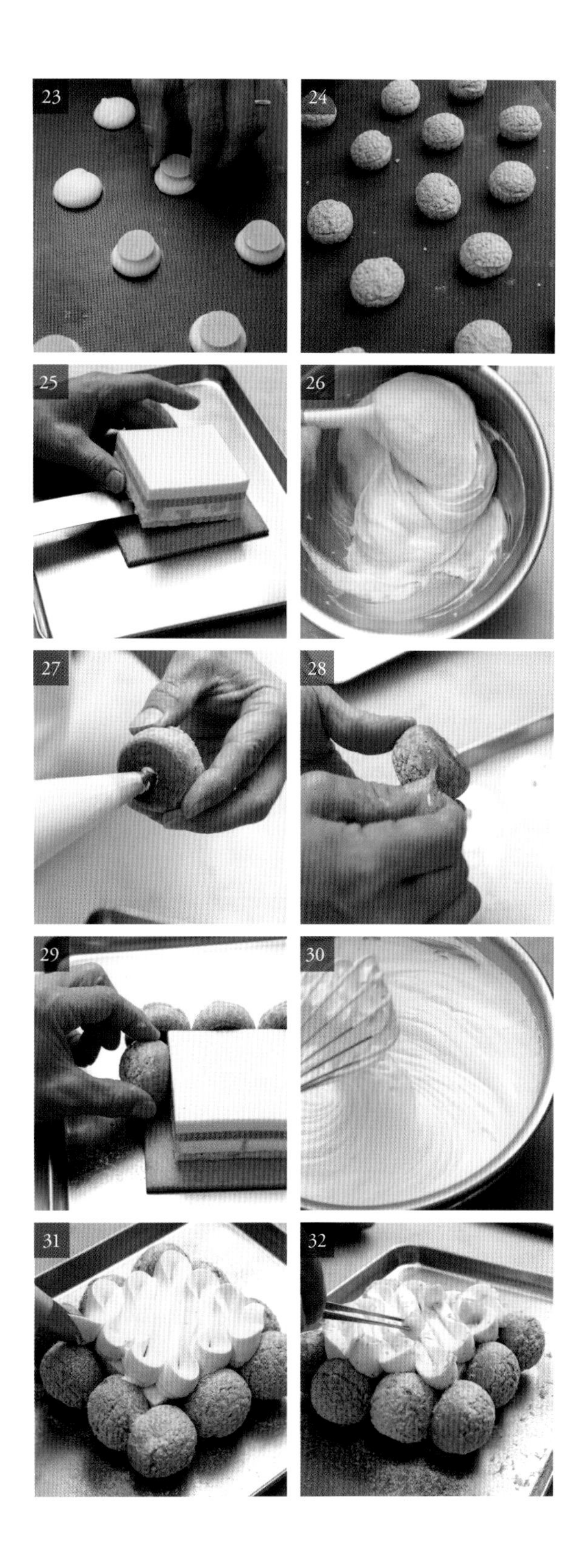

百香果奶油

① 作法參閱p.94〈百香果奶油〉①～④。

百香果卡士達醬

① 用橡皮刮刀分別將2種鮮奶油攪拌滑順。
② 用橡皮刮刀混拌①直到均勻一致（26）。放入冰箱冷藏直到鮮奶油稍微變硬。
＊須注意攪拌過度會失去彈性。因為百香果奶油中放了奶油，先靜置片刻回復硬度。

裝飾

① 泡芙底部用花嘴戳出5mm左右的孔洞。
② 把百香果卡士達醬倒入裝上口徑5mm圓形花嘴的擠花袋中，從①的孔洞擠入大量奶油直到填滿（每個15g・27）。擦掉溢出的奶油，排放在方盤上。
③ 表面撒上防潮糖粉。
④ 在錐形紙袋中倒入已加熱的杏桃果醬，擠出少許在泡芙側面的某1處和底部中央（28）。以此當成黏著劑，在〈組合〉中解凍的芒果慕斯側面共貼上10個（29）。把防潮糖粉撒在泡芙上。
⑤ 椰子香草香緹鮮奶油打到8分發（30），倒入裝上聖安娜花嘴的擠花袋中。像是要藏住芒果慕斯般，斜斜地來回移動擠出鮮奶油（31）。
⑥ 一邊將檸檬皮和萊姆皮磨成粗屑一邊撒在整體上。
⑦ 將透明果膠塗在切成1cm丁狀的芒果上，用鑷子四處放上即可（32）。

百香果為柔和的芒果味增添酸味，強化香氣。要是一起混拌，百香果的味道會蓋住芒果味，所以當成個別配料做好後再組合，既考量到協調性也呈現出味道的強弱有致。

É

clair Forêt-Noire

黑森林閃電泡芙

也可說是「新古典甜點」的潮流，「重溫經典Classiques Revisités」一下子在2010年左右流行起來。重新感受平常熟悉甜點的新組合，我覺得這樣的手法大概是我在法國工作時就已經萌芽，內心自然湧出自己也來試看看的念頭。於是2013年冬天，作為「夏日聖安娜」的後續改革作品，以重新架構法國傳統甜點的閃電泡芙為主題，誕生這款「黑森林閃電泡芙」。相較於「布列塔尼閃電泡芙」（p.134）的口味變化，這裡以法式小點的形象推出閃電泡芙。既然名稱冠上黑森林蛋糕就不能沒有酒香，所以除了Griotte櫻桃外還加了有濃郁白蘭地酒香的酒漬酸櫻桃，糖漿和櫻桃白蘭地鮮奶油也充滿醇厚酒味。中間夾入巧克力蛋糕體，泡芙也做成微苦的巧克力風味，企圖統一味道。從側面看層次整齊美麗，我想應該能表達出古典中帶時尚的趣旨吧。

從上到下
・酒漬酸櫻桃
・黑巧克力捲片
・巧克力泡芙皮
・櫻桃白蘭地鮮奶油
・酒漬酸櫻桃糖漿
・杏仁巧克力蛋糕體
・香料風味糖漬櫻桃
・酒漬酸櫻桃
・黑巧克力鮮奶油
・巧克力泡芙皮

材料　（15×4cm・20個份）

巧克力泡芙皮　Pâte à chou au chocolat
（15×4cm・80個份）
巧克力泡芙皮
- 牛奶　lait　250g
- 水　eau　250g
- 奶油*　beurre　225g
- 鹽　sel　5g
- 細砂糖　sucre semoule　10g
- 低筋麵粉　farine ordinaire　250g
- 可可粉　cacao en poudre　38g
- 全蛋　œufs entiers　500g

增豔蛋黃液　dorure　適量
＊奶油切成2cm丁狀。
＊低筋麵粉和可可粉混合過篩備用。

杏仁巧克力蛋糕體
Biscuit amande au chocolat
（57×37cm、高8mm的模板・1片份）
蛋黃　jaunes d'œufs　168g
蛋白 A　blancs d'œufs　72g
杏仁粉　amandes en poudre　168g
糖粉　sucre glace　168g
蛋白 B*　blancs d'œufs　312g
細砂糖　sucre semoule　75g
低筋麵粉　farine ordinaire　132g
可可粉　cacao en poudre　48g
融化的奶油　beurre fondu　60g
＊蛋白 B 充分冷藏備用。

黑巧克力鮮奶油
Crème au chocolat noir
調溫巧克力 A（苦甜，可可含量66%）
couverture noir　130g
調溫巧克力 B（苦甜，可可含量70%）
couverture noir　130g
牛奶　lait　250g
鮮奶油（乳脂肪35%）
crème fraîche 35% MG　250g
細砂糖　sucre semoule　50g
蛋黃　jaunes d'œufs　100g
＊調溫巧克力 A 使用「加勒比（Caraibe）黑巧克力」、B 使用「瓜納拉（Guanaja）黑巧克力（皆是法芙娜（Valrhona）的產品）。

酒漬酸櫻桃糖漿
Sirop à imbiber griottine au kirsch
香料風味糖漬櫻桃的糖漿
sirop de griottes macerées aux épices　160g
櫻桃白蘭地　kirsch　42g
基底糖漿（p.250）　base de sirop　42g
＊材料混合均勻。

櫻桃白蘭地鮮奶油　Crème kirsch
（每個使用45g）
卡士達醬（p.248）　crème pâtissière　200g
植物性凝結粉*　"gelée dessert"　4.3g
櫻桃白蘭地　kirsch　22g
鮮奶油（乳脂肪35%）
crème fraîche 35% MG　405g
＊使用DGF的「植物性凝結粉」。加了甜味和澱粉的果膠，不須泡水回軟，可以直接使用。

免調溫巧克力　pâte à glacé　適量
黑巧克力捲片（p.252）
copeaux de chocolat noir　適量
可可粉　cacao en poudre　適量
酒漬酸櫻桃　griottines　適量
香料風味糖漬櫻桃（p.264）
griottes macerées aux épices　350g
透明果膠　nappage neutre　適量

作法

巧克力泡芙皮

① 鍋中倒入牛奶、水、奶油、鹽和細砂糖，開大火加熱。
② 沸騰後關火，倒入所有的低筋麵粉和可可粉（1）。一邊讓麵粉吸收水分一邊用木鏟迅速用力混拌使麵團結塊。
③ 開中火，一邊混拌一邊加熱（2）。混拌到麵團不黏鍋底後離火（3）。
④ 放入攪拌盆中，用裝上平攪拌槳的攪拌機低速攪拌略為降溫。
⑤ 全蛋打散後留1/8的份量備用，剩下的分6次加入攪拌盆中，每次都要混拌到均勻一致（4）。要加入第4次和第6次的全蛋液前先暫停攪拌機，用刮鏟刮下黏在平攪拌槳和攪拌盆上的麵糊。
＊因為加了可可粉，若是混拌過度會出油。所以分次少量地慢慢混拌。

1

2

3

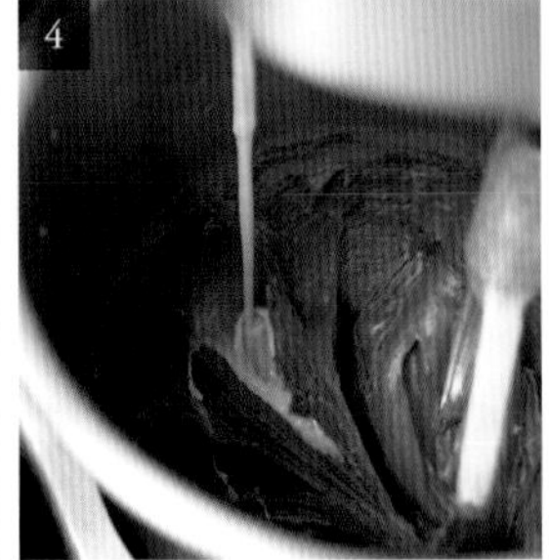
4

⑥　自攪拌機取下，用橡皮刮刀混拌整體。混拌到撈起時麵糊滑順地流動滴落，留在刮鏟上的麵糊呈完整的三角形即可（5）。如果麵糊太硬，加入少許預留的蛋液混拌調整。

⑦　把⑥放入裝上口徑15mm圓形花嘴的擠花袋中，擠成長13.5cm，寬2.5cm的棒狀。

＊把畫好寬13.5cm直線的畫紙放在烤盤上，再鋪上矽膠烤墊，沿著線長擠出麵糊。抽掉畫紙。

⑧　叉子輕輕沾水，輕壓表面後印出線條（6）。塗上一層薄薄的蛋黃液，放入急速冷凍櫃中冰凍。

＊先冷凍有助於穩定麵團，烘烤時能膨脹得漂亮。

⑨　放入關閉排氣孔，上火210℃，下火200℃的電烤箱中烤約3分鐘。打開排氣孔，溫度降到上火165℃，下火130℃再烤55～60分鐘（7）。連同矽膠烤墊取出放在網架上置於室溫下放涼。

杏仁巧克力蛋糕體

①　蛋黃和蛋白 A 打散，隔水加熱到40℃左右。

②　攪拌盆中放入①、混合均勻的杏仁粉和糖粉。用裝上平攪拌槳的攪拌機以低速稍微混拌，轉高速打發。打入空氣變得泛白後，慢慢地降速到中速、低速調整質地。倒入鋼盆中（8）。

＊調整成質地細緻的氣泡，做出紮實不易消泡的麵糊。

③　用另一台攪拌機高速打發冰冷的蛋白 B。在打到4分發、6分發、8分發時，各加入1/3量的細砂糖，打發成尾端挺立的蛋白霜（9）。

＊打發的標準請參閱p.21〈蛋白脆餅〉②。

④　取1/3量加到②中，用刮板稍微混拌。倒入已混合的低筋麵粉和可可粉，混拌至均勻一致（10）。加入剩餘的蛋白霜再混拌均勻（11）。

⑤　在約60℃的融化奶油中加入少許④，用打蛋器充分混拌。一邊倒回④中，一邊用刮板混拌到呈現少許光澤（12）。

⑥　把57×37cm、高8mm的模板放在矽膠烤墊上，倒入⑤鋪平。取下模板，連同矽膠烤墊一起放在烤盤上。

⑦　放入180℃的旋風烤箱中烤約15分鐘（13）。連同矽膠烤墊取出放在網架上置於室溫下放涼。

黑巧克力鮮奶油

①　2種調溫巧克力隔水加熱，融解約1/2。

②　銅鍋中倒入鮮奶油和牛奶煮沸。

③　同時用打蛋器攪拌蛋黃和細砂糖。

④　取1/3量的②倒入③中用打蛋器攪拌（14）。再倒回銅鍋中開小火加熱，一邊用刮鏟攪拌一邊煮到82℃（安格列斯醬／15）。

＊因為水分含量高於蛋黃，不要一次加熱到底以小火慢煮。

⑤　過濾到①中，用打蛋器從中間開始攪拌，慢慢地往外移動直到整體混拌均勻一致（16）。

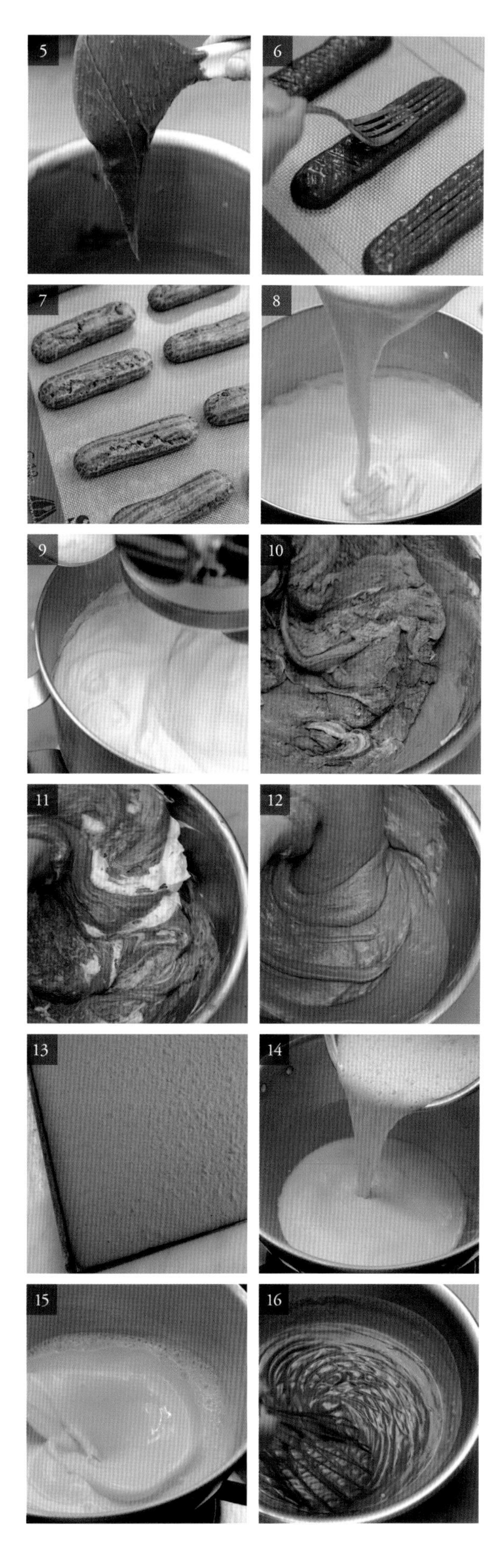

⑥　倒入深容器中，用攪拌棒攪拌到光澤滑順的乳化狀態（17）。放涼到室溫後蓋上蓋子，送進冰箱靜置一晚。

櫻桃白蘭地鮮奶油

①　作法參閱p.51〈櫻桃白蘭地鮮奶油〉①～⑤。
②　把畫了閃電泡芙尺寸（長13.5cm、寬4cm）的畫紙放在烤盤上，再蓋上OPP紙。將①放入裝了口徑12mm圓形花嘴的擠花袋中，沿著線條先擠出外圈，再擠上一條填滿中間（18）。抽走畫紙，放入急速冷凍櫃中冰凍。

裝飾

①　用鋸齒刀切掉杏仁巧克力蛋糕體的表面烤皮。切除頭尾，再分切成12.5×2.5cm（19）。
②　用鋸齒刀沿著高1.8cm的鐵棒切開巧克力泡芙皮（20）。
③　黑巧克力鮮奶油用抹刀等工具攪拌滑順（21）。在底部的泡芙皮上各填滿45g。中間略凹。
④　將香料風味糖漬櫻桃和酒漬酸櫻桃放在廚房紙巾上吸乾水分。交錯排在③的凹陷處（糖漬櫻桃5顆、酒漬酸櫻桃4顆／22）。
⑤　將剩餘的黑巧克力鮮奶油放入裝上口徑9mm圓形花嘴的擠花袋中，在④上擠出直線。
⑥　在①的蛋糕體兩面及側面刷上大量的酒漬酸櫻桃糖漿（23）。放在⑤上，輕壓使其貼合（24）。
⑦　放上櫻桃白蘭地鮮奶油，輕壓使其貼合。放進冰箱直到表面除霜。
⑧　將免調溫巧克力裝入錐形紙袋中，擠出少許在黑巧克力捲片上，黏在泡芙上。均勻撒滿可可粉（25）。
＊在兩側及中央放上黑巧克力捲片，放置的位置可以移動。
⑨　用廚房紙巾吸乾酒漬酸櫻桃的水分，泡在透明果膠中再吸除多餘部分（26）。用小刀在⑧的捲片間各削掉1小塊以錐形紙袋擠上免調溫巧克力，再擺上酒漬櫻桃（27）。
⑩　從冰箱取出⑦撒上可可粉（28），再放上⑨即可。

決定味道的重要因素是讓蛋糕體吸飽大量糖漿，但是要夾進泡芙內必須視情況調整用量。充分沾濕到蛋糕體不碎裂、糖漿不溢出的程度。

Éclair Mont-Blanc
蒙布朗閃電泡芙

「蒙布朗閃電泡芙」是第2款重新組合法國傳統甜點閃電泡芙的作品，於2015年秋天製作。比「黑森林閃電泡芙」（p.176）更進一步地脫離閃電泡芙的外觀原型，不放橫切開來的上層泡芙皮，只用下層泡芙皮。從鮮奶油到蛋白霜，將道地的蒙布朗味道和造型原封不動地搬到閃電泡芙上。栗子奶油捨棄日本栗子改選歐洲栗子。歐洲栗子的野生風味強烈，我覺得相當適合法國甜點蒙布朗。結合柚子的靈感來自喜歡的旅館所端出的最後一道日本料理栗金飩。加在柚子中不會喧賓奪主，飄散輕柔香氣的鹹梅，那美好高雅的清爽味讓我印象深刻，內心暗想有機會時也要如法炮製一番（對我而言，相較於西式甜點，較常從日本料理和日式甜點中得到靈感）。在閃電泡芙底部擠入少許的柚子醬，提升香氣與酸味，和滋味厚重的栗子與香酥泡芙融合，餘味溫和綿延。

從上到下
- 糖漬柚子皮
- 栗子奶油
- 香草風味香緹鮮奶油
- 義式蛋白霜
- 柚子醬
- 栗子慕斯
- 糖蜜栗子
- 泡芙外皮

蒙布朗閃電泡芙　Éclair Mont-Blanc

材料　（15×4cm・20個份）

糖蜜栗子　Compote de marrons
（容易製作的份量）
熟栗仁　marron cuits
- 水　eau　1250g
- 牛奶　lait　375g
- 栗子（去皮）*　500g

水　eau　375g
細砂糖　sucre semoule　190g
香草莢　gousse de vanille　1根

義式蛋白霜　Meringue à la italienne
（容易製作的份量）
細砂糖 A　sucre semoule　250g
水　eau　62g
蛋白*　blancs d'œufs　100g
細砂糖 B　sucre semoule　50g
杏仁粉　amandes en poudre　30g
糖粉　sucre glace　適量
*蛋白充分冷藏備用。

柚子醬（p.188）　Confiture de yuzu
約160g

泡芙外皮　Pâte à chou
（p.172。15×4cm・20個份）約750g

栗子慕斯　Mousse aux marrons
（每個使用20g）
栗子膏*　pâte de marrons　110g
栗子奶油　crème de marrons　125g
干邑白蘭地　Cognac　35g
吉利丁片　gélatine en feuilles　4.5g
鮮奶油（乳脂肪35%）
crème fraîche 35% MG　350g
*栗子膏回復室溫備用。

香草風味香緹鮮奶油
Crème Chantilly à la vanille
（每個使用20g）
鮮奶油（乳脂肪40%）
crème fraîche 40% MG　400g
糖粉　sucre glace　12g
香草粉　vanille en poudre　3g

栗子奶油　Crème de marrons
（每個使用50g）
糖蜜栗子　compote de marrons　280g
栗子膏*　pâte de marrons　145g
奶油　beurre　56g
糖粉　sucre glace　6g
水飴　glucose　15g
*栗子膏回復室溫備用。

增豔蛋黃液　dorure　適量
糖漬栗子*　confit de marrons　160g
*切成5mm小丁。
防潮糖粉（p.264）　sucre décor　適量
糖漬柚子皮（市售品）
confits zests de yuzu　適量
金箔　feuilles d'or　適量

作法

糖蜜栗子

① 製作熟栗仁。鍋中放入水、牛奶和栗子開火加熱，煮沸後轉小火維持稍微沸騰的狀態煮約10分鐘。
*栗子裂開的話味道會偏淡，所以用小火細細熬煮。
② 輕輕地放在篩網上瀝乾水分（1）。
③ 鍋中倒入水、細砂糖、香草籽和香草莢，用橡皮刮刀一邊混拌一邊煮滾。
④ 把②的栗子放入鋼盆中，倒入③（2）。包上保鮮膜置於室溫下放涼，再放進冰箱浸漬一晚。

義式蛋白霜

① 銅鍋中放入細砂糖 A 和水，開火加熱，熬煮到118℃。
② 當①到達90度後，攪拌盆中放入蛋白和細砂糖 B，用攪拌機高速打到5分發。
③ 將①分次少量地倒入②中，高速打發（3）。倒完後降到低速，繼續攪拌到溫度降至室溫左右（4）。
*若是一口氣將糖漿倒入打到5分發的蛋白中，糖漿會堆積在鋼盆底部。另外，盡量不要打入氣泡，以低速邊攪拌邊冷卻，做出細緻黏稠的蛋白霜。

1

2

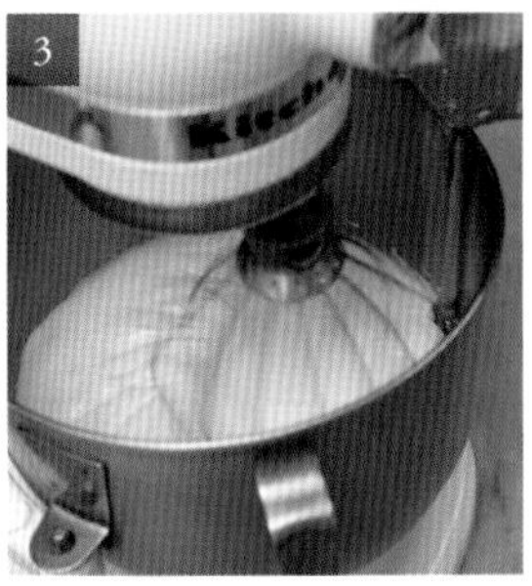
3

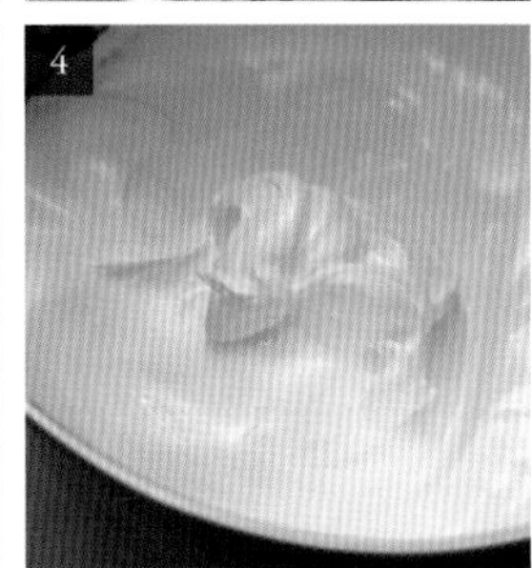
4

④　自攪拌機取下，加入杏仁粉用橡皮刮刀混拌均勻（5）。

⑤　把④倒入裝上口徑10mm圓形花嘴的擠花袋中，在線上擠出和花嘴等寬的的條狀蛋白霜。

＊把畫好長11cm線條的畫紙鋪在烤盤上，再蓋上烘焙紙，擠在上面。再抽離畫紙。

⑥　輕撒上糖粉，放入上火120℃・下火100℃的電烤箱中烤約1小時。直接放在烤箱中以餘溫乾燥一晚（6）。放入密閉容器中保存。

泡芙外皮

①　把泡芙麵糊放入裝上口徑15mm圓形花嘴的擠花袋中，擠成長13.5cm、寬2.5cm的條狀。

＊把畫好長13.5cm線條的畫紙鋪在烤盤上，再蓋上烘焙烤墊，沿著線的範圍擠出麵糊。再抽離畫紙。

②　叉子稍微沾水，按壓表面留下線條（7）。塗上一層薄薄的增豔蛋黃液，放入急速冷凍櫃中冰凍。

＊先冷凍有助於穩定麵團，烘烤時能膨脹得漂亮。

③　放入關閉排氣孔，上火210℃，下火200℃的電烤箱中烤約4分鐘。打開排氣孔，溫度降到上火150℃，下火130℃再烤約60分鐘（8）。連同矽膠烤墊取出放在網架上置於室溫下放涼。

栗子慕斯

①　用裝上平攪拌槳的攪拌機高速攪拌栗子膏至滑順泥狀。用橡皮刮刀刮淨平攪拌槳和攪拌盆。

②　栗子奶油分4次加到①中（9），每次都用中速攪拌到滑順狀態。

③　干邑白蘭地加熱到40℃左右，一邊分次少量地加到②中一邊攪拌至均勻一致（10）。檢查沒有結塊殘留後，移入鋼盆中。

④　鋼盆中放入軟化的吉利丁片，用刮板加入一勺③，用打蛋器充分拌勻。再加入一勺攪拌到均勻一致。倒回③中，用橡皮刮刀混合均勻（11）。

⑤　鮮奶油打到6分發，每次取1/3量倒入④中，用橡皮刮刀混合均勻（12、13）。

香草風味香緹鮮奶油

①　鮮奶油中加入糖粉、香草粉，用攪拌機高速打到6分發。

②　使用前再用打蛋器充分打發（14）。

組合

①　用鋸齒刀沿著2cm高的鐵棒切除泡芙外皮的表面烤皮。用手指壓平泡芙內部，做成杯狀（15）。

＊如果內部麵餅太多，可以挖除少許。

②　在①的底部放入1顆切成8塊的糖蜜栗子。

③　把栗子慕斯倒入裝上口徑14mm圓形花嘴的擠花袋中，大量擠入直到與泡芙皮等高（16）。用抹刀抹平，中央稍微壓凹。

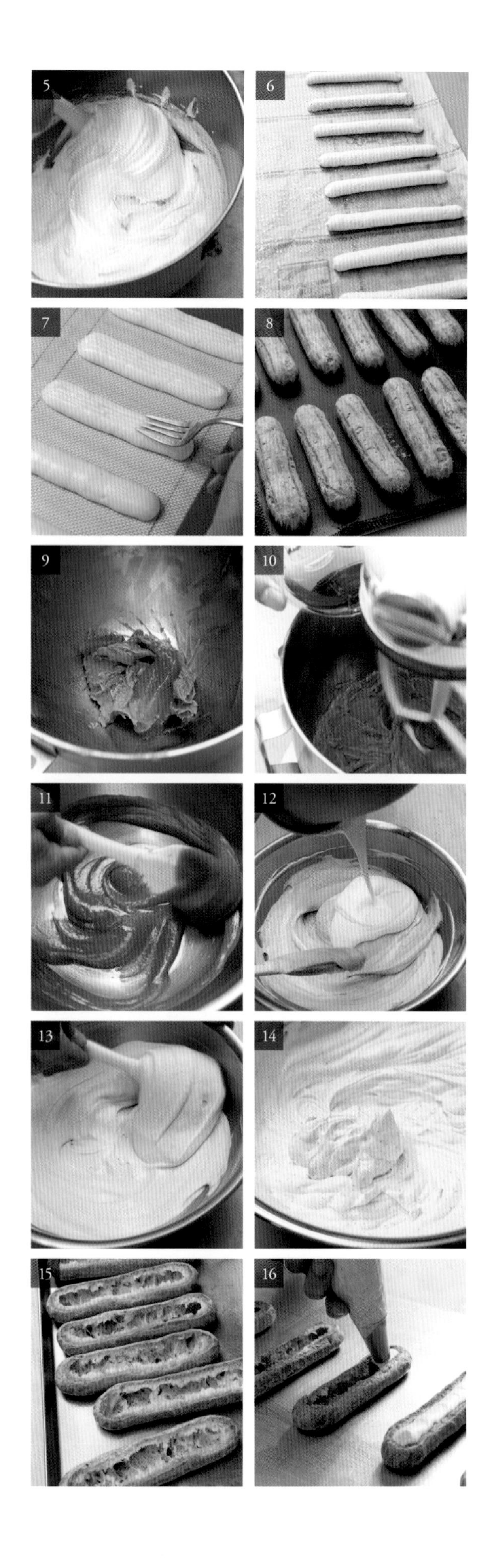

④　把柚子醬放入裝上口徑5mm圓形花嘴的擠花袋中，擠在③的中間。放上義式蛋白霜輕壓（17）。

⑤　用抹刀挖取香草風味香緹鮮奶油，沿著蛋白霜塗抹。抹刀從上滑到下刮除多餘的鮮奶油，整成山形（18）。放入冰箱稍微冷藏。

栗子奶油

①　糖蜜栗子瀝乾水分濾成鬆散狀（19）。

②　攪拌機裝上平攪拌槳高速攪拌栗子膏，呈滑順泥狀。用橡皮刮刀刮淨黏在平攪拌槳和攪拌盆上的栗子膏。

③　奶油軟化呈乳霜狀，取半量加到②中，用攪拌機高速混拌。拌勻後加入剩下的奶油，繼續混拌。加入糖粉和水飴，混拌均勻一致（20）。

④　把①放入③中轉高速混拌。先用橡皮刮刀刮下黏在平攪拌槳和攪拌盆上的奶油，再混拌到均勻一致（21）。

⑤　把④放入裝上蒙布朗花嘴的擠花袋中。先試擠一次，確認是否能擠出乾爽不斷裂的漂亮奶油。

＊斷掉的話，加入鮮奶油用攪拌機混拌調整。

⑥　在事先冷藏的泡芙上，斜斜地來回擠滿細奶油條覆蓋整體（22）。

裝飾

①　將防潮糖粉輕撒在擠出的栗子奶油上。

②　用鑷子放上糖漬柚子皮，閃電泡芙前端黏上金箔裝飾即可（23）。

栗子奶油大多添加自製糖蜜栗子製成的栗子醬，充分發揮其風味。但是，只加栗子醬質感會乾硬，甜味也淡，所以搭配栗子膏和適量的奶油與水飴來保持濕潤度。

Tarte pomme yuzu
香柚蘋果塔

「香柚蘋果塔」是2015年冬季誕生的甜點。我想以盤飾甜點的設計為基礎，擺放果凍和糖煮水果，進一步將水潤感帶進塔皮小點中。切成大塊的糖煮蘋果雖然靈感來自反轉蘋果塔，但烘烤的溫度沒有那麼高，和柚子汁一起放入烤箱中慢慢細烘。完成後，利用蘋果汁加柚子醬製成的清涼果凍，增添柔軟度，放在塔皮上。這裡須注意自水果流出的水分。如果糖煮時的火候不夠，在果實內還留有多餘水分的情況下加入吉利丁凝固，隨著時間經過會從果實中滲出水分造成果凍散開。必須考量形狀的持久性是製作法式小點的困難處。充分烘烤的同時，再透過不加吉利丁改用易吸收水分的果膠粉的方式來抑制出水。加上有別於吉利丁的入口即化滑嫩口感，應該更能充分品嚐到豐富的果實味。

從上下
- 閃亮透明果膠
- 香柚蘋果凍
- 柚子風味的糖煮蘋果
- 杏仁奶油餡
- 柚子醬
- 甜塔皮

材料　（直徑6.5cm・20個份）

柚子醬　Confiture de yuzu
（容易製作的份量，每個使用8g）
柚子果泥　purée de yuzu　290g
細砂糖 A　sucre semoule　150g
NH 果膠粉　pectine　8g
細砂糖 B　sucre semoule　50g
吉利丁片　gélatine en feuilles　3g

甜塔皮（p.82）　Pâte sucrée
約400g
（每個使用20g）

杏仁奶油餡（p.250）　Crème frangipane
約480g
（每個使用20g）

柚子風味糖煮蘋果　Pomme rôti au yuzu
蘋果（富士）　pommes　1000g
細砂糖 A　sucre semoule　84g
柚子果泥　purée de yuzu　210g
焦糖*　caramel　84g
- 水　eau　50g
- 細砂糖 B　sucre semoule　200g
- 水飴　glucose　20g

香草莢　gousse de vanilla　0.8根
＊焦糖材料的用量是容易製作的份量。從中取用100g。

香柚蘋果凍
Gelée de pomme et de yuzu
（每個使用30g）
蘋果（富士）　pomme　約3個*
柚子果泥　purée de yuzu　63g
檸檬汁　jus de pomme　6.2g
蘋果汁（市售）　jus de pomme　125g
細砂糖 A　sucre semoule　73g
NH 果膠粉*　pectine　4g
細砂糖 B*　sucre semoule　22g
吉利丁片　gélatine en feuilles　15.7g
蘋果白蘭地　Carvados　7.5g
＊用果汁機打完後的汁液份量需有405g。不夠的話再增加蘋果用量。
＊NH果膠粉和細砂糖 B 混合均匀備用。

閃亮透明果膠（p.258）
nappage "sublimo"　適量

作法

柚子醬

① 銅鍋中放入柚子果泥和細砂糖 A 開大火加熱，用打蛋器一邊攪拌一邊煮沸。

② NH果膠粉和細砂糖 B 混合均匀加入①中充分攪拌（1），熬煮到糖度65% Brix。

③ 關火加入吉利丁片，用橡皮刮刀攪拌溶解（2）。

④ 倒入方盤中（3），包上保鮮膜貼緊。置於室溫下放涼後放進冰箱保存。

甜塔皮

① 輕輕揉捏麵團，軟化後整成四方形。放進壓麵機每次轉90度壓成2.75mm厚。

② 用比慕斯圈大兩圈的圓模（直徑8.5cm）分切。放入冰箱靜置約30分鐘讓麵團硬化方便作業。

③ 把②鋪入直徑6.5×高1.7cm的慕斯圈內（塔皮入模→p.265），放入冰箱靜置30分鐘（4）。

組合1

① 把鋪上甜塔皮的慕斯模排在鋪好網狀矽膠烤墊的烤盤上。柚子醬放入沒裝花嘴的擠花袋中，前端剪細在塔皮上擠入10g呈極薄漩渦狀（5）。用抹刀抹平。

② 把杏仁奶油餡放入裝上口徑17mm圓形花嘴的擠花袋中，填入①中直到8分滿（6）。

③ 放入170℃的旋風烤箱中烤約30分鐘（7）。
＊中途可脫模或移到上層等調整烘烤狀態。
④ 脫模，稍微降溫後倒扣置於室溫下放涼。

柚子風味糖煮蘋果

① 製作焦糖。銅鍋中放入水、細砂糖B和水飴混合後開火加熱。上色後搖動鍋子融合整體，冒出煙後關火利用餘熱加深色澤（8）。
② 倒在矽膠烤墊上，盡量推薄。置於室溫下硬化，切成適當大小（9）。和乾燥劑一起放進密閉容器中保存。
③ 蘋果去皮挖除果核，縱切成8等份排在深方盤上。在整體依次撒上細砂糖A、柚子果泥，放上縱向剖開的香草莢，放上②（10）。
＊為了避免糖煮蘋果沾上香草纖維，僅縱向剖開香草莢使用。
④ 蓋上蓋子放入180℃的電烤箱烤約1小時。取出每一片都用抹刀翻面。拿開蓋子再烤約1小時。置於室溫下放涼，放進冰箱靜置一晚（11）。

香柚蘋果凍

① 蘋果去皮，挖除果核切成16等份。分次少量地放入果汁機中打碎，用錐形濾網過濾。留在錐形濾網上的蘋果也要確實過濾（12）。
② ①的液體取405g倒入鋼盆中，加入柚子果泥、檸檬汁和蘋果汁用橡皮刮刀混拌（13）。放入微波爐加熱到50℃左右。
③ 銅鍋中放入半量的細砂糖A，開中火加熱。從周圍開始溶解後加入剩餘砂糖，溶解到相當程度後用打蛋器攪拌。煮上色後關火用餘溫加熱成深紅褐色。
＊一旦關火整體就會冒出細小泡泡，然後沉澱。
④ 分次少量地加入②（14）。開火一邊攪拌一邊煮沸。加入已混合的NH果膠粉和細砂糖，續煮1分鐘攪拌溶解。
⑤ 關火加入吉利丁片攪拌溶解。倒入鋼盆中墊著冰水一邊用橡皮刮刀不停地攪拌一邊降溫到35℃。加入蘋果白蘭地混合均勻（15）。

組合2、裝飾

① 把香柚蘋果凍裝入充填器中，在直徑6cm、高2.5cm的圓形矽膠模上各倒入少許。
② 各放上3塊柚子風味糖煮蘋果，用抹刀排放整齊，輕輕壓平表面。
③ 緩緩地倒入剩餘的果凍直到低於模型邊緣5mm處（16）。放入急速冷凍櫃中冰凍。
④ 手指輕壓〈組合1〉塔皮內的杏仁奶油餡邊緣，整平表面。
⑤ 把網架放在烤盤上，擺上脫模的③。繞圈淋滿閃亮透明果膠（17）。除去堆積在底部的果膠。用抹刀放在④上即可（18）。

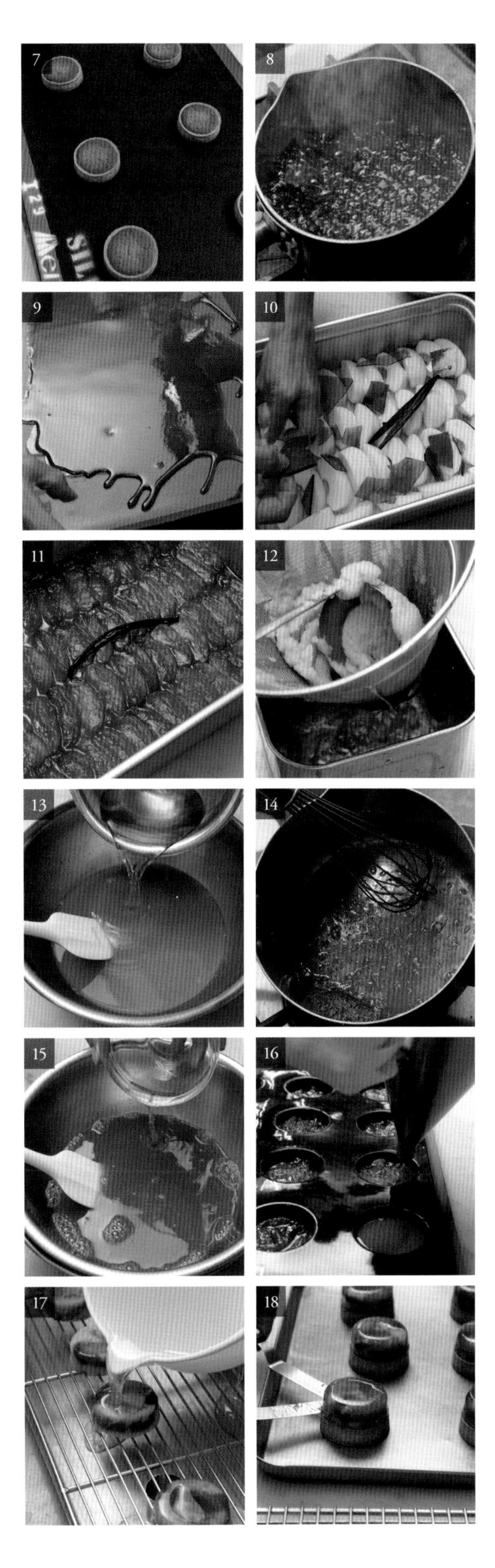

Éclair printanier
春日閃電泡芙

這款甜點誕生於2016年春季，是以喜愛的素材隨意組合而成的閃電泡芙創作首部曲。以春日為題材，主角是漂亮的嫩綠色開心果和味道酸甜的Griotte櫻桃，泡芙內填滿和開心果相當對味的黑巧克力鮮奶油。為了呈現春日柔和的感覺，上面放了芳香馥郁的白蘭地酒漬酸櫻桃，內餡只放了味道清香的香料覆盆子糖漬櫻桃。烤得酥脆的脆皮泡芙也是美味重點。喀茲喀茲的宜人口感，和充分打發的輕柔香緹鮮奶油搭配得恰到好處。裝飾方面以小巧可愛的食用花卉和櫻桃一起呈現出春季野外風景。不會影響到味道，我覺得可以作為類似金箔點綴的表現手法之一。

春日閃電泡芙　Éclair printanier

材料　（15×4cm・20個份）

泡芙外皮（p.173） Pâte à chou
約750g
增豔蛋黃液　dorure　適量

脆皮麵團　Pâte à sutreusel
（容易製作的份量）
初階糖　vergeoise　125g
色粉（綠）　colorant vert　0.1g
色粉（黃）　colorant jaune　0.2g
奶油　beurre　100g
低筋麵粉　farine ordinaire　125g

黑巧克力鮮奶油（p.179）
Crème au chocolat noir　約900g
（每個使用45g）

Griotte櫻桃果醬（p.82）
Confiture de griotte　約160g
（每個使用8g）

香料風味糖漬櫻桃（p.264）
Griottes macerées aux épices　140顆

開心果風味香緹鮮奶油
Crème Chantilly à la pistache
（每個使用50g）
開心果醬 A　pâte de pistache　24g
開心果醬 B　pâte de pistache　24g
鮮奶油（乳脂肪40%）
crème fraîche 40% MG　853g
細砂糖　sucre semoule　100g
＊開心果醬 A 使用Fouga的「開心果醬」，開心果醬 B 使用Sevarome的「開心果泥」。

酒漬酸櫻桃　griottines　適量
杏桃果醬　confiture d'abricot　適量
食用花卉＊　fleur comestible　適量
透明果膠　nappage neutre　適量

作法

泡芙外皮

① 依照p.136〈泡芙外皮〉①～③的要領擠出麵糊並冷凍。

脆皮麵團

① 在初階糖中加入色粉，用手掌充分搓拌均勻。參閱p.173〈脆皮麵團〉的①～⑤製作麵團，擀成1.75mm厚放在烤盤上。
② 切成13×2cm。邊角切圓，放入冰箱靜置。
＊因為麵團質地鬆散易碎，盡量小心謹慎地作業。

組合1

① 把脆皮麵團放在冷凍的泡芙外皮上。
② 放入關閉排氣孔，上火210℃，下火200℃的電烤箱中烤約4分鐘。打開排氣孔，溫度降到上火160℃，下火130℃再烤約60分鐘。連同矽膠烤墊取出放在網架上置於室溫下放涼。

開心果風味香緹鮮奶油

① 攪拌盆中放入2種開心果醬，加入少許鮮奶油用橡皮刮刀混拌融合。分3次倒入剩餘的鮮奶油，每次都要混拌均勻。
② 加入細砂糖，用攪拌機轉高速充分打發。

組合2、裝飾

① 用鋸齒刀配合高1.8cm的鐵棒切開泡芙外皮。
② 黑巧克力鮮奶油用抹刀等工具攪拌滑順。在底部的泡芙皮上各填入45g，中間略凹。
③ 把香料風味糖漬櫻桃放在廚房紙巾上吸取多餘水分。在②的凹陷處各排入7顆。
④ 把酸櫻桃果醬放入沒有裝花嘴的擠花袋中，在③上各擠入8g呈直線狀。
⑤ 把開心果香緹鮮奶油放入裝上10齒8號星形花嘴的擠花袋中，在④上反覆擠出7個螺旋狀（每個泡芙約擠50g）。
⑥ 用小刀在上層泡芙皮上刮薄2處。蓋在⑤上。
⑦ 把酒漬酸櫻桃排在廚房紙巾上吸取多餘水分。泡在透明果膠中滴除多餘部分，底部擠上少許杏桃果醬。放在⑥的削薄處。
⑧ 在食用花卉底部也塗上杏桃果醬，放在泡芙皮上裝飾即可。

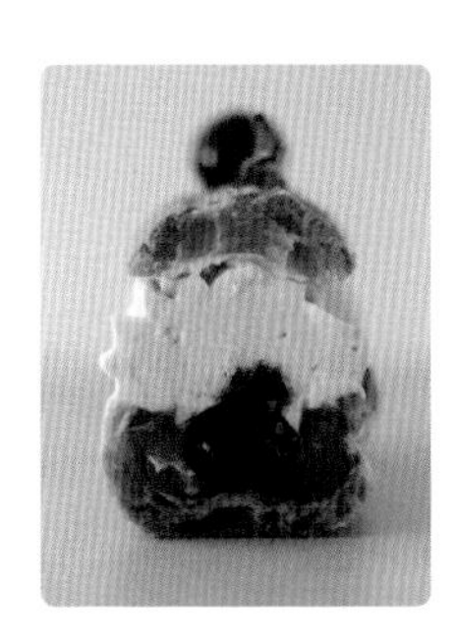

從上到下
・食用花卉
・酒漬酸櫻桃
・脆皮
・泡芙外皮
・開心果香緹鮮奶油
・酸櫻桃果醬
・香料風味糖漬櫻桃
・黑巧克力鮮奶油
・泡芙外皮

antation fraise
草莓誘惑

「草莓誘惑」是我打算做款不厚重的巧克力塔，由此衍生而出的現代輕薄塔點系列。結合該理念和呈現水潤感的想法，於2016年春天做出「草莓誘惑」。以隔水加熱的方式煮草莓，利用流出的果汁凝固成凍，疊放在甘納許和草莓慕斯上。每一層都薄薄的，味道和口感都很細緻輕盈，擁有前所未見的塔點新魅力。外觀方面是鮮豔紅色搭配晶瑩亮光的美麗單品。做出薄層甘納許的靈感源自於做出極薄夾心巧克力的生巧克力。我很喜歡那在舌尖上瞬間消逝的細緻融化口感。

從上到下
- 食用花卉
- 草莓香緹鮮奶油
- 糖煮草莓
- 草莓風味巧克力慕斯
- 草莓甘納許
- 甜塔皮

草莓誘惑　Tantation fraise

材料　（直徑8.5cm・30個份）

甜塔皮（p.82）　Pâte sucrée
（每個使用20g）
約600g

糖煮草莓　Compote de fraise
（每個使用35g）
草莓（冷凍）*　fraises　980g
細砂糖 A　sucre semoule　140g
NH 果膠粉*　pectine　10g
細砂糖 B*　sucre semoule　140g
吉利丁片　gélatine en feuilles　14g
*使用Boiron的波蘭草莓，味道濃郁。
*NH果膠粉和細砂糖 B 混合均勻備用。

草莓風味巧克力慕斯
Mousse chocolat à la fraise
（每個使用20g）
調溫巧克力 A（苦甜，可可含量67%）
couverture noir　90g
調溫巧克力 B（牛奶，可可含量40%）
couverture au lait　54g
草莓果泥　purée de fraise　105g
鮮奶油 A（乳脂肪35%）
crème fraîche 35% MG　60g
奶油　beurre　14g
蛋黃　jaunes d'œufs　28g
細砂糖　sucre semoule　28g
鮮奶油 B（乳脂肪35%）
crème fraîche 35% MG　315g
*調溫巧克力 A 使用「孟加里（Mangari）黑巧克力」、B 使用「吉瓦納牛奶巧克力（Jivara Lactee）」（皆是法芙娜（Valrhona）的產品）。

草莓甘納許　Ganache fraise
（每個使用15g）
調溫巧克力*（苦甜，可可含量67%）
couverture noir　218g
鮮奶油（乳脂肪35%）
crème fraîche 35% MG　130g
轉化糖　trimoline　35g
奶油　beurre　57g
草莓白蘭地　eau-de-vie de fraise　17g
*調溫巧克力使用法芙娜（Valrhona）的「孟加里（Mangari）黑巧克力」。

草莓香緹鮮奶油
Crème Chantilly à la fraise
鮮奶油（乳脂肪40%）
crème fraîche 40% MG　150g
草莓果泥　purée de fraise　30g
糖粉　sucre glace　7.5g

透明果膠　nappage neutre　適量
食用花卉　fleur comestibl　適量

作法

甜塔皮

① 輕輕揉捏麵團，軟化後整成四方形。放進壓麵機每次轉90度壓成2.25mm厚。

② 放在烤盤上送進冰箱靜置約30分鐘讓麵團硬化方便作業。

③ 用直徑8.5cm的圓模切取，排在鋪了網狀矽膠烤墊的烤盤上。放入160℃的旋風烤箱中烤12～15分鐘。置於室溫下放涼。

糖煮草莓

① 鋼盆中放入冷凍草莓，撒上細砂糖包好保鮮膜靜置片刻。

② 連同鋼盆泡在正稍微沸騰的熱水中1個半小時（1）。直到流出果汁，草莓軟化即可。包上保鮮膜貼緊，置於室溫下放涼後放進冰箱靜置一晚。

③ 利用錐形濾網分離汁液和果肉，直接放著靜置片刻自然濾出汁液（2）。果肉用小刀對半直向切開。

④ 把草莓果汁倒入銅盆中，開中火加熱。沸騰後一邊分次少量地倒入混合備用的果膠粉和細砂糖，一邊用打蛋器攪拌充分熬煮溶解。

⑤ 再次沸騰後加入草莓果肉，用刮鏟混拌。沸騰後再熬煮約2分半鐘關火。加入吉利丁片攪拌溶解（3）。倒入鋼盆中。

⑥ 在直徑7.5cm、高1.8cm的慕斯圈底部包上保鮮膜拉撐並用橡皮筋固定。排放在烤盤上，用湯匙各倒入35g的⑤（4）。放入急速冷凍櫃中冰凍。

＊各放6～7塊草莓果肉。

草莓風味巧克力慕斯

① 2種調溫巧克力隔水加熱，融解1/2左右。

② 銅鍋中放入草莓果泥、鮮奶油A和奶油開火加熱，一邊攪拌一邊煮沸。

③ 用打蛋器攪拌蛋黃和細砂糖直到溶解。

④ 取1/3量的②倒入③中，用打蛋器充分攪拌。再倒回銅鍋中開中火加熱，用刮鏟一邊攪拌一邊煮到82℃（安格列斯醬）。

＊快到指定溫度前就關火，一邊攪拌一邊用餘溫加熱。

⑤ 過濾到①中，用打蛋器從中間開始攪拌，慢慢地往周圍移動直到整體攪拌均勻。

⑥ 倒入深容器中，用攪拌棒攪拌成光澤滑順的乳化狀態。移到鋼盆中。

⑦ 鮮奶油打到6分發，取1/4的量加入⑥中用打蛋器充分攪拌。再倒回剩餘的鮮奶油中，稍微攪拌後換拿橡皮刮刀混拌至均勻一致。

⑧ 倒入裝上口徑9mm圓形花嘴的擠花袋中，在冷凍的糖煮草莓上各擠入20g呈漩渦狀。慕斯圈在工作台上輕敲幾下整平後，放入急速冷凍櫃中冰凍（A）。

草莓甘納許

① 調溫巧克力隔水加熱融解1/2左右。

② 鮮奶油加轉化糖煮沸。注入①中，用打蛋器從中間開始攪拌，慢慢地往周圍移動攪拌整體。

③ 倒入深容器中，用攪拌棒攪拌成光澤滑順的乳化狀態。

④ 加入軟化成乳霜狀的奶油，用橡皮刮刀稍微混拌。再用攪拌棒攪拌成光澤滑順的乳化狀態。倒入草莓白蘭地，用攪拌棒攪拌到滑順的乳化狀態。

⑤ 在冷凍的A上各倒入15g，用抹刀迅速抹平。放入急速冷凍櫃中冰凍。

＊因為塗在冷凍配料上甘納許很容易變硬，塗抹多次會造成油水分離因此要迅速抹開。

組合

① 在方盤上貼保鮮膜，排好甜塔皮後用噴霧器噴上可可脂（份量外）。

② 撕除〈糖煮草莓〉⑥的保鮮膜，在糖煮草莓的表面塗上一層薄薄的透明果膠。用手溫熱慕斯圈後脫模，放在①上。

草莓香緹鮮奶油

① 鋼盆中倒入所有材料，用打蛋器充分打發。

裝飾

① 茶匙稍微加熱，挖取草莓香緹鮮奶油整成橄欖形放在甜點上。以食用花卉裝飾即可。

Miroir pêche verveine
蜜桃馬鞭草鏡面蛋糕

白桃和馬鞭草是我相當喜歡的組合之一，可以感受到柔和香甜的果實味與宜人的清涼感。除了果醬外，也會做成夏日單品的甜點杯。

2016年夏季誕生的「蜜桃馬鞭草鏡面蛋糕」，更進一步地取出玻璃杯中的水潤甜點，做成法式小點。雖然裡面放了果凍的圓頂甜點很常見，但將果凍拿到外層覆蓋表面，能提升入口時的新鮮多汁感。果凍內加了大量白桃果泥，同時放了吉利丁和果膠粉作出果感十足、入口即化的口感，和裡面輕柔的慕斯搭配得均衡得宜。我非常喜歡圓潤優雅的白桃果凍散發出清新馬鞭草香氣的柔和混搭感。和糖煮蜜桃相差無幾的造型也好，在口中瞬間擴散開的水潤果實感也好，總覺得自己脫離了甜點師傅，能做出盤飾甜點般的點心。

從上到下
・馬鞭草葉
・白桃果凍
・白桃慕斯
・馬鞭草巴伐利亞奶油
・喬孔達蛋糕

蜜桃馬鞭草鏡面蛋糕　Miroir pêche verveine

材料　（直徑7cm、高4cm的圓頂模・24個份）

喬孔達蛋糕　Biscuit Joconde
（57×37cm、高1cm的模板・1片份）
全蛋　œufs entiers　330g
轉化糖　trimoline　19g
杏仁粉　amandes en poudre　247g
糖粉　sucre glace　199g
低筋麵粉　farine ordinaire　68g
蛋白*　blancs d'œufs　216g
細砂糖　sucre semoule　33g
融化的奶油　beurre fondu　49g
*蛋白冷藏備用。

白桃慕斯　Mousse à la pêche
（每個使用12g）
鮮奶油（乳脂肪35%）
crème fraîche 35% MG　65g
白桃果泥*　purée de pêche blanche　145g
細砂糖 A　sucre semoule　5g
檸檬汁　jus de citron　10g
水　eau　10g
細砂糖 B　sucre semoule　40g
蛋白*　blancs d'œufs　20g
吉利丁片　gélatine en feuilles　5g
*蛋白充分冷藏備用。
*白桃果泥回復室溫備用。

馬鞭草巴伐利亞奶油
Bavarois à la verveine
（每個使用22g）
鮮奶油 A（乳脂肪35%）
crème fraîche 35% MG　225g
馬鞭草葉（乾燥）　verveine　6g
細砂糖　sucre semoule　40g
吉利丁片　gélatine en feuilles　6g
鮮奶油 B（乳脂肪35%）
crème fraîche 35% MG　225g

白桃果凍　Gelée de pêche
（每個使用70g）
白桃果泥　purée de pêche blanche　1275g
水　eau　175g
檸檬汁　jus de citron　35g
細砂糖 A　sucre semoule　120g
NH 果膠粉*　NH pectine　10g
細砂糖 B*　sucre semoule　30g
吉利丁片　gélatine en feuilles　33g
*NH果膠粉和細砂糖 B 混合均勻備用。

閃亮透明果膠（p.258）
napage "sublimo"　適量
馬鞭草葉（乾燥）　verveine　適量

作法

喬孔達蛋糕
① 參閱p.98〈喬孔達蛋糕〉①～④的作法製作麵糊。
② 把57×37cm、高1cm的模板放在矽膠烤墊上，倒入①抹平。拿掉模板，連同矽膠烤墊放在烤盤上。
③ 放入190℃的旋風烤箱中烤約8分鐘。連同矽膠烤墊放在網架上置於室溫下放涼。
④ 拿掉矽膠烤墊用直徑6.5cm的慕斯圈分切（1）。

白桃慕斯
① 細砂糖加水開火加熱，熬煮到118℃。
② 當①到達90℃時把蛋白放入攪拌盆中，用攪拌機高速打發。
③ 一邊把①注入②中，一邊充分打發到蛋白膨脹。降到中速調整質地，待溫度降到40℃後倒入方盤放進冷凍庫，冷藏到室溫左右（2）。
*因為要在蛋白霜輕柔蓬鬆的狀態下作業，所以沒有繼續攪拌到蛋白霜變涼，而是中途放入冷凍庫降溫。
④ 白桃果泥、細砂糖 A 和檸檬汁混合均勻。在軟化的吉利丁片中倒入少許，用打蛋器攪拌均勻一致（3）。倒回裝了剩餘白桃果泥的鋼盆中，用橡皮刮刀混拌均勻。
⑤ 鮮奶油打到7分發，加入③的蛋白霜用打蛋器大致攪拌均勻（4）。加入半量的④攪拌，再倒入剩餘的半量用橡皮刮刀混拌（5）。

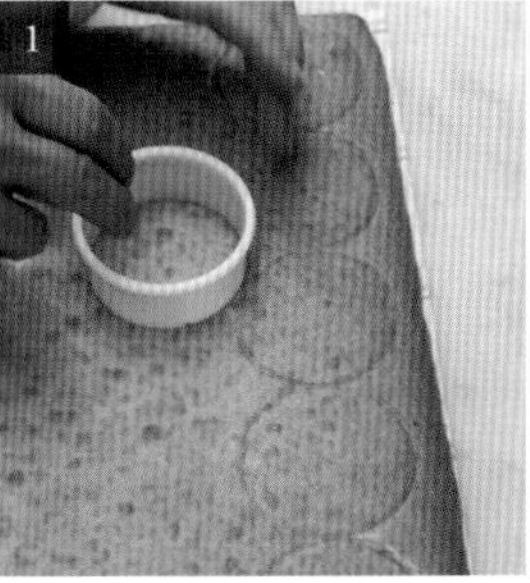
1

2

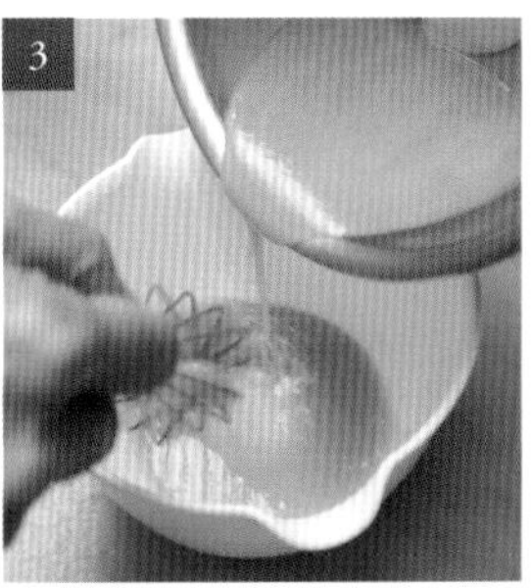
3

4

5

⑥ 把⑤放入裝了口徑12mm圓形花嘴的擠花袋中，在直徑6cm的圓頂矽膠烤模中各擠入12g（6）。連同烤盤在工作台上輕敲幾下整平慕斯，放入急速冷凍櫃中冰凍。

馬鞭草巴伐利亞奶油

① 鮮奶油 A 煮沸，關火放入馬鞭草葉（7）。攪拌後蓋上鍋蓋，浸泡10分鐘。過濾後取225g備用（8）。
② 依序加入吉利丁片和細砂糖，每次都用橡皮刮刀攪拌溶解。
＊過濾時輕壓葉片即可，以免產生澀味。
③ 不夠的話加入鮮奶油（份量外）補足。墊著冰水一邊攪拌一邊冷卻到26℃左右。
④ 鮮奶油 B 打到7分發，取1/3量加入③中用打蛋器攪拌均勻。加入剩餘的鮮奶油稍微攪拌後（9），換拿橡皮刮刀混拌均勻一致。
⑤ 為了避免攪拌不均，換到裝過鮮奶油的鋼盆中，混拌均勻一致。
⑥ 放入裝了口徑12mm圓形花嘴的擠花袋中，在裝了白桃慕斯的矽膠烤模中各擠入22g（10）。放入急速冷凍櫃中冰凍（A）。

白桃果凍

① 白桃果泥加水和檸檬汁混合，加熱到60℃左右。
② 銅鍋中倒入1/4量的細砂糖開小火加熱。用打蛋器攪拌，當周圍溶解後分3次加入剩餘的細砂糖，每次都要攪拌溶解。稍微轉大火力，一邊攪拌一邊煮上色。關火利用餘溫煮成紅褐色（避免燒焦）。
＊一旦關火整體就會冒出細小泡泡，然後沉澱。
③ 分次少量地加入①（11）。再次開火，一邊用打蛋器攪拌一邊煮沸。加入已混合的細砂糖 B 和NH果膠粉，換拿刮鏟混拌約30秒溶解。
④ 關火加入吉利丁片攪拌溶解（12）。倒入鋼盆墊著冰水降溫到30℃左右（13）。

組合、裝飾

① 把白桃果凍倒入充填器中，在直徑7cm的圓頂矽膠烤模內各擠入16g。放入急速冷凍櫃中冰凍。
② 在①中倒入少許剩餘的果凍，A 脫模取出後倒放進該模中。用手指輕壓貼合（14）。
③ 在②的空隙間填入白桃果凍直到溢出少許（15）。放入急速冷凍櫃中冰凍。
④ 把網架放在烤盤上，放上脫模的③。從頂部繞圈淋上加熱到30℃左右的閃亮透明果膠（16）。用抹刀抹除堆積在甜點底部的多餘果膠。
⑤ 放在底紙上，擺上馬鞭草葉裝飾即可（17）。

想讓水果鮮味更濃厚時，我常加略為煮焦的焦糖。產生不影響鮮果味的濃郁度與厚實感，做出讓人印象深刻的味道。

Les desserts à l’assiette

附餐甜品

7

餐廳之樂

Le plaisir sucré au restaurant

我對餐廳懷抱嚮往之情是在讀了辻靜雄先生的《巴黎餐廳》後。透過這本書首度得知米其林三星餐廳的存在，對餐廳正面結構或日本沒有的餐廳風貌、格局，彷彿迷戀上法國電影般的憧憬令人記憶猶新。

某一天，我走在日比谷街上駐足於某家餐廳前。店名是「La Promenad」。那瀟灑的正面建築也好、沉靜的氛圍也好，正是腦海中描繪過的高級法國餐廳影像。想著「好想在這裡用餐！」的我，毫不猶豫地推開大門，告訴領班自己一個人、沒有預約。幸好，店內沒有客人，看似有位子。儘管如此，他沒有回我「很不巧目前客滿了」，而是對我說：「在這裡用餐必須先預約，並穿著正式服裝才行。不能穿著便服隨意進來。這就是一流餐廳的規矩。」當下，我恍然大悟。過幾天，重新打電話預約，打點好服裝儀容再度拜訪的我，自然被當成顧客迎入店內，一邊側耳傾聽主廚的解說一邊用餐，度過幸福無比的時光。在「雷諾特」工作的第2年，只有十幾歲的我首度體驗到高級餐廳。

之後上東京都內的法國餐廳，不僅是肉品或鮮魚，連擺盤的菠菜也注重整體性的高質感手法，每次都讓我驚艷不已，對講究的室內裝潢或服務讚嘆連連，陶醉在餐廳的世界裡。目前不光是法國菜，我常會到比自己年輕的廚師開設的各種餐廳。他們無須背負過多的傳統或既有的包袱框架，自由、毫無拘束地進行挑戰這點充滿魅力。有時，會尋到自己不足的部分而心生動搖。要說模仿，還是會選擇貫徹自我風格的甜點型式，不過就舒緩因整日工作而僵硬的腦袋而言，絕對是很大的刺激。

我迷上餐廳的另一個理由是，在現今的時代，甜點總是偏向流行或設計等表面上的變化，相較於此，我覺得料理更往本質性或哲學性演進。就算看了巴黎的廚師們，基本上還是追求法國料理，從那裏擴展好奇心，汲取丹麥「NOMA」代表的北歐潮流、或是鑽研素材本身，呈現動盪時代中屹立不搖的事物。在巴黎時，我常到日本主廚開的店，每間都是冷靜沉著、腳踏實地。所以就多去幾次，感受他們的世界觀。

店內只在週末提供的盤飾點心，對我而言，是運用料理創意，遠離甜點約束能自由玩樂的工作。可以說是自困境中的解放吧。暫時忘記「甜點的話，就不能踏出這樣的組合」、「既然是法國甜點就該這麼做」的念頭，純粹享受搭配眼前素材的樂趣。那樣的作業和蛋糕不同，相當憑感覺行事。我覺得在味道和造型的削減、鑽研中看到自己尋求的普遍性。

右上：聖日耳曼德佩區的咖啡館「雙叟咖啡館（Les Deux Magots）」／右下：「Chez Georges」餐廳／左上：「CHARTIER」餐廳的夜晚／左下：階梯旁的優雅曲線

CHARTIER
RESTAURANT
CHARTIER
RESTA
RESTAURANT
GEORGES

Chou-fleur / Noix de coco / Orange　白花椰／椰子／柳橙

盤飾點心也經常以料理中的「前菜」、「主餐」等面貌上桌。這裡是作為前菜的單品。以味道柔和的白花椰為主角，搭配風味圓潤的椰子，以清新的柳橙香串聯整體風味。在冰淇淋中加入泡沫（Espuma）或液態氮，就算同樣冰涼也能產生溫度差和口感變化，藉此提供品嚐的樂趣。

材料 （8盤份）

椰子和白花椰雪酪
Sorbet à la noix de coco et au chou-fleur

白花椰（淨重） chou-fleur 150g
奶油 beurre 20g
水 eau 適量
椰子果泥 purée de noix de coco 400g

白花椰慕斯 Mousse au chou-fleur
（容易製作的份量）

白花椰（淨重） chou-fleur 300g
奶油 beurre 30g
水 eau 適量
細砂糖 sucre semoule 30g
蜂蜜 miel 20g
橙皮（磨細屑）* zeste d'orange râpés ½顆份
君度橙酒 Cointreau 10g
鮮奶油（乳脂肪35%）
crème fraîche 35% MG 200g

柳橙焦糖盤
Disques d'orange et de caramel
（直徑4cm、厚1mm。容易製作的份量）

柳橙汁 jus d'orange 20g
檸檬汁 jus de citron 14g
細砂糖 sucre semoule 66g
低筋麵粉 farine ordinaire 20g
融化的奶油 beurre fondu 42g

白花椰片 Chips de chou-fleur
（容易製作的份量）

白花椰 chou-fleu 適量

白巧克力雪酪 Sorbet blanc

調溫巧克力（白巧克力）* couverture blanc 92g
牛奶 lait 300g
鮮奶油（乳脂肪47%） crème fraîche 47% MG 83g
轉化糖 trimoline 38g
細砂糖* sucre semoule 38g
增稠劑* improver de la viscosité 2.5g
柳酒* liqueur d'orange 12g

＊細砂糖和增稠劑混合均匀備用。增稠劑使用Unipektin的「Vidofix」。
＊調溫巧克力使用法芙娜的「伊芙兒（Ivoire）」。
＊柳酒使用COMBIER的「Saumur Triple Sec」。

作法

椰子和白花椰雪酪

① 白花椰切小朵加奶油翻炒（不要炒上色）。軟化後加水蓋過表面，煮約5分鐘直到水分剩1/3左右。
② 連湯汁一起倒入果汁機中打成泥。加入椰子果泥攪拌，倒入Pacojet食品調理機的容器中放進急速冷凍櫃中冰凍。
③ 使用前用Pacojet攪拌。重複放入冷凍庫片刻再取出用湯匙混拌整體的流程數次，調整成方便作業的硬度。

白花椰慕斯

① 白花椰切小朵加奶油翻炒。軟化後加水蓋過表面，煮約5分鐘直到水分剩1/3左右。
② 連湯汁一起倒入果汁機中打成泥。加入細砂糖、蜂蜜、柳橙皮屑和君度橙酒攪拌至滑順的乳化狀態，倒入鋼盆中墊著冰水放涼。
③ 放入蘇打槍中充填一氧化二氮。放進冰箱冷藏一晚。
＊靜置一晚充分形成泡沫。

柳橙焦糖盤

① 柳橙汁和檸檬汁、細砂糖充分攪拌均匀。倒入低筋麵粉混拌到看不見粉粒，加入60℃左右的融化奶油混拌均匀。包上保鮮膜放入冰箱靜置一晚。
② 把直徑4cm、厚1mm的圓形模板放在鋪了矽膠烤墊的烤盤上，用抹刀塗上①。
③ 放入180℃的旋風烤箱中烤約8分鐘。置於室溫下放涼，和乾燥劑一起放入密閉容器中保存。

白花椰片

① 白花椰切小朵，再切成1mm厚的片狀。放入設定為50℃的蔬果烘乾機中排好，乾燥24小時。

白巧克力雪酪

① 調溫巧克力隔水加熱，融解約1/2。
② 鍋中倒入牛奶、鮮奶油、轉化糖、混合均匀的細砂糖和增稠劑開火加熱，一邊用刮鏟混拌一邊煮到融解沸騰。
③ 取46g的②倒入①中，用打蛋器從中間開始攪拌。再取46g的②倒入，以同樣的方法攪拌。分3～4次加入剩餘的部分，每次都要攪拌均匀。
④ 倒入橙酒攪拌，墊著冰水充分降溫。
⑤ 另取一鋼盆加入液態氮，一邊注入④一邊用打蛋器攪拌成鬆散狀。倒入篩網排除多餘的液態氮，放入食物處理機中打成粉狀。放進急速冷凍櫃中冰凍。

裝飾

① 椰子和白花椰雪酪整成球狀放在盤子上，擺上1片柳橙和焦糖。上面再擠入白花椰慕斯泡沫。
② 在裝了白巧克力雪酪的容器中注入液態氮，用打蛋器迅速攪拌成鬆散狀。淋在①上，撒上白花椰片即可。

Raisins mi-secs faits maison 自製葡萄乾

葡萄，無論是生吃或做成果乾我都很喜歡。心想「自己做的話，一定能做出充分發揮兩者優點的食材」，於是試著做自製葡萄乾。雖然是以整株放在開放空間乾燥的方式只做簡單烘烤，卻做出果皮保有口感，果肉濃縮美味精華，香甜無比的果乾。搭配新鮮起司慕斯擺盤的畫面，如同靜物畫般凜然成形，是我的得意之作。

材料 （10盤份）

葡萄乾 Raisins mi-secs

葡萄（貓眼） raisins 5串

契福瑞起司慕斯 Mousse à la chèvre

細砂糖 sucre semoule 45g
水 eau 15g
蛋白 blancs d'œufs 50g
契福瑞起司* fromage de chèvre 80g
白起司 fromage blanc 120g
濃縮鮮奶油 crème double 100g
鮮奶油（乳脂肪47%） crème fraîche 47% MG 140g
*蛋白冷藏備用。
*契福瑞起司使用聖莫爾德圖蘭（Sainte-Maure-de-Touraine）等地生產的新鮮起司。

橄欖油 huile d'olive 適量
黑胡椒 poivre noir 適量

作法

葡萄乾

① 葡萄整串用水洗淨。烤盤上放方格網架再擺上葡萄，放入95℃的旋風烤箱中乾燥約8小時。放在烤箱內靜置一晚以餘熱烘乾。取出置於室溫下放涼。

契福瑞起司慕斯

① 細砂糖加水熬煮到118℃。
② 當①到達90℃時，開始用攪拌機高速打發蛋白。充分打發後，分次少量地注入①，再打發到蛋白膨脹。降到中低速調整質地，待溫度降到40℃後倒入方盤放進冷凍庫，冷藏到室溫左右。
*因為要在蛋白霜輕柔蓬鬆的狀態下作業，所以沒有用攪拌機攪拌到蛋白霜變涼，而是中途放入冷凍庫中降溫。
③ 鋼盆中放入契福瑞起司，分次少量地加入白起司用橡皮刮刀攪散滑順。
④ 另取一鋼盆倒入濃縮鮮奶油打發到充滿空氣。加到③中，用橡皮刮刀混拌至均勻一致。
⑤ 鮮奶油充分打發加到④中，用橡皮刮刀混拌均勻一致。加入②的蛋白霜，混拌均勻。
⑥ 在錐形濾網上鋪好厚的烘焙紙，放在深壺等容器上。把⑤倒在錐形濾網上，包好保鮮膜放入冰箱靜置一晚，自然地瀝乾水分，呈現鬆散塊狀。

裝飾

① 葡萄乾切成一半，盛放於盤子上。
② 用茶匙等撈取契福瑞起司慕斯，放在葡萄前面。淋入橄欖油，撒上粗粒及細粒黑胡椒即可。

Carotte / Orange / Gingembre 紅蘿蔔／柳橙／薑

用涼拌蔬菜做甜點，除了活用素材原味外，絕對不能做出讓人有「剛在鹹食菜餚中吃過」的感覺。餐廳主廚教我紅蘿蔔以糖水煮過再打成泥的提升滋味手法。再以生薑緩和蔬菜腥味，用柳橙增添水果味。藉由溫度和口感的差異，依時間不同散發出味道和香氣的魅力單品。

材料 （8盤份）

杏仁脆粒 Craquelin amandes
（容易製作的份量）
水 eau 33g
細砂糖 sucre semoule 100g
杏仁角 amandes hachées 75g

柳橙蛋白霜 Meringue orange
（容易製作的份量）
蛋白* blancs d'œufs 100g
細砂糖 sucre semoule 100g
糖粉 sucre glace 100g
濃縮柳橙果泥
orange blonde concentre? 30g
＊蛋白充分冷藏備用。

橙皮粉 Poudre de zestes d'orange
（容易製作的份量）
橙皮 zeste d'orange 2顆份
水 eau 適量
基底糖漿（p.250） base de sirop 200g

紅蘿蔔慕斯 Mousse à la carotte
（8盤份）
紅蘿蔔 carotte 250g
奶油 beurre 25g
水 eau 適量
生薑（磨泥） gingembre 15g
蜂蜜 miel 35g
柳橙汁 jus d'orange 40g
鮮奶油（乳脂肪35%）
crème fraîche 35% MG 165g
細砂糖 sucre semoule 30g
吉利丁片 gélatine en feuilles 4.2g

薑汁奶凍 Panna cotta au gingembre
（8盤份）
蜂蜜 miel 18g
生薑（磨泥） gingembre 12g
牛奶 lait 40g
鮮奶油（乳脂肪35%）
crème fraîche 35% MG 120g
吉利丁片 gélatine en feuilles 1.8g

蜜漬胡蘿蔔 Carottes mi-confits
（8盤份）
紅蘿蔔 carotte 1根
黃色胡蘿蔔 carotte jaune 1根
基底糖漿（p.250） base de sirop 400g
水 eau 200g

柳橙雪酪 Sorbet à l'orange mandaline
（8盤份）
柳橙汁 jus d'orange 400g
柳橙果肉 orange 100g
蛋黃 jaunes d'œufs 100g
細砂糖 sucre semoule 40g
牛奶 lait 90g
橙皮（磨細屑） zestes d'orange ½顆份
＊柳橙果肉切成¼的扇形片。

食用花卉 fleur comestible 適量

作法

杏仁脆粒

① 依p.255「杏仁脆粒」的要領①～③製作。在鋪了烘焙紙的烤盤上攤平，蓋上紙用擀麵棒擀薄。

＊擀製成焦糖和杏仁丁勉強黏合的狀態。

② 置於室溫下放涼（1）。和乾燥劑一起放入密閉容器中保存。

柳橙蛋白霜

① 蛋白用攪拌機高速打發。打到5分發、7分發、9分發時各加入1/3量的細砂糖，做成細緻黏稠的蛋白霜。

＊打發的標準參考p.76〈椰香法式蛋白霜〉①。

② 加入濃縮柳橙果泥，稍微混拌（2）。加入糖粉輕輕拌勻後，自攪拌機取下用橡皮刮刀混拌均勻。

③ 在鋪了烘焙紙的烤盤上放2根高8mm的鐵棒，用抹刀挖取②的蛋白霜稍微抹平（3）。

④ 放入100℃的電烤箱中烤1小時。直接放在烤箱內用餘熱乾燥一晚（4）。切成適當大小，和乾燥劑一起放入密閉容器中保存。

橙皮粉

① 柳橙皮削薄片，用小刀切除白色部分。放入大量熱水中煮沸倒掉熱水再加水煮沸共汆燙2次後迅速過冷水。

② 鍋內放入基底糖漿和①，沸騰後轉小火再煮4分鐘（5）。置於室溫下放涼。

③ 瀝乾果皮水分夾在網狀矽膠烤墊之間，放入90℃的旋風烤箱中乾燥約6小時（6）。

④ 用食物處理機打成粉末狀，以細篩網過濾（7）。留在篩網上的果皮再放入處理機中打碎並用篩網過濾。過濾好的粉末和乾燥劑一起放入密閉容器中保存。

紅蘿蔔慕斯

① 紅蘿蔔去皮切成1cm寬的半圓形片，粗的部分再對半切。

② 鍋中放入①和奶油，加水淹過表面。蓋上紙蓋，一邊加水一邊煮到紅蘿蔔軟化（8）。拿掉紙蓋，煮到收汁水分變少。

③ 銅鍋中放入蜂蜜和生薑泥，一邊攪拌一邊煮到薑泥變透明（9）。

＊如果沒有加熱降低薑泥酵素，加了吉利丁片就無法凝固。

④ 依序加入柳橙汁、細砂糖攪拌溶解。關火，加入吉利丁片攪拌溶解（10）。

⑤ 把②的紅蘿蔔和湯汁、④倒入果汁機中打成泥狀。分2次加入鮮奶油，每次都要攪拌均勻一致（11）。倒到鋼盆中，墊著冰水冷卻至室溫。

⑥ 把⑤倒入蘇打槍中並充填一氧化二氮（12），放進冰箱冷藏一晚。

＊靜置一晚充分形成泡沫。

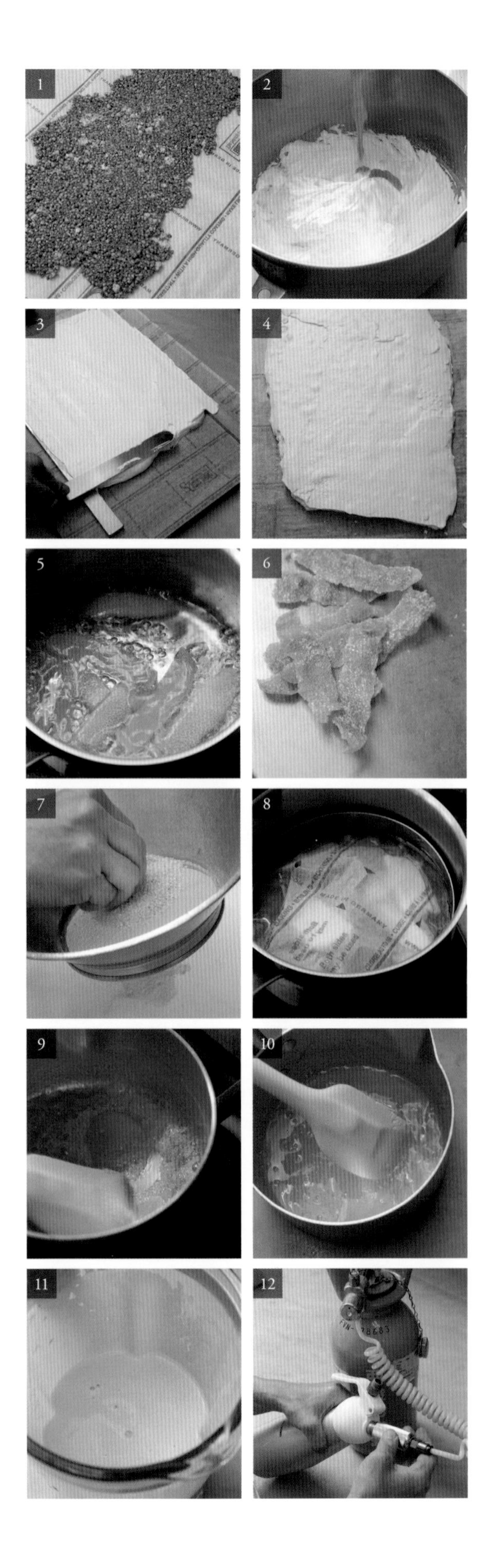

薑汁奶凍

① 銅鍋中放入蜂蜜和生薑泥，一邊攪拌一邊煮到薑泥變透明。

＊如果沒有加熱降低薑泥酵素，加了吉利丁片就無法凝固。

② 牛奶和鮮奶油混合後，一邊倒入鍋中一邊用刮鏟攪拌（13），煮沸後離火，加入吉利丁片攪拌溶解。

③ 一邊用刮鏟壓緊薑泥一邊過濾到鋼盆中，墊著冰水冷卻到快凝固後（14），放入冰箱冷藏凝固。

蜜漬胡蘿蔔

① 2種胡蘿蔔去皮，切成圓形薄片。用口徑24mm的圓形花嘴切成圓片。

② 把①放入沸水中，煮約2分鐘用篩網撈起瀝乾水分。再加入煮沸的基底糖漿煮約1分鐘（15）。

③ 倒入鋼盆，泡在糖漿中置於室溫下浸漬1個半小時。

柳橙雪酪

① 柳橙汁開中火煮到收汁剩一半份量。

② 蛋黃加細砂糖用打蛋器攪拌。倒入牛奶攪拌。

③ ①離火，加入柳橙果肉和②（16）。開火，依安格列斯醬的製作要領一邊攪拌一邊煮到82℃。

④ 離火，加入橙皮屑攪拌。倒入鋼盆中，墊著冰水充分冷卻。倒入Pacojet食品調理機的容器內（17），放入急速冷凍櫃中冰凍。用Pacojet打碎（18），放入冰箱冷藏備用。

＊離火後再加橙皮，增添清爽香氣即可。

裝飾

① 杏仁脆粒和柳橙蛋白霜分別用手剝成8mm丁狀。

② 鋼盆內注入液態氮（19），放入柳橙雪酪。直拿打蛋器壓成鬆散狀（20）。

③ 分別取等量的①柳橙蛋白霜和②拌勻，放入冷凍庫備用。

④ 把直徑6.5cm的慕斯圈放在盤子上，填入紅蘿蔔慕斯直到1/3高處。用湯匙放上薑汁奶凍，撒上剝碎的杏仁碎粒（21）。上面擠入紅蘿蔔慕斯，用湯匙背面整成低丘狀。把②堆高覆蓋在表面上（22），取下慕斯圈。

⑤ 用濾茶器撒上橙皮粉。立體擺上瀝乾水分的蜜漬胡蘿蔔，以食用花卉裝飾即可（23）。

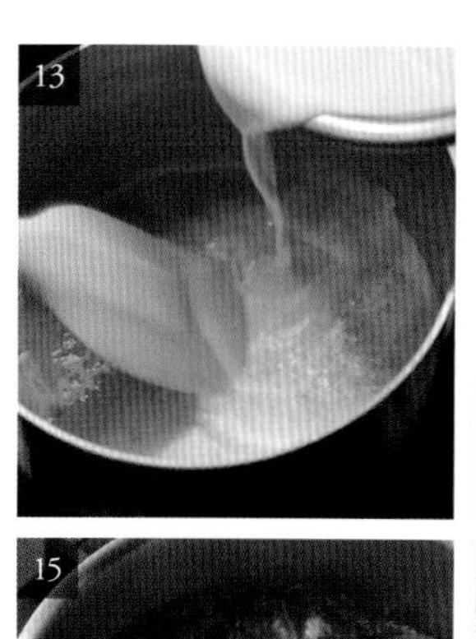

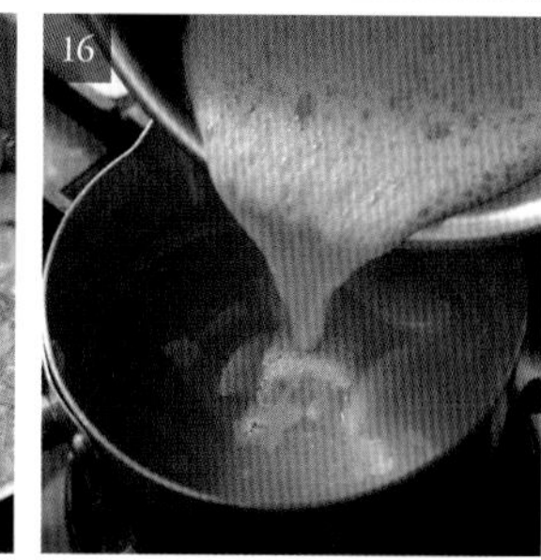

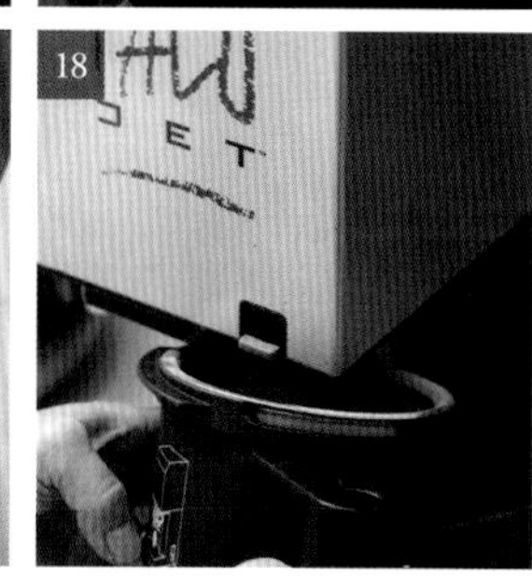

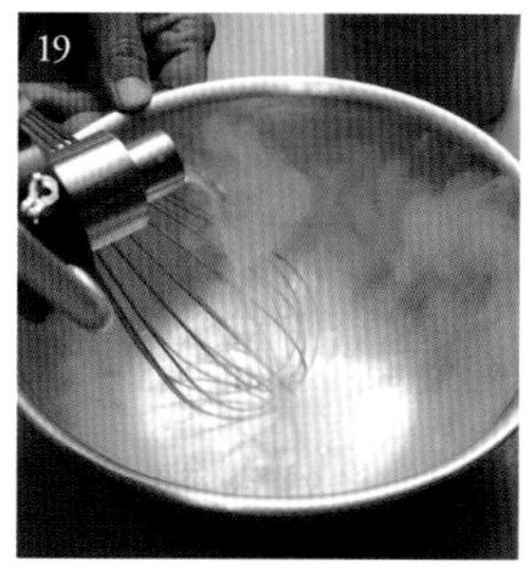

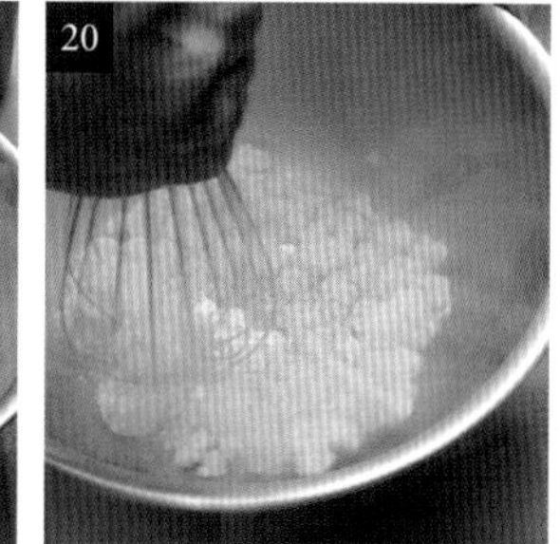

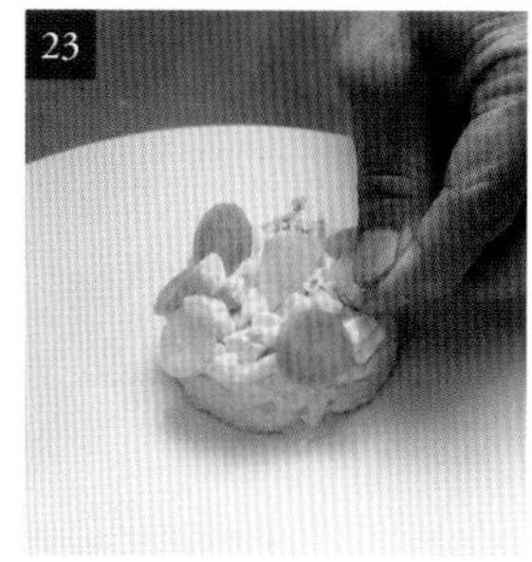

Tomate / Fraise / Poivron rouge　蕃茄／草莓／紅椒

從在義大利餐廳吃到的前菜得到靈感，搭配蔬菜、香草和水果等多彩組合，做成沙拉風盤飾甜點。在紅椒厚重的氣味上搭配草莓和番茄，帶來爽朗的新鮮感，微苦的葡萄柚留下清爽餘味。稍微咬碎夾在中間的水飴，羅勒的香氣在口中擴散開來，加上口感柔和的日式香草蔬菜，兩者搭配得宜頗具魅力。

材料　（10盤份）

羅勒風味水飴糖片
Croquant de sucre au basilic transparence
（容易製作的份量，每盤使用2片）
羅勒葉（新鮮）　feuilles de basilic　10g
翻糖　fondant　250g
水飴　glucose　170g

紅椒血橙庫利
Couli de poivron rouge et d'orange sanguine
（37×28.5cm、高3mm的模板．1片份）
紅椒　poivron rouge　3個
血橙汁*　jus d'orange sanguine　75g
細砂糖　sucre semoule　25g
鹽　sel　1小撮
＊使用過濾後的現榨血橙汁。

番茄草莓雪酪
Sorbet au tomato et à la fraise
水果番茄　tomate　1.25kg
糖粉　sucre glace　125g
番茄　tomates　500g
細砂糖　sucre semoule　50g
粉紅葡萄柚汁
jus de pamplemousse rosé　100g
草莓果泥　purée de fraise　300g
基底糖漿（p.250）　base de sirop　適量

番茄草莓沙拉
Salade de tomatos et de fraises
水果番茄　tomate　5個
草莓*　fraises　15個
紅椒血橙庫利
coulis de poivron rouge et d'orange sanguine　適量
＊選用小顆草莓。

日式綜合香草蔬菜*
merange de herbs　適量
柳橙風味橄欖油
huile d'olive à l'orange　適量
＊紅紫蘇、綠紫蘇、山葵菜、水菜、塌棵菜、紅切葉芥菜等。撕成適口大小備用。

作法

羅勒風味水飴糖片

① 羅勒葉撕成1cm方形大小。

② 銅鍋中放入翻糖和水飴，一邊攪拌一邊開中火加熱。全部溶解後開大火熬煮到162℃。關火加入①，用刮鏟充分混拌直到羅勒葉出水（1）。

＊充分逼出羅勒葉的水分，做出質地均勻不沾黏的水飴。確實持續混拌到噗滋作響的出水聲消失。

③ 將矽膠烤墊鋪在大理石上，倒上一層薄薄的②（2）。置於室溫下凝固後切成適當大小，和乾燥劑一起放入密閉容器中靜置一晚。

＊靜置一晚乾燥消除表面黏性。

④ 放入食物處理機打成粉末狀（3）。

⑤ 烤盤上鋪好矽膠烤墊，再放上13×4.5cm的模板，用濾茶器撒上④（建議厚度0.5mm／4）。拿掉模板，放入170℃的旋風烤箱中烤約2分鐘溶化水飴（5）。

⑥ 連同矽膠烤墊放在大理石工作台上，變硬後立刻和乾燥劑一起放入密閉容器中保存。

紅椒血橙庫利

① 紅椒切除蒂頭，洗淨後刮除種籽。包上鋁箔紙，放在慕斯圈等工具上避免直接接觸到烤盤，放入170℃的旋風烤箱中烤約45分鐘。直接置於室溫下放涼。

② 撕除紅椒外皮（6），連肉帶汁放入果汁機內。加入血橙汁、細砂糖和鹽攪拌，打成泥狀（7）。

③ 把37×28.5cm、高3mm的模板放在貼了OPP紙的烤盤上，倒入②抹平（8）。放入急速冷凍櫃中冰凍。剩餘的留作裝飾用。

④ 脫模取出③，用刀子切除頭尾再分切成16×7.5cm（9）。放入急速冷凍櫃中備用。

番茄草莓雪酪

① 把水果番茄放入沸水中約20秒再泡冰水，撕除外皮。切除蒂頭對半縱向剖開，用湯匙刮除種籽。

② 烤盤上鋪矽膠烤墊再放網架，番茄切口朝上排好後撒上1/4量的糖粉（10）。放入100℃的烤箱中烤約30分鐘。

③ 從烤箱取出將番茄翻面（11）。撒上1/4量的糖粉放入烤箱中，再烤30分鐘。

④ 再重複一次②～③。如果還留有不少水分的話，番茄再翻面，不撒糖粉再次烤乾。置於室溫下放涼備用（12）。

＊建議完成量為250g。

⑤　番茄和①一樣汆燙去皮，對半縱向剖開用湯匙刮除種籽。和細砂糖一起放入果汁機中，攪打成泥（13）。
⑥　錐形濾網鋪上2層廚房紙巾，放在深容器上。倒入⑤，用保鮮膜包住錐形濾網放進冰箱靜置一晚過濾（14）。濾出透明果汁（約有200g）。
⑦　把④的水果番茄和半量的⑥透明果汁放入果汁機中稍微攪打（15）。再加入剩餘的⑥攪打。
⑧　大致攪碎後倒入粉紅葡萄柚汁，整體攪勻變滑順後再加入草莓果泥攪打（16）。
⑨　測量糖度，調整為24% brix。糖度不夠的話就加入基底糖漿（份量外）。倒入Pacojet食品調理機的容器中，放入急速冷凍櫃中冷凍。
⑩　使用前再放進Pacojet打成雪酪。重複幾次放入冷凍庫用湯匙混拌的流程，調整成方便作業的硬度（17）。
⑪　把18×18cm、高2cm的框模放在貼好OPP紙的烤盤上，倒入⑩的雪酪填滿，並用抹刀抹平表面，放入急速冷凍櫃中冰凍凝固。
⑫　用噴槍加熱框模側面，脫模取出雪酪。用稍微加熱過的平面蛋糕刀分切成12×4cm，放入急速冷凍櫃中備用。

番茄草莓沙拉

①　和〈紅椒血橙庫利〉①一樣，水果番茄汆燙去皮，切除蒂頭縱切成8等份。草莓切除蒂頭縱切成4等份。
②　取少量備用的紅椒血橙庫利倒入①中拌勻（18）。

裝飾

①　把冷凍紅椒血橙庫利放在盤子上，疊放上水飴糖片和番茄草莓雪酪。
②　番茄草莓沙拉等高排好，淋入少量紅椒血橙庫利。
③　放上水飴糖片（19），擺上日式香草蔬菜淋上柳橙風味橄欖油即可（20）。

Yomogi / Citron　魁蒿／檸檬

在日式餐廳品嚐魁蒿做的菜餚時，突然浮現搭配檸檬的點子。魁蒿一經加熱苦味就會更明顯，所以在新鮮的狀態下添加牛奶等材料做成雪酪。透過檸檬為苦味增添清爽度，表現出不偏向日式，也不是西式，充滿清涼感的柔和協調性。放上溫熱的炸魁蒿展現對比性，端出簡潔單品。

材料　（10盤份）

魁蒿雪酪　Sorbet yomogi

魁蒿（淨重）*　yomogi　100g
牛奶　lait　400g
細砂糖*　sucre semoule　40g
增稠劑*　improver de la viscosité　3g
鮮奶油（乳脂肪35%）　crème fraîche 35% MG　100g
檸檬皮（磨細屑）　zeste de citron râpé　½顆份

＊魁蒿洗淨後，用廚房紙巾擦乾水分。去除莖部黑色部分。其他配料用的魁蒿也以相同方法處理。

＊細砂糖和增稠劑混合均勻備用。增稠劑使用Unipektin的「Vidofix」。

魁蒿粉　Poudre de yomogi

（容易製作的份量）
魁蒿　yomogi　50g
基底糖漿（p.250）　base de sirop　200g

檸檬皮粉　Poudre de zestes de citron

（容易製作的份量）
檸檬皮　zestes de citoron　2顆份
基底糖漿（p.250）　base de sirop　200g

炸魁蒿　Frites yomogi

魁蒿　yomogi　30枝
低筋麵粉　farine ordinaire　100g
冷水　eau　180g
太白胡麻油　huile de sésame　100g

作法

魁蒿雪酪

① 鍋中倒入牛奶、混合好的細砂糖和增稠劑，用打蛋器一邊攪拌一邊煮沸。
② 離火，加入鮮奶油混合。墊著冰水充分冷卻。
③ 將魁蒿、②、檸檬皮屑倒入Pacojet食品調理機的容器內，放入急速冷凍櫃中冰凍。
④ 使用前用Pacojet打成雪酪。重複幾次放入冷凍庫用湯匙混拌的流程，調整成方便作業的硬度備用。

魁蒿粉

① 魁蒿整體沾滿基底糖漿。放在鋪了矽膠烤墊的烤盤上排好。
② 魁蒿上方也蓋上矽膠烤墊，放入80℃的旋風烤箱中烘乾4小時。置於室溫下放涼。
③ 用食物處理機打成粉末狀。放入篩網過濾，只取出細粉。留在篩網上的魁蒿再放入食物處理機中打碎並過濾。重複此步驟3次。和乾燥劑一起放入容器中保存。

檸檬皮粉

① 檸檬皮用削皮刀削成薄片。如果有白色的殘留部分，用小刀切除。
② 鍋中倒入大量的水和①，煮沸後隔著篩網倒掉熱水。迅速過冷水。再重複此步驟一次。
③ 鍋中倒入②的檸檬皮和基底糖漿，沸騰後轉小火約煮4分鐘。關火，置於室溫下放涼。
④ 排在鋪了矽膠烤墊的烤盤上，覆蓋上網狀矽膠烤墊，用手整平。放入90℃的旋風烤箱中烘乾6小時，置於室溫下放涼。
⑤ 用食物處理機打成粉末狀。放入篩網過濾，只取出細粉。留在篩網上的檸檬皮再放入食物處理機中打碎並過濾。重複此步驟3次。和乾燥劑一起放入容器中保存。

炸魁蒿

① 鋼盆中倒入冷水和低筋麵粉用打蛋器稍微攪拌。放入魁蒿沾滿粉漿，再放進170℃的太白胡麻油中炸。
② 瀝乾油分放在紙上，趁熱兩面輕撒上糖粉。

裝飾

① 用湯匙將魁蒿雪酪整成橄欖狀盛於盤中。放上2～3枝炸魁蒿，依序用濾茶器撒上魁蒿粉和檸檬皮粉即可。

Figue / Hibiscus 無花果／朱槿

我喜歡無花果一定是因為小時候的住家庭院種有無花果樹。心中一直記得從沒看過那麼大的果實，而且美味無比。因為是甜味明顯的水果，搭配酸味就能提出滋味。這裡將無花果加血橙汁和香草一起煮，利用散發朱槿香氣的酸泡沫，呈現驚艷感。以圓潤的奶凍串聯整體。

材料 （10盤份）

血橙風味水煮白無花果

Figues pochées à l'orange sangine

白無花果 figues blanches 10個

血橙汁* jus d'orange sangine 450g

蜂蜜 miel 80g

鼠尾草（新鮮） sauge 6g

奶油 beurre 25g

薰衣草（乾燥） lavande 2.5g

＊使用過濾後的現榨血橙汁。

香草奶凍 Pannacotta à la vanille

鮮奶油（乳脂肪35%） crème fraîche 35% MG 700g

細蔗糖 cassonade 110g

香草莢 gousse de vanille ¼根

吉利丁片 gélatine en feuilles 4g

朱槿泡沫醬汁 Emulsion de hibiscus

水 eau 500g

覆盆子（冷凍） framboise 125g

細砂糖 sucre semoule 75g

朱槿花茶（茶葉） feuille de hibiscus 15g

花草茶（茶葉）* tea mélange 8g

肉桂棒 bâton de cannelle ½根

薄荷葉 feuilles de menthe 3g

＊花草茶使用LUPICIA的「PIERROT」。

血橙醬 Sauce orange sangine

煮白無花果的湯汁 100g

薄荷葉 feuilles de menthe 適量

大豆卵磷脂* lécithine de soja 適量

作法

血橙風味水煮白無花果

① 白無花果保留蒂頭去皮。

＊無花果切除蒂頭再煮的話果肉會散開。

② 銅鍋中放入血橙汁、蜂蜜、鼠尾草、奶油和薰衣草，排入①不要重疊，開火加熱。

＊選用大鍋，加水蓋過無花果的2/3。

③ 煮沸後不加蓋連鍋一起放入200℃的電烤箱中，每隔5分鐘攪動湯汁帶動無花果，約加熱30分鐘。

④ 泡在湯汁中置於室溫下放涼，放入冰箱保存。

＊用湯汁做醬汁。

香草奶凍

① 鍋中放入鮮奶油、細蔗糖、香草籽和香草莢開火煮沸。

② 離火，加入吉利丁片攪拌溶解。倒入鋼盆中包好保鮮膜，置於室溫下放涼。放入冰箱冷藏凝固。

朱槿泡沫醬汁

① 鍋中倒入水、覆盆子和細砂糖，開中小火慢煮20分鐘。關火放入朱槿花茶和花草茶的茶葉，蓋上鍋蓋浸泡5分鐘。

② 將①過濾到另一鍋中，放入肉桂棒。開中火煮到收汁剩2/3量。

③ 離火加入薄荷葉。倒入鋼盆中，包好保鮮膜置於室溫下放涼後放進冰箱保存。

血橙醬

① 無花果湯汁煮到收汁剩1/2量。

裝飾

① 取80g香草奶凍放在器皿上。

② 水煮白無花果切除蒂頭，盛入①上。淋入約1匙的血橙醬汁。

③ 撈出朱槿泡沫醬汁內的薄荷葉，加入大豆卵磷脂用攪拌棒打發。靜置約30秒，連同容器在工作台上輕敲幾下，消除細泡，用湯匙挖取留在上面的泡沫倒入器皿上。擺上薄荷葉裝飾即可。

Pomme / Marron / Noisette　蘋果／栗子／榛果

盤飾甜點相當重視季節性素材的選用。搭配溫醇栗子濃湯的是同為秋季食材的酸甜蘋果凍。在口中柔順地化開同時慢慢地交融混合的感覺相當棒。擔任重要角色的榛果，以牛奶熬煮成的醬

材料 （10盤份）

香料麵包棒 Pain d'épices toast

（容易製作的份量）

中筋麵粉* farine 9g

玉米澱粉 fécule de maïs 9g

裸麥粉*（細磨） seigle du blé 40g

泡打粉 levure chimique 3.6g

鹽 sel 1.4g

肉桂粉 cannelle en poudre 1.8g

Quatre Épices 香辛料 quatre épice 1.5g

（內含丁香、薑、肉荳蔻、黑胡椒四種香辛料）

洋茴香粉 anis en poudre 1.8g

牛奶* lait 27g

橙皮果醬 orange en marmelade 61g

水飴 glucose 25g

蜂蜜 miel 61g

全蛋* œufs entiers 29g

融化的奶油 beurre fondu 29g

*中筋麵粉使用日清製粉的「百合花（LYS D'OR）」麵粉。

*裸麥粉使用日清製粉的「ROGGEN FELD」。

*牛奶和全蛋充分冷藏備用。

栗子奶油 Crème de marron

糖蜜栗子* compote de marron 500g

栗子膏 pâte de marron 260g

奶油 beurre 100g

糖粉 sucre glace 10g

水飴 glucose 30g

*使用p.183的〈糖蜜栗子〉。

栗子濃湯 Potage de marron

牛奶 lait 300g

鮮奶油（乳脂肪35%）

crème fraîche 35% MG 150g

栗子奶油 crème de marron 450g

蘭姆酒 rhum 20g

蘋果果凍 Gelée de pomme

蘋果汁 jus de pommes 2160g

蘋果酒 cidre 450g

綜合吉利丁粉* gélatine 18g

細砂糖 sucre semoule 18g

*蘋果汁使用紅玉蘋果放入果汁機攪打再倒入錐形篩網過濾後的果汁。參閱p.189〈香柚蘋果凍〉①。

*綜合吉利丁粉使用JELLICE的「CT果凍粉」。

榛果泡沫醬汁 Emulsion noisettes

榛果（整顆去皮） noisettes 115g

牛奶 lait 300g

細砂糖 sucre semoule 30g

焦糖榛果（p.256） noisettes caramelisées 適量

榛果油 huile de noisettes 適量

大豆卵磷脂 lécithine de soja 適量

作法

香料麵包棒

① 鋼盆中放入中筋麵粉、玉米澱粉、裸麥粉、泡打粉、鹽、肉桂粉、Quatre Épices香辛料、洋茴香粉，倒入牛奶。用橡皮刮刀混拌均勻。

② 水飴加蜂蜜稍微加熱後倒入①中混拌。再加入打散的全蛋液混拌。

③ 依序加入60℃左右的融化奶油、橙皮果醬，每次都要混拌均勻。

④ 在37×10cm、高4cm的框模上鋪好烘焙紙拉撐，用膠帶固定住避免滑動。放在烤盤上，倒入③。

⑤ 放入170℃的旋風烤箱中烤約10分鐘。直接置於室溫下放涼。

⑥ 撕除烘焙紙，脫模取出香料麵包。切除頭尾再分切成18×1cm。

⑦ 排在鋪了矽膠烤墊的烤盤上，放入170℃的旋風烤箱中烤約10分鐘。置於室溫下放涼。

栗子奶油

① 依照p.185〈栗子奶油〉①～④的要領製作。

栗子濃湯

① 牛奶加鮮奶油開火加熱，煮到50℃左右。

＊在冰涼的狀態下直接使用會造成油水分離。

② 鋼盆中放入栗子奶油，一邊分次少量地注入①一邊用打蛋器略為攪拌。

③ 倒入果汁機中，加入蘭姆酒間斷式攪拌到滑順。過濾後置於室溫下放涼，放入冰箱中保存。

蘋果果凍

① 蘋果汁開大火加熱，煮到收汁剩1/4量（約540g）。

② 進行①的同時，蘋果酒也煮到收汁剩1/10量。加到①中用打蛋器攪拌。

③ 綜合吉利丁粉和細砂糖混合均勻，一邊加入②中一邊攪拌溶解。墊著冰水，一邊攪拌一邊降溫。

④ 在盤子中各倒入60g，放入冰箱冷藏凝固。

榛果泡沫醬汁

① 榛果放入160℃的旋風烤箱中烤10～15分鐘。用菜刀刀面壓碎成2～4等份。

② 鍋中倒入牛奶、①和細砂糖開火加熱。煮沸後轉微小火，一邊用刮鏟混拌一邊煮約2分鐘。關火蓋上鍋蓋浸泡5分鐘。

③ 倒入果汁機內間斷式攪打到榛果大致粉碎。

＊因為榛果會產生澀味，大致打碎到出現強烈風味就停止。

④ 用錐形濾網自然過濾。

＊避免產生澀味不擠壓榛果，自然地濾出汁液。

裝飾

① 因為栗子濃湯容易沉澱，攪拌後在蘋果凍上倒入90g。

② 在深容器中倒入榛果泡沫醬汁和大豆卵磷脂，用攪拌棒打發。靜置約30秒，連同容器在工作台上輕敲幾下，消除細泡，用湯匙挖取留在上面的泡沫倒入①中。

③ 焦糖榛果切細，輕撒在②的泡沫上。繞圈淋入榛果油，附上香料麵包棒即可。

Riz / Citron / Bulbe de lys　米／檸檬／百合根

在日本經常聽到有人說「米布丁的米是甜的，真討厭」，總覺得很可惜。我希望為這不良印象帶來驚奇變化，便加了檸檬香氣。混入剛煮好的米中，只散發出清新香氣，降低「米飯感」，增添適口性。熱呼呼的鬆軟百合根，像拔絲地瓜般沾滿焦糖。使用年菜中屢次出現的特別素材，詮釋驚奇感。

材料　（10盤份）

布列塔尼酥餅　Sablé Breton

（15片份）

奶油　beurre　175g

細砂糖　sucre semoule　70g

鹽之花　fleur de sel　4g

蛋黃　jaunes d'œufs　25g

杏仁粉　amandes en poudre　25g

低筋麵粉　farine ordinaire　140g

米布丁　Riz au lait

（容易製作的份量）

米（圓米）　riz　100g

牛奶　lait　450g

細砂糖　sucre semoule　50g

鹽　sel　適量

香草莢　gousse de vanille　¼根

奶油　beurre　20g

檸檬皮（磨細屑）　zeste de citron　½顆份

蛋黃　jaunes d'œufs　2個份

焦糖百合根　Bulbe de lys Caramelisé

百合根　bulbe de lys　5個

奶油　beurre　適量

細砂糖　sucre semoule　適量

干邑白蘭地　Cognac　適量

檸檬皮（磨細屑）　zeste de citron　適量

檸檬風味橄欖油　huile d'olive au citron　適量

作法

布列塔尼酥餅

① 奶油回復室溫後，用裝上平攪拌槳的攪拌機攪打軟化。加入細砂糖和鹽之花以低速混拌。混拌完後用橡皮刮刀刮下黏在平攪拌槳和攪拌盆上的奶油。
② 一邊分次少量地倒入攪散的蛋黃液一邊用低速混拌（1）。加入過篩混合的杏仁粉和低筋麵粉，混拌到看不見粉粒（2）。中途刮下黏在平攪拌槳和攪拌盆上的麵團。
③ 將麵團倒在保鮮膜上攤平（3）。包上保鮮膜，放入冰箱靜置一晚。
④ 取出放在工作台上，整成約2cm厚的正方形。放進壓麵機每次轉90度壓成3mm厚。放在撒了手粉的烤盤上，放入冰箱冷藏到容易作業的硬度。
⑤ 用直徑7.5cm的圓模切取（4），排放在鋪好網狀矽膠烤墊的烤盤上。放入150℃的旋風烤箱中烤約16分鐘，置於室溫下放涼（5）。

米布丁

① 把米放入鍋中，倒入大量的水（份量外）。開大火加熱，用刮鏟一邊混拌一邊煮沸後再續煮1分鐘。
＊沸騰後也要持續混拌，去除米的黏液。
② 倒到篩網上，迅速沖水洗掉黏液（6）。
③ 把②倒入大鍋中，加入牛奶、細砂糖、鹽、香草籽和香草莢開大火加熱。稍微煮沸後轉極小火，蓋上鋁箔紙蓋煮約15分鐘。
④ 轉大火，在沸騰狀態下用刮鏟混拌收乾水分（7）。倒入牛奶增加濃稠度，煮到收汁剩一半份量後關火，加入檸檬皮屑。
⑤ 一邊分次少量地加入打散的蛋黃液一邊用刮鏟混拌均勻。
⑥ 移到鋼盆中，加入奶油整體攪拌融解（8）。包上保鮮膜，置於室溫下放涼。

焦糖百合根

① 百合根洗淨瀝乾，一片片剝下。
② 平底鍋中倒入細砂糖鋪平開火加熱，溶解後加入奶油拌勻。放入百合根一邊沾滿糖漿一邊開大火翻炒（9）。
③ 當焦糖呈現深褐色後，灑入干邑白蘭地焰燒（10）。
④ 連同平底鍋放入180℃的旋風烤箱中烤5分鐘。烤到百合根邊緣變得香脆，焦糖收乾。

裝飾

① 把1片布列塔尼酥餅放在盤子上，再放上直徑6.5cm、高1.7cm的慕斯圈。中間塞滿米布丁抹平。
② 在米布丁上立體地擺入焦糖百合根（11），盤子上也撒放幾片裝飾。取下慕斯圈。
③ 磨些檸檬皮屑在②上。用抹布擦淨掉在盤上的皮屑。
④ 在百合根上繞圈淋上檸檬風味橄欖油即可（12）。

Pomme de terre / Banane / Rhum　馬鈴薯／香蕉／蘭姆酒

靈感來源是餐廳提供的沙丁魚鬆餅。想將套餐中的主食，試著應用在盤飾甜點上，便做出了這道單品。為了做出香脆質感，在麵糊中加入馬鈴薯，先用平底鍋煎過後，再放入烤箱中烤出如舒芙蕾般的蓬鬆感。奶油煎香蕉加了不少蘭姆酒提出明顯酒味。

材料　（10盤份）

馬鈴薯可麗餅麵糊
Appareil à crèpe de pomme de terres
（容易製作的份量）

馬鈴薯*　pomme de terre　225g
高筋麵粉　farine de gruau　100g
細砂糖　sucre semoule　20g
全蛋　œufs entiers　120g
牛奶　lait　200g
融化的奶油　beurre fondu　30g

＊馬鈴薯選用五月皇后品種。食譜用量是水煮去皮後的淨重。

安格列斯醬　Sauce Anglaise
（容易製作的份量）

牛奶　lait　250g
蛋黃　jaunes d'œufs　60g
細砂糖　sucre semoule　63g
香草莢　gousse de vanille　¼根

奶油煎香蕉　Banane sautées
（10盤份）

香蕉*　bananes　6根
奶油　beurre　80g
細砂糖　sucre semoule　40g
蘭姆酒　rhum　適量

＊選用熟透的香蕉。

舒芙蕾麵糊　Appareil à soufflé
（10盤份）

卡士達醬 (p.248)　crème pâtissière　300g
蛋黃　jaunes d'œufs　60g
蛋白*　blancs d'œufs　50g
細砂糖　sucre semoule　17g

＊蛋白充分冷藏備用。

蘭姆酒　rhum　適量

作法

馬鈴薯可麗餅麵糊

① 馬鈴薯煮到可用竹籤輕易刺穿的軟硬度，倒掉熱水去皮。趁熱磨成泥（1），取225g放入鋼盆中。

② 另取一個大鋼盆，倒入高筋麵粉和細砂糖混合均勻。加入打散的全蛋液、1/4量的牛奶，用打蛋器繞圈用力攪拌約1分鐘出筋（2）。刮下黏在打蛋器和鋼盆上的麵糊。

③ 分3次倒入剩餘的牛奶，每次都要充分攪拌（3）。分3次加入①的馬鈴薯，每次都要攪拌均勻（4）。

④ 在③中倒入40℃左右的融化奶油攪拌均勻（5）。包上保鮮膜放入冰箱靜置約1小時。

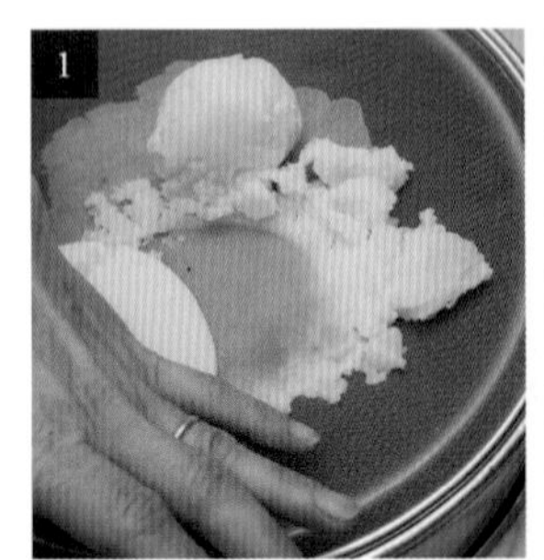

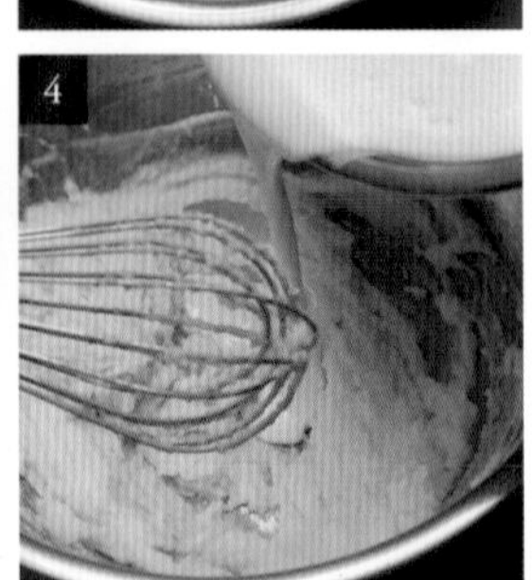

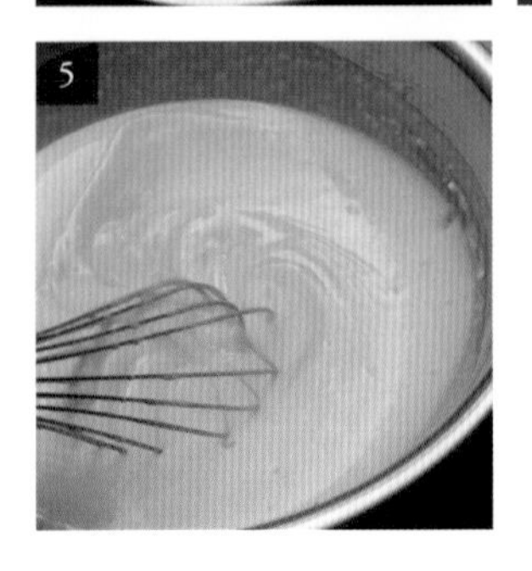

安格列斯醬

① 銅鍋中倒入牛奶、香草籽和香草莢煮沸。

② 同時用打蛋器將蛋黃和細砂糖攪拌均勻。

③ 取1/3量的①倒入②中（6），用打蛋器充分攪拌。倒回銅鍋中開中火加熱，用刮鏟一邊混拌一邊煮到82℃（安格列斯醬／7）。

④ 離火，過濾到鋼盆中。墊著冰水冷卻。

奶油煎香蕉

① 香蕉去皮，切除頭尾再切成1cm厚的圓塊。

② 平底鍋中倒入細砂糖鋪薄，開大火加熱。當整體溶解後離火，加入奶油用刮鏟混拌融解。

③ 再次開火，迅速排入香蕉一邊搖動平底鍋一邊煎熟（8）。上色後一片片翻面續煎。

④ 煎出焦色後倒入蘭姆酒焰燒（9），放到矽膠烤墊上散開。置於室溫下放涼。

舒芙蕾麵糊

① 鋼盆中放入卡士達醬，加入打散的蛋黃用橡皮刮刀充分混拌（10）。

② 攪拌盆中放入蛋白和細砂糖，打發到尾端挺立出現光澤。

③ 取1/3量②的蛋白霜加到①中，用橡皮刮刀充分混拌。

④ 剩餘的蛋白霜再次用打蛋器稍微打發，加到③中用橡皮刮刀攪拌均勻一致（11）。

裝飾

① 可麗餅煎鍋充分加熱，鍋底墊上濕抹布降溫。

② 再次開中火加熱，用湯勺倒入馬鈴薯可麗餅麵糊。表面噗滋噗滋冒泡後，排入10～11塊奶油煎香蕉，上面再鬆鬆地倒上舒芙蕾麵糊（12）。

③ ②蓋上上蓋並翻面，放在已預熱的烤盤上。放入170℃的旋風烤箱中烤約10分鐘（13）。

④ 在馬鈴薯可麗餅周圍倒入大量的安格列斯醬，繞圈淋上蘭姆酒即可（14）。

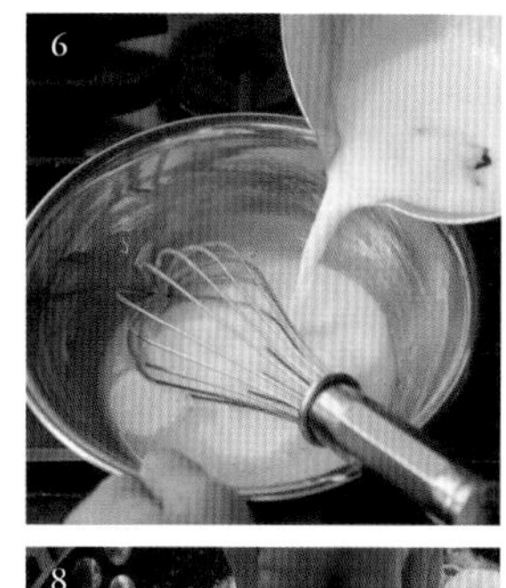
6

7

8

9

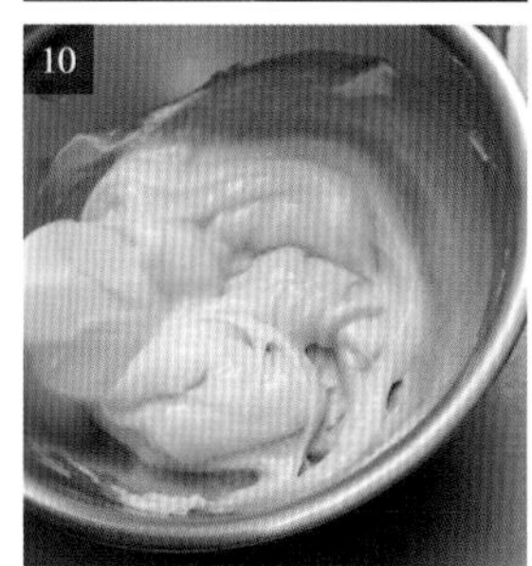
10

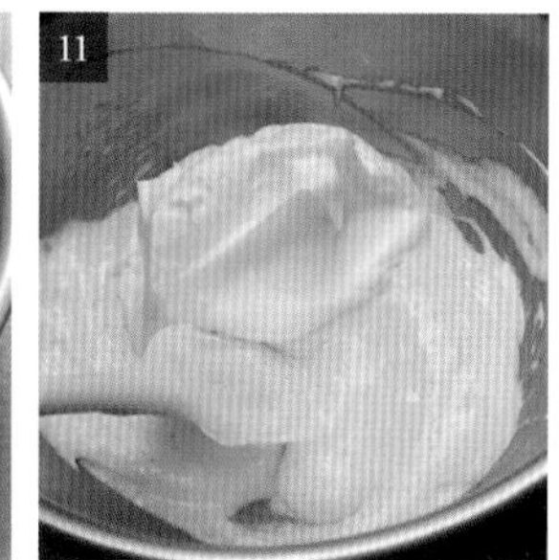
11

12

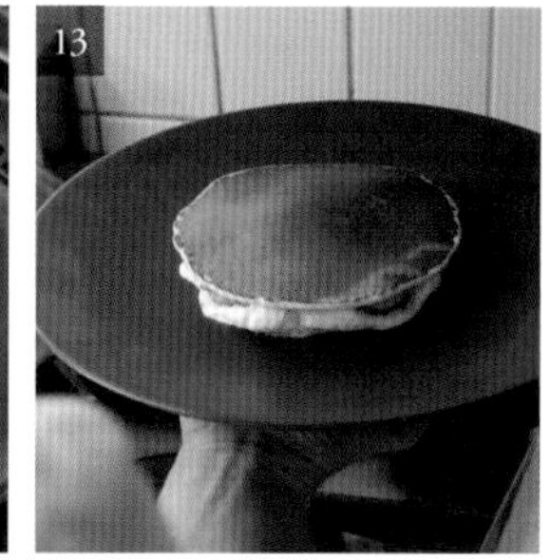
13

14

Bière / Huile de noisette / Gavotte　啤酒／榛果油／捲餅

我想做出苦甜組合，最後找到的是啤酒。使用30%布列塔尼生產的蕎麥製成的「Telenn Du」，苦味伴隨著香氣擴散開來，算是滋味深厚的黑啤酒。用這個做成冰淇淋，再附上用初階糖做的，同樣是布列塔尼名產的歌法蒂薄餅（法式薄餅捲）。濃郁的酥脆口感帶來畫龍點睛之效，最後淋上榛果油提升香氣。

材料　（8盤份）

啤酒冰淇淋　Glace à la biere

牛奶　lait　255g
鮮奶油（乳脂肪35%）　crème fraîche 35% MG　77g
蛋黃　jaunes d'œufs　77g
細砂糖　sucre semoule　64g
啤酒*　bière　128g
*使用法國布列塔尼Lancelot啤酒商的「Telenn Du」。

歌法蒂薄餅　Pâte à gavotte

（容易製作的份量）
奶油*　beurre　45g
初階糖　vergeoise　150g
蛋白*　blancs d'œufs　75g
低筋麵粉　farine ordinaire　45g
*奶油和蛋白回復室溫備用。

巧克力奶酥　Pâte à crumble au chocolat

（容易製作的份量）
調溫巧克力（苦甜，可可含量125%）
couverture noir　20g
發酵奶油　beurre　100g
初階糖　vergeoise　100g
杏仁粉　amandes en poudre　60g
可可粉　cacao en poudre　20g
低筋麵粉　farine ordinaire　80g
*調溫巧克力使用法芙娜的「P125瓜納拉菁華（P125 Coeur de Guanaja）」。可可含量高，為奶酥帶來濃郁的可可味。

初階糖糖粉　Sucre vergeoise

（容易製作的份量）
初階糖　vergeoise　適量

棒果油　huile de noizettes　適量

作法

啤酒冰淇淋

① 牛奶加鮮奶油煮沸。
② 同時蛋黃和細砂糖用打蛋器攪拌均匀。
③ 取1/3量的①倒入②中，用打蛋器充分攪拌。倒回鍋中開中火加熱，一邊用刮鏟混拌一邊煮到82℃（安格列斯醬）。
④ 過濾到鋼盆中，墊著冰水冷卻到室溫左右。加入啤酒充分混合，倒入Pacojet食品調理機的容器中放入急速冷凍櫃中冷凍。
⑤ 使用前再放進Pacojet打成冰淇淋。重複幾次放入冷凍庫用湯匙混拌的流程，調整成方便作業的硬度。

歌法蒂薄餅

① 奶油軟化成乳霜狀。加入初階糖攪拌均匀。
② 份量少次地加入蛋白，每次都用打蛋器攪拌到乳化。
*如果這裡沒有充分乳化，烘烤時麵糊會散開來。
③ 加入低筋麵粉混拌到看不見粉粒。包上保鮮膜放入冰箱靜置一晚。讓大氣泡消失，呈滑順狀態。
④ 在鋪了矽膠烤墊的烤盤上放上25×2.5cm的模板，用抹刀塗抹上③。取下模板。
⑤ 放入170℃的旋風烤箱中烤約5分鐘。立刻用三角刮板鏟起並翻面，用手捲成圓柱狀。放涼後，和乾燥劑一起放入密閉容器中保存。

巧克力奶酥

① 調溫巧克力隔水加熱融解。
② 除了①以外的材料全放入食物處理機中稍微拌匀。加入①攪拌。中途從底部撈起麵團混拌，刮下黏在葉片和容器上的麵團。攪拌成鬆散狀即可。
③ 倒入方盤中用手抓成團，稍微鋪平。包上保鮮膜貼緊，放入冰箱靜置一晚。
*初階糖溶化後，會降低顆粒感。
④ 再度用手輕抓成團。剝成榛果大小的塊狀，排在鋪了矽膠烤墊的烤盤上。
*須注意揉捏麵團的話會讓口感變差。
⑤ 放入165℃的旋風烤箱中烤約12分鐘。在室溫下放涼後，和乾燥劑一起放入密閉容器中保存。
*加了可可粉的麵團容易產生焦臭味，因此不要烤過頭。

初階糖糖粉

① 方盤中倒入初階糖鋪平，放在烤箱上方等溫暖的地方靜置2天乾燥。
② 把①放入食物處理機中打碎並用篩網過濾。留在網上的初階糖再用食物處理機打碎，並用篩網過濾。重複幾次打成糖粉般的細緻狀態。

裝飾

① 啤酒冰淇淋整成橄欖形，盛入盤中。在冰淇淋和盤子上放3個歌法蒂薄餅。
② 用手指一邊捏碎巧克力奶酥一邊撒在盤子上，再撒上初階糖糖粉。滴入少許榛果油即可。

Fumée au sakura / Bière 煙燻櫻花木屑／啤酒

我喜歡煙燻香氣，思索著是否要運用在盤飾甜點上，便想出燻製牛奶做成冰淇淋的方法。香氣太明顯會讓味道過於強烈，所以使用櫻花木屑，染上柔和香氣。搭配啤酒沙巴翁是從燒烤得到的靈感。使用味道香氣皆醇和的白啤酒，和煙燻味相輔相成，彼此提味的同時交融出優雅滋味。

材料 （6盤份）

煙燻冰淇淋 Glace fumée

牛奶 lait 360g
蛋黃 jaunes d'œufs 60g
細砂糖 sucre semoule 60g
香草莢 gousse de vanille 1根
鮮奶油（乳脂肪35%）
crème fraîche 35% MG 72g

初階糖風味甜塔皮
Pâte sucrée au vergeoise
（30個份，每個使用20g）

奶油* beurre 162g
初階糖 vergeoise 108g
杏仁粉 amandes en poudre 36g
全蛋 œufs entiers 54g
低筋麵粉 farine ordinaire 270g
＊奶油和全蛋回復室溫備用。

啤酒沙巴翁 Sabayon bière
（容易製作的份量）

白啤酒A* bière blanche 100g
蛋黃 jaunes d'œufs 40g
細砂糖 sucre semoule 40g
白啤酒B* bière blanche 10g
吉利丁片 gélatine en feuilles 1g
＊白啤酒使用「豪格登（Hoegaarden）小麥啤酒」。

作法

煙燻冰淇淋

① 鋼盆中倒入牛奶，放進裝好櫻花木屑的煙燻鍋中燻製約30分鐘，染上香氣（溫燻／1）。中途約攪拌3次。
② 銅鍋中倒入①的牛奶、香草籽和香草莢煮沸（2）。
③ 蛋黃和細砂糖用打蛋器攪拌均勻。加入1/3量的②用打蛋器充分攪拌。倒回鍋中開中火加熱，一邊用刮鏟混拌一邊煮到82℃（安格列斯醬）。
④ 離火，加入鮮奶油混合（3）。過濾後倒入Pacojet食品調理機的容器中，放入急速冷凍櫃中冷凍。
⑤ 使用前再放進Pacojet攪拌成冰淇淋。重複幾次放入冷凍庫用湯匙混拌的流程，調整軟硬度（4）。

初階糖風味甜塔皮

① 攪拌機裝上平攪拌槳以低速攪打奶油成乳霜狀。加入混合均勻的初階糖和杏仁粉，攪拌到看不見粉粒。用橡皮刮刀刮下黏在平攪拌槳和攪拌機上的麵團。

＊先加杏仁粉，再倒入含水材料時比較好乳化。須注意一旦攪拌過度就會出油。

② 分5～6次倒入打散的全蛋液，每次都用攪拌機低速混拌乳化。中途刮下黏在平攪拌槳和攪拌盆上的麵團。加入低筋麵粉，間斷式混拌到看不見粉粒。

③ 用手壓平麵團，包上保鮮膜。放進冰箱靜置一晚（5）。

④ 取出麵團放在工作台上輕輕揉捏，整成四方形。放進壓麵機每次轉90度壓成2.75mm厚。

⑤ 在烤盤上攤平，用直徑8.5cm的圓模切取。放進冰箱靜置約30分鐘直到麵團硬化方便作業。

⑥ 用手指在直徑6.5cm、高1.7cm的慕斯圈內側抹上薄薄的乳霜狀奶油（份量外），鋪入麵團（塔皮入模→p.265）。放入冰箱靜置30分鐘。

⑦ 排在鋪了網狀矽膠烤墊的烤盤上，慕斯圈內側擺上鋁杯貼緊放入重石。送進170℃的旋風烤箱烤約14分鐘。先取出置於室溫下放涼10分鐘，拿下重石和鋁杯，取下慕斯圈（6）。再放入170℃的旋風烤箱烤約5分鐘，直接置於室溫下放涼。

組合

① 用抹刀分次少量地挖取煙燻冰淇淋填入初階糖風味甜塔皮中塞滿。放入冷凍庫中備用（7）。

啤酒沙巴翁

① 白啤酒 A 開火加熱，煮到收汁剩10g（8）。

② 用打蛋器攪拌蛋黃和細砂糖。

③ 在②中倒入①和8g白啤酒，充分攪拌均勻（9）。放到快沸騰的熱水中隔水加熱，攪拌到稍微變黏稠（10）。移開熱水盆加入吉利丁片攪拌溶解。

④ 倒入攪拌盆中，高速打發到充滿空氣（11）。放涼後倒入鋼盆中墊著冰水，偶爾用刮鏟攪拌冷卻。

裝飾

① 把填滿煙燻冰淇淋的甜塔皮放到盤子上。上面用湯匙放上啤酒沙巴翁堆高。用噴槍加熱到稍微烤焦即可（12）。

Pain perdu 法國吐司

說到法國吐司就會聯想到點心，不過我試著以「Paris S'éveille」特有的作法，呈現出俐落的盤飾甜點。使用切成時髦方塊造型的布里歐麵包。泡在阿帕雷醬汁中充分吸收汁液，以平底鍋煎香表面再放進烤箱烘烤鬆軟。如舒芙蕾般柔和的味道及口感，和充滿香料氣息的紅酒醬相當對味。

材料 （9盤份）

布里歐麵包 Pâte à brioche

（5×5cm。9個份）

全蛋* œufs entiers 3個
牛奶* lait 30g
中筋麵粉* farine 150g
高筋麵粉 farine de gruau 150g
上白糖 sucre blanc 72g
轉化糖 trimoline 7.5g
麥芽 malt 0.8g
新鮮酵母 levure fraîche 18g
鹽 sel 6g
奶油 beurre 150g

＊全蛋、牛奶和奶油充分冷藏備用。
＊中筋麵粉使用日清製粉的「百合花（LYS D'OR）」麵粉。

阿帕雷醬汁 Appareil

（容易製作的份量）

細砂糖 sucre semoule 45g
檸檬皮（磨細屑） zeste de citron râpé 1顆份
牛奶 lait 360g
鮮奶油（乳脂肪35%）
crème fraîche 35% MG 360g
全蛋 œufs entiers 340g

紅酒醬 Sauce vin rouge

（容易製作的份量）

細砂糖 sucre semoule 60g
紅酒 vin rouge 500g
蜂蜜 miel 40g
肉桂棒 gousse de cannelle 1根
小豆蔻 cardamome 1個
丁香 clou de girofle 3個
榛果（去皮）* noisettes émondées 30g
葡萄乾 raisins 20g
櫻桃乾 griotte sec 20g

＊榛果放入160℃的旋風烤箱中烤約10分鐘，切粗粒。
＊葡萄乾和櫻桃乾清洗後瀝乾水分備用。

檸檬風味橄欖油 huil d'olive au citron 適量

作法

布里歐麵包

① 攪拌盆中放入全蛋、牛奶、中筋麵粉、高筋麵粉、上白糖、轉化糖和麥芽，用裝上麵團鉤的攪拌機低速混拌到看不見粉粒。放入冰箱靜置30分鐘。

＊添加上白糖可做出濕潤感。

② 加入新鮮酵母用攪拌機低速混拌。加鹽，溶解後調高到中低速攪打20分鐘，充分揉出筋性。拉撐麵團的話，會出現具穿透感的透明薄膜。

③ 奶油用塑膠膜包好拿擀麵棍敲打柔軟。分3次加入②中，混拌到滑順狀態。揉捏好的建議溫度為23℃。

④ 以拉開表面的方法用手將麵團整成圓形，放入鋼盆中。包上保鮮膜放進濕度80度、溫度30℃的發酵箱中發酵。

⑤ 膨脹到2倍大後取出放在撒了手粉的工作台上，以摺起四邊收攏麵團的方式排氣。翻面包上塑膠膜，放進冷凍庫冷卻約1個半小時停止發酵。

⑥ 放入冰箱靜置1小時醒麵。

＊這個狀態下可保存3天。

⑦ 整形。在工作台上撒上手粉，將⑥分切成125g。以摺起四邊的方式收攏麵團成圓形並翻面，放在手掌上轉動整成表面光滑緊繃的球狀。

⑧ 在不沾土司模（9×19cm、高9cm）中放入2個收口處朝下的⑦。蓋上蓋子放入濕度80度、溫度30℃的發酵箱中約發酵1小時。

⑨ 放入170℃的旋風烤箱中烤30～35分鐘。脫模取出麵包放在網架上，置於室溫下放涼。

阿帕雷醬汁

① 鋼盆中放入細砂糖和檸檬皮屑用手搓拌出香氣。

② 另取一鋼盆倒入牛奶和鮮奶油，放入①用橡皮刮刀混拌。

③ 另取一鋼盆打入全蛋攪散。分3次加入②，每次都用打蛋器充分混拌。

紅酒醬

① 銅鍋中倒入細砂糖開小火加熱，一邊攪拌一邊炒成微上色的焦糖。

② 紅酒加熱到50℃左右，一邊分次少量地倒入①中一邊用打蛋器攪拌。小豆蔻、丁香放入茶包袋，和肉桂棒、蜂蜜一起加入。熬煮到剩140g（中途取出香料）。

③ 加入榛果、葡萄乾和櫻桃乾，再次煮沸。置於室溫下放涼，放進冰箱保存。

裝飾

① 用鋸齒刀切除布里歐麵包的烤皮，再切成5cm方塊。

② 深方盤中倒入阿帕雷醬汁，把①排在方盤上，放入冰箱浸泡約1小時。取出上下翻面，再放入冰箱浸泡1小時。取出翻面放在網架上約5分鐘，瀝乾多餘醬汁。

③ 平底鍋中抹上一層薄奶油，充分加熱。將②的每面煎成金黃色。放到預熱的烤盤上送進170℃的旋風烤箱中約5分鐘，烤到熱呼呼。

＊用烤箱加熱可以做出舒芙蕾般的鬆軟口感。

④ 把③放在盤子上淋上紅酒醬。繞圈淋入檸檬風味橄欖油即可。

Abricot / Lavande / Citron　杏桃／薰衣草／檸檬

這道是夏季在長野縣輕井澤舉辦的活動中，想出以杏桃為主題的單品。在不破壞外形迅速煮熟的糖煮杏桃上，沾滿薰衣草的自然香氣，加上以檸檬提味的奶油，完成味道柔和的作品。用薄餃子皮做成的義大利餃，口感香脆，和裡面流出的柔軟奶油形成對比，有趣得讓人喜愛。

材料　（10盤份）

薰衣草風味糖煮杏桃
Compote d'abricot à la lavande

杏桃（新鮮）　abricots　5個
水　eau　20g
細砂糖　sucre semoule　20g
薰衣草（乾燥）　lavande　1g

薰衣草風味檸檬奶油霜
Crème citron à la lavande
（40盤份）

鮮奶油（乳脂肪35%）
crème fraîche 35% MG　125g
牛奶　lait　125g
薰衣草　lavande　2g
蛋黃　jaunes d'œufs　72g
細砂糖　sucre semoule　80g
卡士達粉　poudre à flan　16g
奶油　beurre　50g
檸檬皮（磨粗屑）　zeste de citron râpé　1.5g

義大利餃　Ravioli
（40盤份）

餃子皮　ravioli　80片

杏桃庫利　Coulis d'abricot

杏桃　abricot　200g
基底糖漿（p.250）　base de sirop　約50g
檸檬汁　jus de citron　5g

檸檬皮薰衣草泡沫醬汁
Emulsion de zeste de citron et de lavande
（容易製作的份量）

牛奶　lait　150g
檸檬皮（磨粗屑）
zeste de citron râpé　½顆份
薰衣草（乾燥）　lavande　0.5g
細砂糖　sucre semoule　10g
大豆卵磷脂　lécithine de soja　½大匙

作法

薰衣草風味糖煮杏桃

① 杏桃縱向對半劃入切痕轉開，取出果核。

② 銅鍋中放入①的杏桃、細砂糖、水和薰衣草（1），開極小火加熱。沸騰後杏桃翻面，一邊傾斜鍋身一邊讓杏桃沾滿糖漿，煮到杏桃出汁（2）。全部煮熟變軟即可。

＊杏桃煮到某個程度會整個裂開，所以要注意熬煮情況，在快裂開前關火。不去皮，加入少量冷水加熱也能預防煮裂。

③ 放入鋼盆中包上保鮮膜，放涼後放入冰箱靜置一晚。

薰衣草風味檸檬奶油霜

① 銅鍋中倒入鮮奶油和牛奶煮沸。關火加入薰衣草混合（3），蓋上鍋蓋浸泡5分鐘。

② 過濾並輕壓薰衣草擠出汁液（4）。取250g，不夠的話各加入等量的鮮奶油和牛奶補足。倒回銅鍋中煮沸。

③ 另取一鋼盆放入蛋黃和細砂糖用打蛋器攪拌。加入卡士達粉，攪拌到看不見粉粒。

④ 取1/4量的②倒入③中，用打蛋器充分攪拌。倒回②的鍋中，依卡士達醬的製作要領邊攪拌邊煮。離火，邊攪拌邊用餘熱加熱約30秒。

＊注意不要煮過頭，造成鮮奶油油水分離。

⑤ 加入檸檬皮屑，墊著冰水一邊用刮鏟攪拌一邊冷卻到40℃左右（5）。

＊在這個時間點加入檸檬皮可以避免產生澀味或辣味，只在奶油中留下清新香氣。

⑥ 奶油攪拌成乳霜狀，加到⑤中用打蛋器攪拌均勻（6）。

⑦ 倒入深容器中，用攪拌棒攪拌到黏稠滑順出現光澤的乳化狀態（7）。中途用橡皮刮刀刮下黏在葉片或容器上的奶油。放入冰箱調整成容易擠出的軟硬度。

⑧ 把⑦倒入裝上口徑12mm圓形花嘴的擠花袋中，擠出直徑4cm的圓形。放入急速冷凍櫃中冰凍。

＊把畫好直徑4cm圓形的畫紙放在烤盤上，蓋上OPP紙，按照圓圈擠出奶油。

義大利餃

① 用刷子沾水（份量外）大量塗在餃子皮周圍。

② 把冷凍的檸檬奶油霜放在①的中間，上面也蓋上餃子皮。用直徑4.5cm的慕斯圈內圈壓緊密合（8），周圍用手指黏緊。以直徑6cm的圓型切模切取（9）。

③ 依次壓上直徑5cm、直徑5.5cm的圓型切模內側使餃子皮確實黏緊。排在烤盤上（10），放入急速冷凍櫃中冰凍。

＊需用力仔細壓緊，以免水煮時皮散開來。

杏桃庫利

① 杏桃縱向對半劃入切痕轉開，取出果核。

② 把①和檸檬汁放入果汁機中攪打成泥狀，用細篩網過濾（11）。留在篩網上的杏桃也要仔細過濾乾淨。

③ 在②中加入波美30度糖漿，調整甜度（12）。放入冰箱保存。

檸檬皮薰衣草泡沫醬汁

① 銅鍋中倒入牛奶、檸檬皮屑煮沸。

② 關火加入薰衣草攪拌（13）。蓋上鍋蓋浸泡5分鐘。

③ 過濾並輕壓薰衣草擠出汁液（14）。加入細砂糖攪拌，包上保鮮膜放涼，放進冰箱保存。

④ 使用前加入大豆卵磷脂（15），用打蛋器攪拌。靜置2～3分鐘。

裝飾

① 把義大利餃放入沸騰的熱水中，煮約1分半鐘，注意不要黏鍋（16）。過冰水降溫後用紙巾擦乾水分（17）。

② 分開糖煮杏桃的果肉和糖漿。

③ 把②的糖漿均勻淋在義大利餃上（18）。

④ 盤中倒入少許②的糖漿，放上1塊糖煮杏桃。

⑤ 再放上義大利餃，撒上一些用來煮杏桃的薰衣草。

⑥ 倒入深容器中，用攪拌棒打發並靜置30秒左右。輕敲工作台消除細泡，僅取用殘留的粗泡沫。

⑦ 鬆鬆地放上檸檬皮薰衣草醬汁的泡沫（19）。在盤前附上杏桃庫利即可。

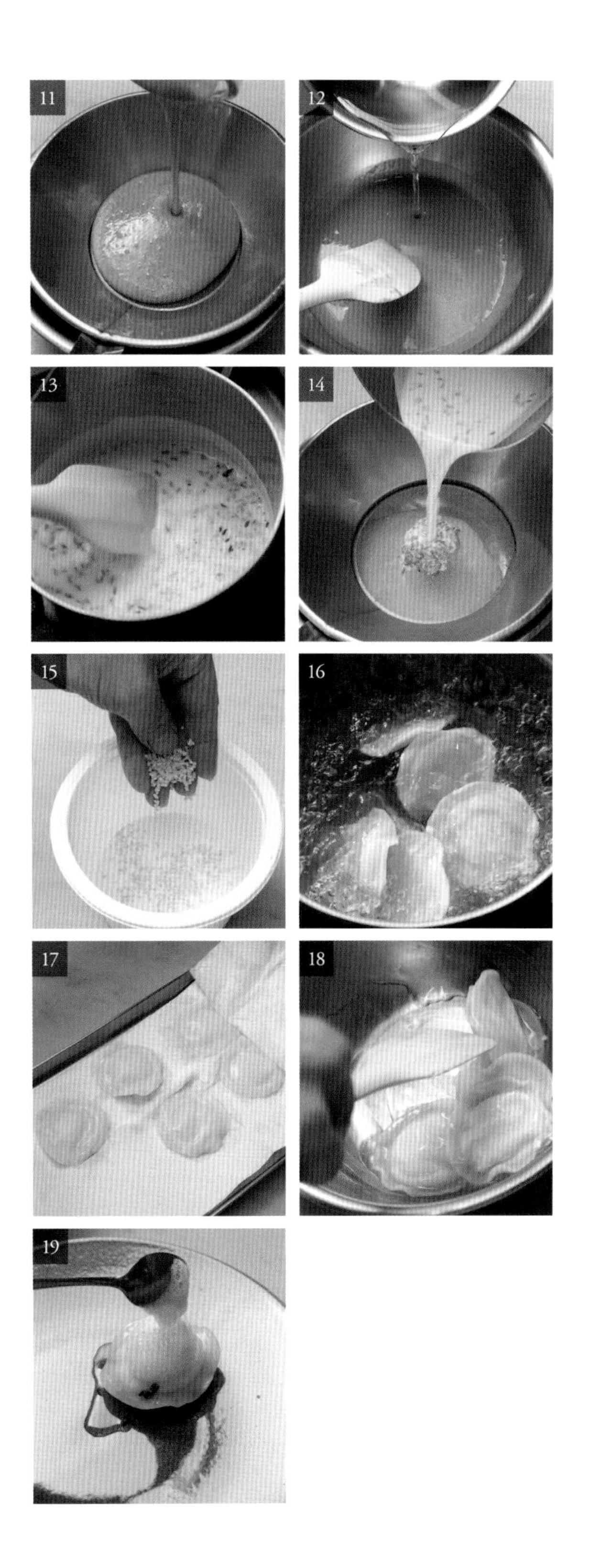

Pêche / Eau　蜜桃／水

從蜜桃和香檳的組合延伸出創意，使用氣泡水做成更清爽、澄淨的單品。糖煮蜜桃不水煮改淋上熱糖漿，注重清新質感。透明美麗的果凍，是把氣泡水緩緩地注入溶解的吉利丁中，盡量不破壞氣泡，做出爽朗口感。藏在底部的奶凍，為水潤的果凍和蜜桃增添濃郁度。

材料 （8盤份）

糖煮蜜桃 Compote de pêche

（容易製作的份量。每盤使用¼個）

白桃 pêche blanche 6個

白酒 vin blanc 720g

水 eau 300g

細砂糖 sucre semoule 540g

檸檬汁 jus de citron 36g

香草莢 gousse de vanille ½根

水蜜桃香甜酒* crème de pêche 153g

＊crème de pêche是水蜜桃香甜酒。

氣泡水凍 Gelée d'eau

（8盤份）

氣泡水* eau minerale gazeuse 800g

吉利丁片 gélatine en feuilles 12g

＊使用沛綠雅氣泡水。

香草奶凍（p.217）

pannacotta à la vanille 650g

野莧菜葉 feuilles d'amarante 適量

基底糖漿（p.250） base de sirop 適量

柑橘風味橄欖油

huile d'olive à l'orange 適量

作法

糖煮蜜桃

① 把白桃放進沸騰的熱水1分鐘再泡冰水，撕除去皮。放到深容器中。

② 鍋中倒入白酒、水、細砂糖、檸檬汁、香草籽和香草莢煮沸。

③ 把②倒入①的容器中浸漬白桃。置於室溫下放涼，降溫後倒入水蜜桃香甜酒緩緩地拌勻。

④ 包上保鮮膜讓白桃完全浸泡在糖漿中蓋上鍋中蓋，放進冰箱浸漬一晚。

氣泡水凍

① 從冰箱中取出瓶裝氣泡水，置於室溫下約15分鐘。

＊冰冷的沛綠雅會讓吉利丁凝固，溫度高又會產生太多泡沫，所以在室溫下靜置片刻調整到最佳溫度。

② 把軟化的吉利丁片放入鋼盆中，貼著盆壁倒入少許氣泡水，充分攪拌溶解吉利丁（1）。

③ 和②一樣一邊緩緩地注入①，一邊用橡皮刮刀輕輕地攪拌（2）。盡量減少攪拌次數以免消泡。

④ 沿著玻璃瓶內側緩緩輕輕地注入③（3）。

⑤ 倒到快要滿出來時，包好保鮮膜蓋上瓶蓋旋緊。倒放在方盤上，放進冰箱冷藏凝固（4）。

＊因為氣泡會散掉，所以當天就要用完。

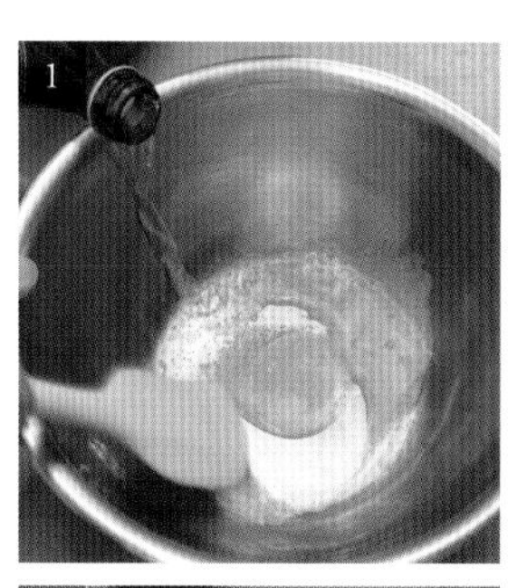

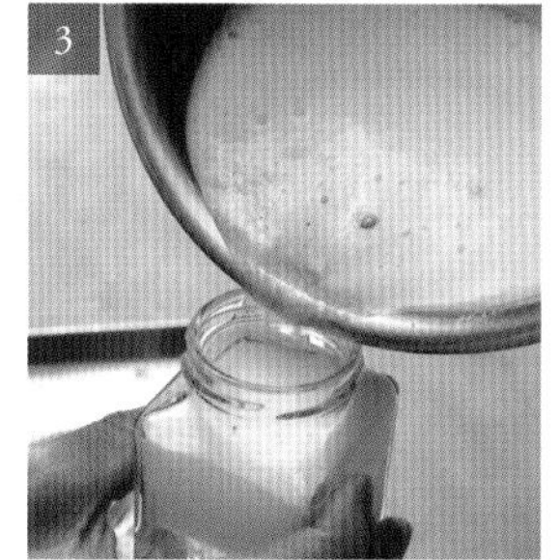

裝飾

① 在器皿中盛入80g香草奶凍，從上放入約100g的氣泡水凍，再擺上1/4個去掉果核的糖煮蜜桃。淋入基底糖漿。

② 繞圈淋上柑橘風味的橄欖油，擺上野莧菜葉即可。

Abocat / Abricot　酪梨／杏桃

嚴格來說酪梨屬於水果，但在我的印象中卻是蔬菜。想挑戰發揮其獨特口感和濃郁厚實滋味的同時，還能品嚐到豐富的水果味，便試著搭配酸味強烈的杏桃。散發柳橙香氣的酪梨鮮奶油和柔軟的杏桃果凍融為一體，在口中擴散開來，可以感受到彷彿香甜又似清爽，難以言喻的迷人果實味。

材料　（10盤份）

酪梨鮮奶油　Crème à l'abocat

酪梨（淨重）　abocat　145g

檸檬汁　jus de citron　適量

細砂糖　sucre semoule　20g

檸檬皮（磨細屑）　zeste d'orange　⅓顆份

杏桃果泥　purée d'abricot　80g

鮮奶油（乳脂肪35%）　crème fraîche 35% MG　60g

吉利丁片　gélatine en feuilles　2.6g

糖煮杏桃　Compote d'abricot

杏桃　abricot　300g*

細砂糖　sucre semoule　30g

水　eau　30g

＊杏桃的份量是去核後的淨重。

杏桃果凍　Gelée d'Abricot

糖煮杏桃　compote d'abricot　140g

細砂糖　sucre semoule　6g

檸檬汁　jus de citron　10g

檸檬皮（磨細屑）　zeste de citron râpé　¼顆份

吉利丁片　gélatine en feuilles　2g

杏桃泡沫醬汁　Emulsion d'Abricot

（容易製作的份量）

糖煮杏桃的糖漿

sirop de compote d'abricot?　上述全部

水　eau　糖漿的½量

大豆卵磷脂　lécithine de soja　½大匙

酪梨　abocat　適量

作法

酪梨鮮奶油

① 酪梨去皮取出果核，切成適當大小。灑上檸檬汁稍微拌勻，避免變色。

② 把①、細砂糖、檸檬皮屑、杏桃果肉放入果汁機，攪打成滑順泥狀。

③ 倒入鮮奶油繼續攪拌。確實乳化後倒入鋼盆中。

④ 在軟化的吉利丁片中加入少許③，用打蛋器充分攪拌。倒回③再仔細攪拌。倒入容器中放進冰箱保存。

糖煮杏桃

① 杏桃縱向對半劃入切痕轉開，取出果核。

② 依p.238〈薰衣草風味糖煮杏桃〉②的要領加糖水煮（不加薰衣草）。

③ 放入鋼盆中包上保鮮膜，置於室溫下放涼。放進冰箱靜置一晚。

④ 過濾分開果肉和糖漿，果肉用來做果凍，糖漿用來做泡沫醬汁。

杏桃果凍

① 杏桃果凍的果肉、細砂糖、檸檬汁和檸檬皮屑放入果汁機中，攪打成滑順泥狀。

② 在軟化的吉利丁中加入少許①，用打蛋器充分攪拌。倒回剩餘的①中用打蛋器仔細攪拌。放進冰箱冷藏凝固。

杏桃泡沫醬汁

① 糖煮杏桃的糖漿加水調淡，用打蛋器拌勻。加入大豆卵磷脂，用打蛋器攪拌。靜置2～3分鐘。

② 倒入深容器中，用攪拌棒打發後靜置約30秒。僅取用剩餘的粗泡沫擺盤。

裝飾

① 盤子上放調羹，擺上整成橄欖形的酪梨鮮奶油。用湯匙挖取一塊薄杏桃果凍放在上面。

② 放上1～2片切成薄片狀的酪梨果肉。淋上杏桃泡沫醬汁即可。

Pizza aux pommes 蘋果披薩

在巴黎的飯店「Plaza Athénée」工作時，艾倫・杜卡斯（Alain Ducasse）在名為砂鍋的圓形陶器上，鋪入數層蘋果薄片烘烤後提供給顧客。我用自己的方式改良其餐點，做出這款披薩薄餅。雖然只是蘋果撒上細蔗糖的簡單組合，但以疊了三層薄片放入烤箱烘烤的方式，烘乾適量水分正是這款甜點的優點。可以品嚐到有別於新鮮蘋果和糖煮方式的濃縮滋味。

材料 （直徑23cm，1盤份）

烤蘋果 Pommes cuits

蘋果（富士） pommes 4個
細蔗糖 cassonade 200g

香草風味香緹鮮奶油 Crème Chantilly à la vanille

（容易製作的份量）

鮮奶油（乳脂肪35%） crème fraîche 35% MG 100g
香草粉 vanille en poudre 適量
糖粉 sucre glace 5g

黑胡椒 poivre noir 適量

作法

烤蘋果

① 蘋果去皮，對半縱向剖開挖除果核。用鋸齒小刀切成1mm厚的片狀（1）。
② 在直徑23cm的圓盤上鋪入①，每片稍微重疊排成漂亮的鱗片狀（2）。讓蘋果超出盤邊約1cm。
③ 整體輕撒上細蔗糖（3）。
④ 圓盤轉90度，重複②～③（4）。
⑤ 用剪刀剪掉超出圓盤的蘋果，整成圓形（5）。鬆鬆地蓋上鋁箔紙用手掌輕壓，包住整個圓盤（6）。
⑥ 放在烤盤上，放入180℃的旋風烤箱中烤約1小時。先取出打開錫箔紙，在蘋果上均勻輕撒上一層細蔗糖（7）。
⑦ 再包上錫箔紙，放回烤箱中續烤約30分鐘。取出撕下錫箔紙，整體再輕撒上細蔗糖。
⑧ 不包錫箔紙再放回烤箱中續烤約30分鐘（8）。

香草風味香緹鮮奶油

① 把所有的材料放入鋼盆中，用打蛋器打到8分發。

裝飾

① 挖取香草風味香緹鮮奶油以輕扣的方式倒在烤蘋果上。黑胡椒磨勻，四處撒上黑胡椒粒即可。

Les préparations de base

基礎配料與動作

奶油、蛋白霜、糖漿

卡士達醬

Crème pâtissière

材料（完成量約720g）
牛奶　lait　500g
香草莢　gousse de vanille　1/3根
蛋黃　jaunes d'œufs　120g
細砂糖　sucre semoule　125g
低筋麵粉　farine ordinaire　22.5g
玉米澱粉　fecule de maïs　22.5g
奶油　beurre　50g

1
銅鍋中倒入牛奶、香草籽和香草莢煮沸。

2
同時鋼盆中放入蛋黃和細砂糖，用攪拌器攪拌溶解。倒入低筋麵粉和玉米澱粉，攪拌到看不見粉粒。

3
取1/4量的1倒入2中充分混拌。再倒回1中。
＊牛奶變涼的話就必須再加熱。倒入2中的份量只取1/4量，銅鍋的火繼續開著加熱。

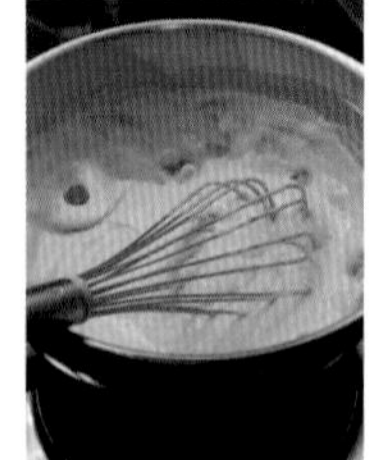

4
一邊攪拌一邊轉大火，不時用刮鏟刮下黏在鍋壁上的奶油來煮。從黏稠的狀態變得滑順輕盈，出現光澤冒出大氣泡後離火。

5
加入奶油，用打蛋器充分攪拌乳化。
＊若是這裡沒有確實乳化，放涼後會失去滑順感，質地鬆散。

6
倒入方盆鋪平。包上保鮮膜貼緊，放入急速冷凍櫃中迅速降溫後放進冰箱保存。

◎使用時，取必須用量回復至室溫，用橡皮刮刀輕輕地攪拌滑順。

香緹鮮奶油

Crème Chantilly

材料（容易製作的份量）
鮮奶油（乳脂肪40%）
crème fraîche 40% MG　200g
糖粉　sucre glace　12g

1
攪拌盆中放入鮮奶油和糖粉高速打發。

2
打到約6分發後自攪拌機取下，用打蛋器打到喜歡的發泡程度。
＊發泡程度依用途而異。照片是10分發。

法式奶油霜

Crème au beurre

材料（完成量約580g）
全蛋　œufs entiers　56g
蛋黃　jaunes d'œufs　24g
細砂糖 A　sucre semoule　10g
香草醬　pâte de vanille　1.6g
香草精*　extrait de vanille　3g
水　eau　44g
細砂糖 B　sucre semoule　160g
奶油　beurre　300g
＊天然香草濃縮原汁。

1
攪拌盆中放入全蛋、蛋黃、細砂糖 A、香草醬和香草精，用攪拌機高速打發。攪打蓬鬆後降到低速。

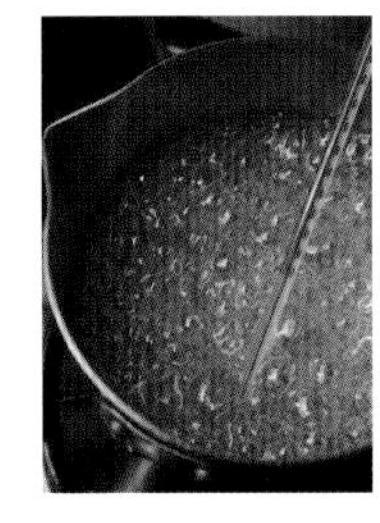

2
同時在銅鍋中倒入水和細砂糖開大火加熱，熬煮到120℃。鍋底迅速泡水降溫避免繼續加熱。

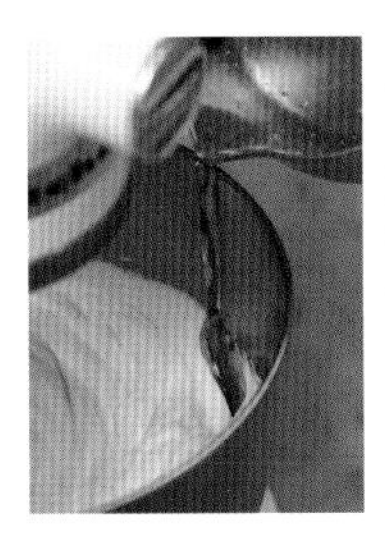

3
1提升到高速，一邊注入2一邊攪拌。降溫到50℃左右，稍微產生黏性，可以清楚看到打蛋器的攪打痕跡後，降到中速一邊攪拌一邊冷卻到室溫左右。

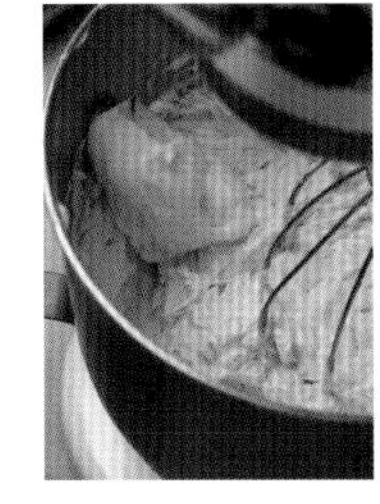

4
分6次加入乳霜狀奶油（建議溫度約22℃）到3中，每次都用高速攪拌。從第3次以後攪拌到充分乳化。
＊分次少量地加入奶油，乳化得比較徹底。若是沒有乳化，須注意原因是否為糖漿溫度過高或奶油過度融化。

5
乳化後的狀態。自攪拌機取下，用橡皮刮刀從底部撈起切拌均勻一致。

◎使用時如果有消泡現象，再次用攪拌機高速打發。另外，存放於冰箱或冷凍庫的奶油霜，使用時回復到室溫後再以攪拌機高速打發。

義式蛋白霜

Meringue Italienne

材料（容易製作的份量）
蛋白　blancs d'œufs　100g
細砂糖 A　sucre semoule　16g
細砂糖 B　sucre semoule　147g
水　eau　37g
＊蛋白充分冷藏備用。

1
攪拌盆中放入蛋白和細砂糖 A，用攪拌機高速充分打發。

2
同時，銅鍋中放入細砂糖 B 和水開火加熱熬煮到118℃。

3
一邊注入2一邊繼續攪拌。整體拌勻後降到中速，繼續攪拌到降溫至室溫左右調整質地。

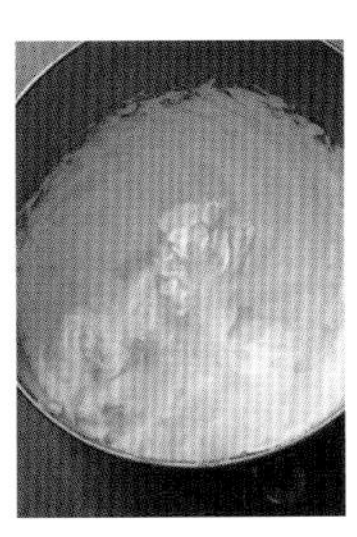

4
完成尾端挺立具光澤感的蛋白霜。

杏仁奶油餡

Crème frangipane

材料（容易製作的份量）
奶油* beurre 180g
杏仁粉 amandes en poudre 180g
細砂糖 sucre semoule 180g
全蛋* œufs entiers 134g
卡士達粉 flan en poudre 22g
蘭姆酒 rhum 30g
卡士達醬 crème pâtissière 226g
＊奶油和全蛋回復室溫備用。

1
攪拌機裝上平攪拌槳將奶油攪打成乳霜狀，加入細砂糖以低速攪拌。加入杏仁粉，攪拌到看不見粉粒。

2
分5次倒入打散的全蛋液，每次都要充分攪拌乳化。
＊倒完半量左右和最後一次時，暫停攪拌機刮下黏在平攪拌槳和攪拌盆上的奶油。

3
一次加入蘭姆酒和卡士達粉，每次都用低速攪拌均勻。暫停攪拌機刮下黏在平攪拌槳和攪拌盆上的餡料，攪拌到看不見粉粒。

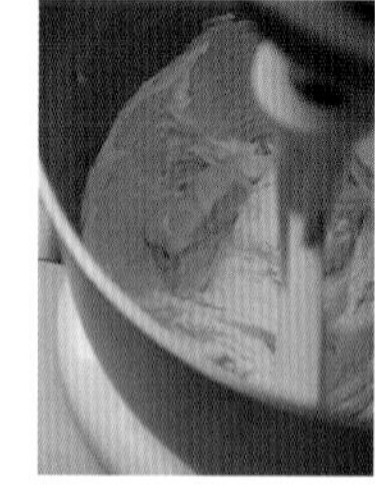

4
分5次加入卡士達醬，每次都要充分攪拌。刮下黏在平攪拌槳和攪拌盆上的餡料，攪拌到均勻一致。

5
倒入方盤中，用刮板抹平。包上保鮮膜貼緊，放進冰箱靜置一晚。

◎使用時，用攪拌機以低速攪拌均勻滑順後使用。

基底糖漿

Base de sirop

材料（容易製作的份量）
水 eau 1000g
細砂糖 sucre semoule 1200g

1
鍋中倒入水和細砂糖，用打蛋器一邊攪拌一邊加熱到砂糖完全溶解。

◎放涼後使用。

咖啡濃縮液

Pâte de café

材料（容易製作的份量）
水 eau 100g
即溶咖啡 café soluble 100g

1
鍋中倒入水和即溶咖啡，開中火加熱。一邊不停地用刮鏟攪拌一邊煮到咖啡溶解。置於室溫下放涼後，放進冰箱保存。
＊萬一沸騰的話咖啡會燒焦，因此要特別留意這點。

◎在Paris S'éveille當作咖啡香精使用。

焦糖液　Base de caramel

材料（容易製作的份量）
細砂糖　sucre semoule　150g
水　eau　50g

1
銅鍋中倒入細砂糖和水，開中火加熱。煮到稍微冒煙變深焦糖色。

2
離火過濾，置於室溫下放涼。放進冰箱保存。

柑橘風味橄欖油　Huile d'olive à l'orange
檸檬風味橄欖油　Huile d'olive au citron

材料（容易製作的份量）
特級冷壓橄欖油
huile d'olive　100g
柑橘皮（削薄）
zeste d'orange　5g
香草莢
gousse de vanille　½根

材料（容易製作的份量）
特級冷壓橄欖油
huile d'olive　100g
檸檬皮（削薄）
zeste de citron　5g
香草莢
gousse de vanille　½根

1
橄欖油加熱到60℃。離火放入柑橘皮（或檸檬皮）和縱向剖開的香草莢（不要刮下香草籽），置於室溫下放涼。

2
倒入瓶裝蓋上瓶蓋，浸漬1週。

◎使用時也不要取出柑橘皮或檸檬皮及香草莢以滲入風味。

| 巧克力 |

巧克力調溫

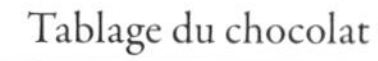

Tablage du chocolat

1
調溫巧克力隔水加熱融解。苦甜巧克力調整到52℃、牛奶巧克力到48℃、白巧克力到42℃。

2
鋼盆中保留約¼量，其餘倒到大理石工作台上，用三角刮板抹平。

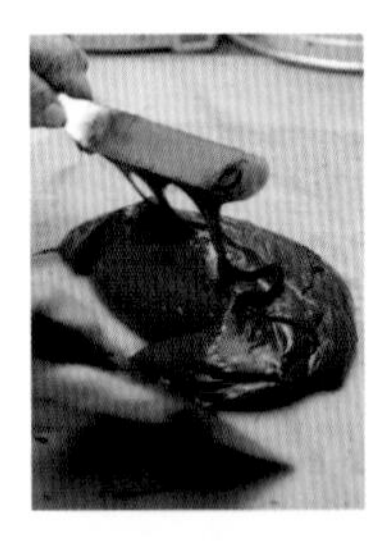

3
手拿三角刮板和L型抹刀，一邊用三角刮板刮起調溫巧克力再用L形抹刀抹開，一邊向中央聚攏再攤平。降溫到巧克力變濃稠快要凝固。（苦甜巧克力的建議溫度是28℃，牛奶巧克力是26℃，白巧克力是25℃）。

4
倒回 2 的鋼盆中，和預留的調溫巧克力攪拌均勻。

5
調整苦甜巧克力的溫度到31.5℃，牛奶巧克力到30℃，白巧克力到29℃。溫度降低時，稍微隔水加熱升溫。

牛奶巧克力捲片
黑巧克力捲片

Copeaux de chocolat au lait

Copeaux de chocolat noir

材料（容易製作的份量）
調溫巧克力（牛奶，可可含量40%）
couverture au lait　1000g
*使用法芙娜的「吉瓦納牛奶巧克力（Jivara Lactee）」塊。

材料（容易製作的份量）
調溫巧克力（苦甜，可可含量64%）
couverture noir　1000g
*使用法芙娜的「Extra Bitter」巧克力塊。

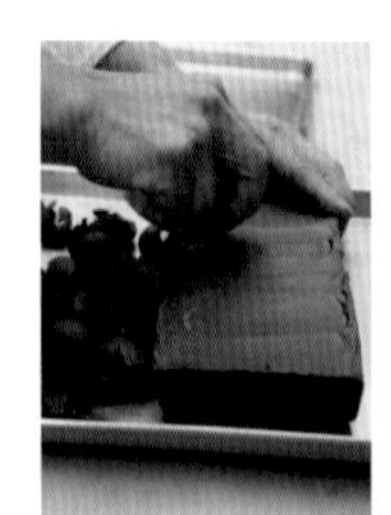

1
調溫巧克力放在溫暖環境下讓整體軟化一致。用直徑7cm的圓型切模傾斜45度角，從前面往身體這側削下調溫巧克力。

2
削下的捲片。削出漂亮的圓形捲片或不整齊的弧形斷片等各種形狀都沒關係。不夠圓的可用手指捲繞整形。

黑巧克力片

Plaquettes de chocolat noir

材料（40×30cm，2片份）
調溫巧克力（苦甜，可可含量61%）
couverture noir　400g
＊使用法芙娜的「Extra Bitter」。

1
在沒有邊框的烤盤上噴灑酒精並放上OPP紙，用刮板刮過表面以排出空氣貼緊。

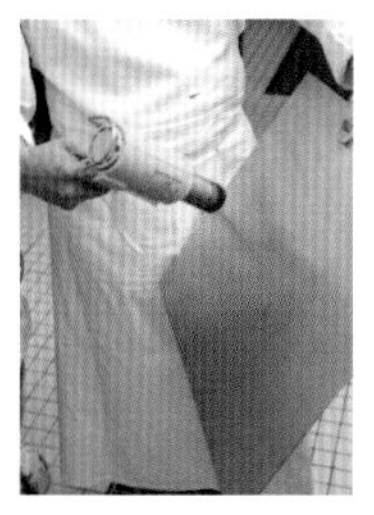

2
用噴槍加熱烤盤背面、湯勺和L型抹刀。變得不冰冷即可。

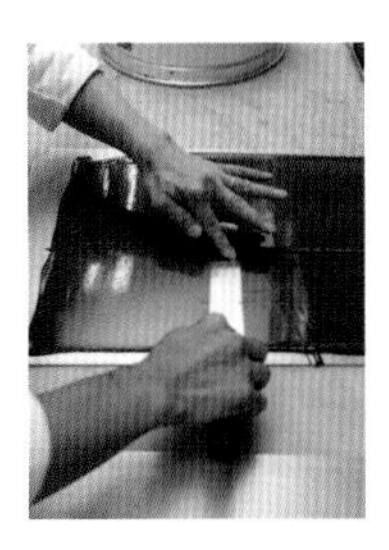

3
用湯勺將調溫過的巧克力倒到烤盤上，以L型抹刀均勻抹薄。
＊抹開的範圍略大於OPP紙。

4
在光澤感消失，開始凝固前切成所需大小。貼著OPP紙切。
＊在p.38「頂尖」當中是切成5.2×4.2cm，p.69「榛果巧克力塔」和p.131「黑香豆咖啡巧克力蛋糕」則是切成6×6cm。（照片中使用七輪刀切割器）

5
避免巧克力片翹起，蓋上OPP紙和烤盤，置於室溫下凝固。

牛奶巧克力片

Plaquettes de chocolat au lait

材料（60×40cm的烤盤1片份）
調溫巧克力（牛奶，可可含量40%）
couverture au lait　400g
＊使用法芙娜的「吉瓦納牛奶巧克力（Jivara Lactee ）」。

1
和上述「黑巧克力片」1～3一樣抹開調溫過的巧克力。

2
在光澤感消失，開始凝固前切成所需大小。
＊在p.44「阿諾先生」當中是切成8×4cm。

3
避免巧克力片翹起，蓋上OPP紙和烤盤，置於室溫下凝固。

裝飾巧克力

Décor chocolat

材料（2.5×26cm）
調溫巧克力（苦甜，可可含量61%）
couverture noir　適量
＊使用法芙娜的「Extra Bitter」。

1
和p.253「黑巧克力片」1～3一樣，抹開調溫過的巧克力。使用1片2.5×26cm的OPP紙。

2
先用小刀尖端劃開OPP紙，抓住頂端連同OOP紙一起撕起來。

3
貼著瓦片酥模整成波浪型。

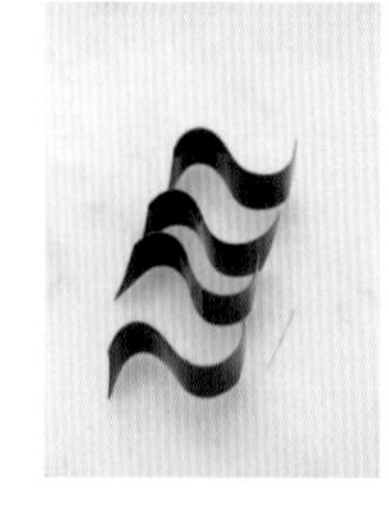

4
撕除OPP紙，用加熱過的小刀切成喜好長度。

白巧克力球

Boule chocolat blanc

材料（5.5cm 球體）
調溫巧克力（白巧克力）
couverture blanc　適量
＊使用法芙娜的「伊芙兒（Ivoire）」。

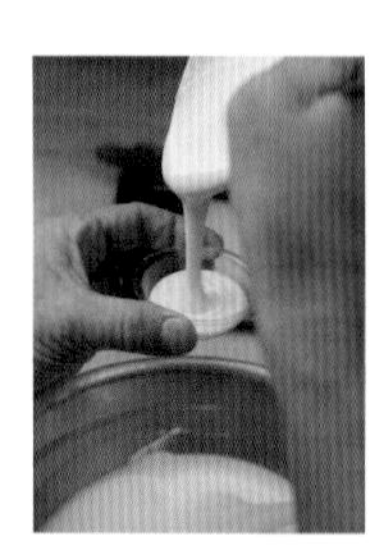

1
在直徑5.5cm的半球型模中倒入大量調溫過的巧克力。輕敲側面排出空氣。

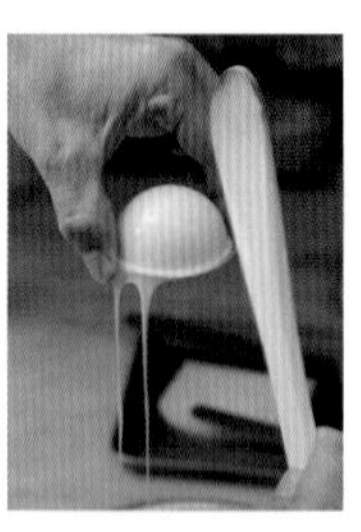

2
模型朝下滴除多餘的調溫巧克力。

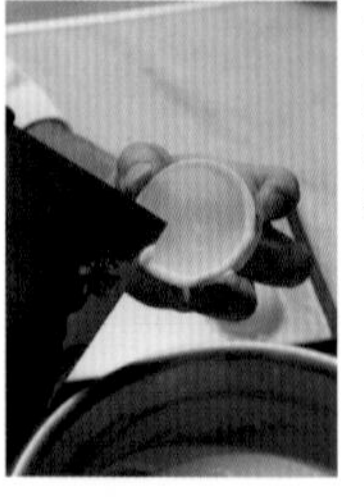

3
用三角模板刮掉黏在模型邊緣的調溫巧克力。蓋在貼好OPP紙的方盤上置於室溫下凝固。

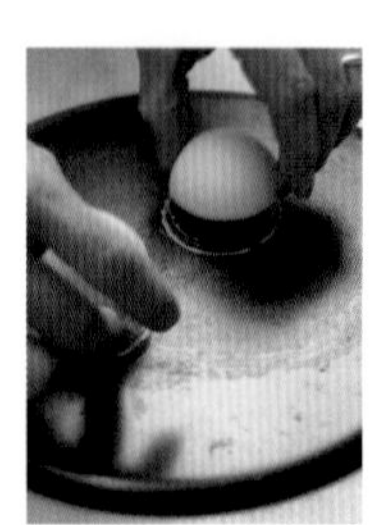

4
脫模取出巧克力，將切口放在加熱過的烤盤上稍微融化。

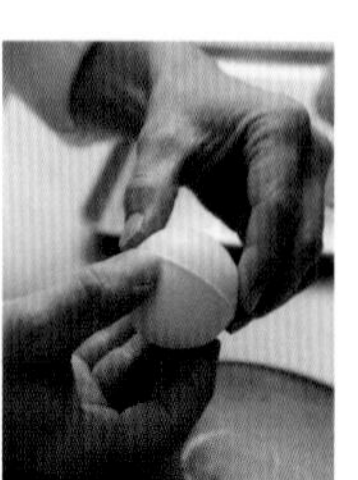

5
互相黏住斷面形成球體，置於室溫下凝固。

堅果類

杏仁脆粒

Craquelin aux amandes

材料（容易製作的份量）
水　eau　25g
細砂糖　sucre semoule　100g
杏仁角　amandes hachées　100g

1
銅盆中倒入水和細砂糖開大火加熱，熬煮到118℃。關火加入杏仁角。

2
用木鏟混拌整體使其泛白糖化。結塊的話用手剝開。

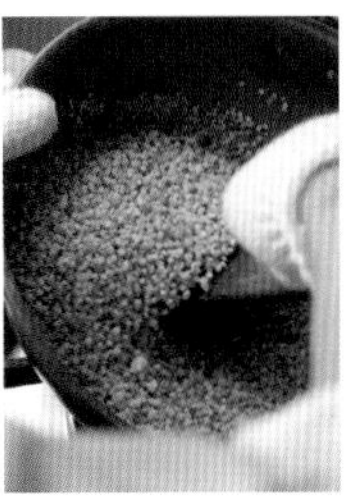

3
一邊混拌一邊開大火加熱。當盆壁的砂糖開始溶解後轉中火，一邊轉動銅盆一邊用木鏟由底部往上撈的方式加以混拌。不時離火混拌，避免燒焦。

4
當整體均勻變棕色後（快要成為飴糖的狀態），倒到方盤上置於室溫下放涼。和乾燥劑一起放入密閉容器保存。

開心果脆粒

Craquelin à la pistache

材料（容易製作的份量）
開心果（去皮）　pistaches　200g
細砂糖　sucre semoule　200g
水　eau　50g

1
把開心果倒在烤盤上，放入150℃的旋風烤箱中烤約12分鐘，不要烤上色。

2
銅盆中倒入水和細砂糖開大火加熱，熬煮到118℃。關火加入1，用木鏟混拌整體使其泛白糖化。

3
倒到篩網上抖落多餘砂糖。結塊的話用手剝開。
*為了顯出開心果的顏色，適當抖落砂糖不要沾黏太多。

4
倒在鋪了烘焙紙的烤盤上，放入120℃的電烤箱中烤30分鐘。直接放在烤箱內一晚利用餘溫乾燥。和乾燥劑一起放入密閉容器中保存。
*以低溫烘乾的方式烘烤可以保有開心果色澤。

焦糖榛果

Noisettes caramelisées

材料（容易製作的份量）

榛果（帶皮） noisettes 200g

水 eau 40g

細砂糖 sucre semoule 75g

奶油 beurre 6g

1

把榛果倒在烤盤上鋪平，放入160℃的旋風烤箱中烤約10分鐘。倒在粗孔篩網上，用手掌轉動去皮。

2

銅盆中倒入水和細砂糖開大火加熱，煮到118℃。關火加入1，用木鏟混拌整體使其泛白糖化。結塊的話用手剝開。

3

開中火加熱，一邊轉動銅盆一邊把榛果由底部往上撈加以混拌。不時離火混拌，避免燒焦。當砂糖大致溶解後關火加入奶油混拌。

4

整顆使用時，倒在方盤上用2片刮板一邊混拌一邊放涼後，用手一粒粒剝開。切碎使用時，倒在烤盤上鋪平置於室溫下放涼。和乾燥劑一起放入密閉容器中保存。

焦糖杏仁

Amandes caramelisées

材料（容易製作的份量）

杏仁（帶皮） amandes 200g

水 eau 40g

細砂糖 sucre semoule 75g

奶油 beurre 6g

1

和上述「焦糖榛果」1～3一樣加熱糖化杏仁，不要燒焦煮到焦糖化。加入奶油混拌。
＊把杏仁放進160℃的旋風烤箱中烤約15分鐘，不去皮。

2

倒在烤盤上鋪平置於室溫下放涼。和乾燥劑一起放入密閉容器中保存。

杏仁牛軋糖

Nougatine d'amandes

材料（容易製作的份量）
細砂糖 sucre semoule 200g
水飴 glucose 33g
水 eau 約15g
杏仁角 amandes hachées 135g

1
把杏仁角倒在烤盤上鋪平，放入160℃的旋風烤箱中烤約15分鐘，直到快上色，保溫備用。

2
銅盆中放入水飴和細砂糖，沿著盆邊倒水沾濕細砂糖。用木鏟一邊混拌一邊加熱，煮到呈金黃色。關火加入1，攪拌到整體泛白冒泡。

3
把2倒在矽膠烤墊上，再蓋上另一片矽膠烤墊轉動擀麵棍擀薄擀平。靜置放涼。

4
用菜刀切成3mm丁狀。和乾燥劑一起放入密閉容器中保存。

可可粒牛軋糖

Nougatine grué

材料（60×40cm 烤盤1片份）
奶油 beurre 125g
細砂糖 sucre semoule 150g
NH 果膠粉 pectine 2.5g
牛奶 lait 50g
水飴 glucose 50g
可可粒 grué de cacao 150g

1
開中火融化奶油後，關火加入水飴。轉小火，溶解後加入已混合均勻的細砂糖和果膠粉，用打蛋器稍微攪拌。關火攪拌到乳化成乳霜狀。
＊一旦乳化不確實，烘烤時就會碎裂。

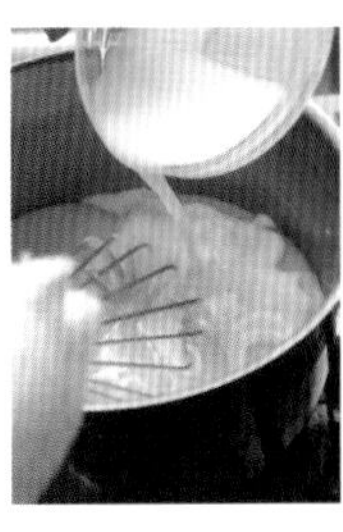

2
開小火，倒入已加熱到體溫左右的牛奶攪拌。

3
均勻乳化後，換拿刮鏟繼續混拌。關火加入可可粒混拌均勻。
＊避免加入食材時造成溫度過低，攪拌前開小火事先提升溫度。

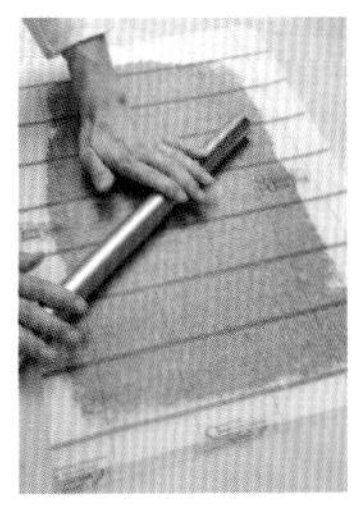

4
在大理石工作台上鋪上烘焙紙，倒入3，上面再蓋上烘焙紙。轉動金屬擀麵棍擀到和紙張相同大小。放在烤盤上，送入急速冷凍櫃中冷藏凝固。

5
撕除上面的烘焙紙，放入160℃的旋風烤箱中烤約15分鐘。放在網架上置於室溫下放涼。切大片和乾燥劑一起放入密閉容器中保存。

| 果膠 |

香草透明果膠 Nappage vanille

材料（容易製作的份量）
透明果膠* nappage neuter 250g
香草醬 pâte de vanille 1g
＊使用Aldia的「裝飾鏡面果膠」。

1
透明果膠和香草醬混合均勻。

水潤香草透明果膠 Nappage à la vanille

材料（容易製作的份量）
透明果膠* nappage neuter 250g
水 eau 50g
香草醬 pâte de vanille 0.6g
＊使用「焙樂道（PURATOS）」的「即用閃亮透明果膠（HARMONY SUBLIMO NENTER）」。

1
所有材料混合均勻。

閃亮透明果膠 Nappage "sublimo"

材料（容易製作的份量）
透明果膠* nappage neuter 300g
基底糖漿 (p.250) base de sirop 30g
＊使用「焙樂道（PURATOS）」的「即用閃亮透明果膠（HARMONY SUBLIMO NENTER）」。

1
所有材料混合均勻。

杏桃果膠 Nappage abricot

材料（容易製作的份量）
杏桃果膠 nappage d'abricot 200g
水 eau 40g
＊使用市售杏桃果膠。

1
鍋中倒入杏桃果膠和水開火加熱，熬煮到用刮鏟撈起時，呈緩慢滴落凝固的濃度狀態。

2
過濾後在溫熱狀態下使用。

鏡面巧克力、絲絨巧克力

黑巧克力鏡面淋醬

Glaçage miroir chocolat noir

材料（容易製作的份量）
細砂糖　sucre semoule　416g
可可粉　cacao en poudre　167g
水　eau　250g
鮮奶油（乳脂肪35%）
crème fraîche 35% MG　250g
吉利丁片　gélatine en feuilles　25g

1
可可粉和細砂糖用打蛋器攪拌均勻。

2
銅盆中放入水和1開中火加熱，攪拌到無粉粒結塊。換拿刮鏟一邊不停地攪拌一邊煮沸。
＊須注意此處容易燒焦。

3
關火加入鮮奶油混拌。開中火，一邊混拌一邊再次煮沸。

4
關火加入吉利丁片混拌溶解。

5
過濾到深容器中，用攪拌棒攪拌到滑順狀態。包上保鮮膜貼緊，放進冰箱靜置一晚。

6
加溫到35℃融化淋醬，用攪拌棒攪拌回復滑順的乳化狀態後使用。

棕色巧克力淋醬

Glaçage blonde au chocolat

材料（容易製作的份量）
免調溫巧克力（牛奶）　pâte à glacer　460g
調溫巧克力（苦甜，可可含量61%）
couverture noir　183g
食用油　huile végétale　69g
＊免調溫巧克力使用Cacao Barry的「牛奶巧克力（Pâte à Glacer Blonde）」，調溫巧克力使用法芙娜的「Extra Bitter」。

1
把免調溫巧克力、調溫巧克力和食用油倒入鋼盆中隔水加熱融解。調整到35℃左右。

2
使用時加溫到35℃左右用攪拌棒攪拌回復滑順的乳化狀態。

焦糖巧克力淋醬

Glaçage miroir chocolat au lait et au caramel

材料（容易製作的份量）
細砂糖　sucre semoule　180g
鮮奶油（乳脂肪35%）
crème fraîche 35% MG　180g
基底糖漿（p.250）　base de sirop　50g
可可脂　beurre de cacao　6g
調溫巧克力 A（白巧克力）
couverture blanc　72g
調溫巧克力 B（苦甜，可可含量61%）
couverture noir　72g
吉利丁粉　gélatine en feuilles　6g
水　eau　30g
*調溫巧克力 A 使用「伊芙兒（Ivoire）」、B 使用「Extra Bitter」（皆是法芙娜（Valrhona）的產品）。

1
銅盆中放入⅕量的細砂糖開小火加熱，用打蛋器攪拌溶解。大致溶解後再加入⅕量……重複以上動作。全部溶解後轉大火一邊攪拌一邊煮焦（焦糖）。

2
同時另取一鍋倒入鮮奶油和基底糖漿，加熱到快要煮沸。一邊不停地攪拌一邊倒入 1 中。加入泡水膨脹的吉利丁粉攪拌溶解。

3
把 2 過濾到隔水加熱已融解約⅔的白巧克力、苦甜巧克力和可可脂中。

4
用打蛋器從中間開始攪拌，慢慢地往周圍移動整體攪拌均勻。倒入深容器中，用攪拌棒攪拌到出現光澤，滑順的乳化狀態。蓋上蓋子放入冰箱保存。

5
使用時把淋醬加溫到35℃融解，用攪拌棒攪拌回復滑順的乳化狀態。連同鋼盆輕敲工作台排出空氣。

焦糖咖啡淋醬

Glaçage caramel café

材料（容易製作的份量）
焦糖巧克力淋醬
glaçage chocolat au lait et au caramel　500g
咖啡濃縮液（p.250）　pâte de café　25g

1
焦糖巧克力淋醬加溫到35℃，倒入咖啡濃縮液混合均勻。用攪拌棒攪拌到滑順的乳化狀態。連同鋼盆輕敲工作台排出空氣。

焦糖淋醬

Glaçage au caramel

材料（容易製作的份量）
細砂糖　sucre semoule　278g
鮮奶油（乳脂肪35%）
crème fraîche 35% MG　230g
玉米澱粉　fecule de maïs　18g
吉利丁片　gélatine en feuilles　11g

1
依照p.260「焦糖巧克力淋醬」1～2的要領把細砂糖煮成焦糖，另取一鍋倒入鮮奶油加熱到快要煮沸（不過，細砂糖每次加⅙量）。

2
一邊不停地攪拌一邊把鮮奶油倒入焦糖中。保持沸騰狀態。

3
鋼盆中倒入玉米澱粉和少許2用打蛋器充分攪拌。倒回2中再次煮沸。

4
關火放涼到80℃加入吉利丁片混拌。倒入深容器中，用攪拌棒攪拌到出現光澤的輕柔乳化狀態。蓋上蓋子放進冰箱保存。

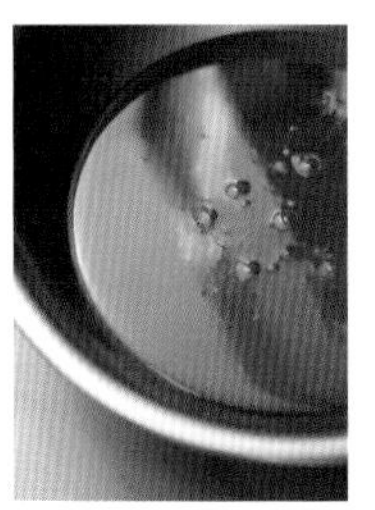

5
使用時加溫到35℃後用攪拌棒攪拌回復滑順狀態。

金黃巧克力淋醬

Glaçage beige au chocolat

材料（容易製作的份量）
鮮奶油（乳脂肪35%）
crème fraîche 35% MG　283g
吉利丁片　gélatine en feuilles　3.8g
調溫巧克力（金黃巧克力片，可可含量35%）
couverture blonde　500g
透明果膠　napage neuter　190g
*調溫巧克力使用法芙娜的「Dulcey 金黃巧克力片」。金黃色和帶有餅乾風味為其特徵。

1
鮮奶油煮沸後關火，加入吉利丁片攪拌溶解。

2
在隔水加熱已融解約⅔的調溫巧克力中分3次加入1，每次都用打蛋器從中間開始攪拌到整體均勻一致。

3
整體攪拌均勻後倒入深容器中，加入透明果膠攪拌。用攪拌棒攪拌到出現光澤的滑順乳化狀態。蓋上蓋子放進冰箱保存。

4
使用時加溫到約35℃後回復成滑順狀態。

絲絨黑巧克力

Flocage de chocolat noir

材料（容易製作的份量）
調溫巧克力（苦甜，可可含量61%）
couverture noir　400g
可可脂　beurre de cacao　200g
＊使用法芙娜的「Extra Bitter」。

1
把調溫巧克力和可可脂放入鋼盆中，隔水加熱攪拌融解。使用時調整到50℃左右。

開心果綠絲絨巧克力

Flocage de cocolat blanc coloré

材料（容易製作的份量）
調溫巧克力（白巧克力）
couverture blanc　400g
可可脂　beurre de cacao　280g
色粉（綠、黃、紅）
colorant (vert, jaune, rouge)　適量
＊使用法芙娜的「伊芙兒（Ivoire）」。

1
調溫巧克力和可可脂隔水加熱攪拌融解。一邊看3種色粉的配色一邊倒入，染成開心果綠。使用時調整到40℃左右。
＊色粉分別加10倍量的櫻桃白蘭地溶解。

糖漬橙皮

Écorces d'orange confites

材料（容易製作的份量）
橙皮　zestes d'orange　2顆份
基底糖漿（p.250）　base de sirop　適量

1
用鋸齒小刀將橙皮削成圓形薄片，泡在水中。
＊削成圓形皮用於p.43「阿諾先生」。下刀和收尾時不要用力，到了中間再用力削，就能做出邊緣薄如捲片般的圓弧狀。

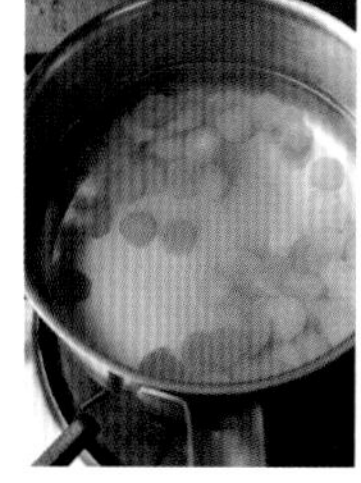

2
鍋中倒入大量的水和橙皮。開大火加熱，煮沸後用篩網撈起倒掉熱水，迅速過冷水。再重複做一次。

3
鍋中倒入基底糖漿和2開火加熱。在稍微沸騰的狀態下約煮4分鐘。當邊緣微微捲起後關火，置於室溫下放涼。

4
浸漬在糖漿中保存，用廚房紙巾充分吸乾水分後使用。

糖漬橙皮絲

Écorce d'oranges julliennes confites

材料（容易製作的份量）
橙皮　zestes d'orange　2顆份
基底糖漿（p.250）　base de sirop　適量

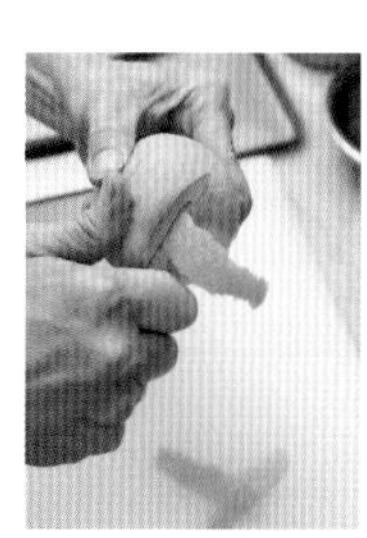

1
用削皮刀將橙皮削成薄長條狀。拿小刀削除內部白色部分，切成細絲。

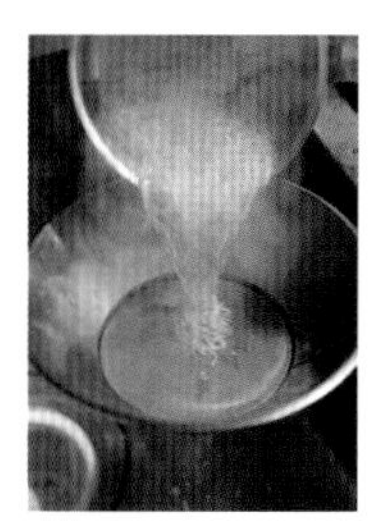

2
鍋中倒入大量的水和1的橙皮。開火加熱，煮沸後用篩網撈起倒掉熱水，迅速過冷水。再重複做一次。

3
鍋中倒入2和基底糖漿蓋過表面開火加熱。煮沸後轉小火約煮4分鐘。置於室溫下放涼。

4
浸漬在糖漿中保存，用廚房紙巾充分吸乾水分後使用。

香料風味糖漬櫻桃

Griottes macerées aux épices

材料（容易製作的份量）
Griotte 櫻桃（冷凍） griottes 330g
水 eau 160g
細砂糖 sucre semoule 195g
覆盆子果泥 purée de framboise 33g
丁香 clou de girofle 1g
肉桂棒 bâton de cannelle 2.5g
八角粉 anis étoile en poudre 0.5g

1
把丁香、肉桂棒和八角粉裝進茶包袋中。

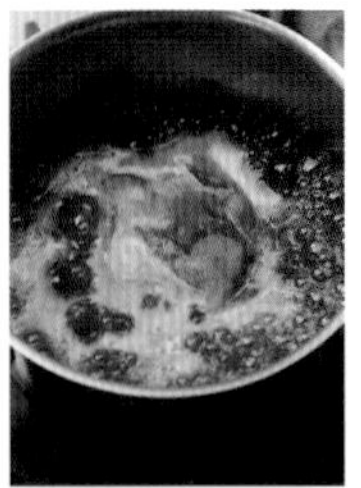

2
鍋中倒入水、細砂糖、覆盆子果泥和1開火加熱。沸騰後關火，蓋上鍋蓋浸泡5分鐘。

3
鋼盆中放入冷凍櫻桃，倒入2。包上保鮮膜放進冰箱浸漬一晚。

4
瀝乾水分後使用。

防潮糖粉

Sucre décor

材料（容易製作的份量）
糖粉 sucre glace 150g
防潮糖粉* sucre décor 350g
*使用市售防潮糖粉。

1
糖粉和防潮糖粉過篩混合均勻。

◎如果單用市售防潮糖粉，麵粉味太重，所以加了糖粉使用。

基本動作

塔皮入模

鋪入慕斯圈

（使用直徑6.5cm、高1.7cm的慕斯圈）

準備

用手指在慕斯圈內側薄薄地抹上一層乳霜狀奶油備用。

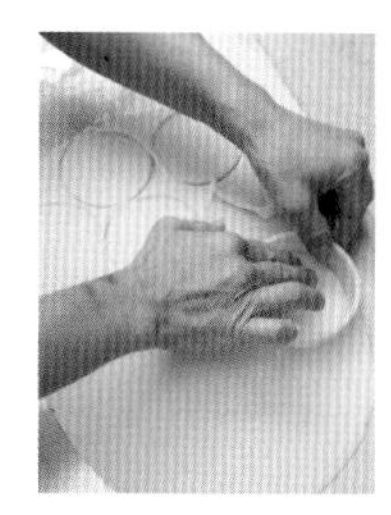

1
將塔皮麵團擀壓成2.75mm厚，用比慕斯圈大兩圈的圓模（直徑8.5cm）切取。切下的塔皮放進冰箱冷藏。

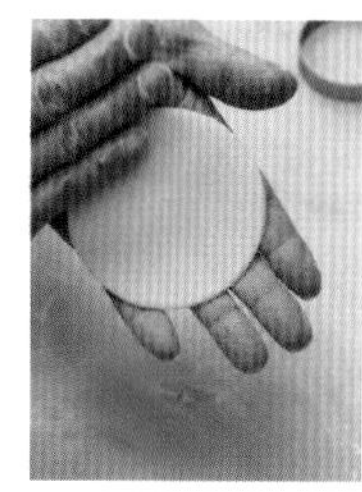

2
塔皮撒上手粉，放在手掌上利用手溫軟化塔皮。

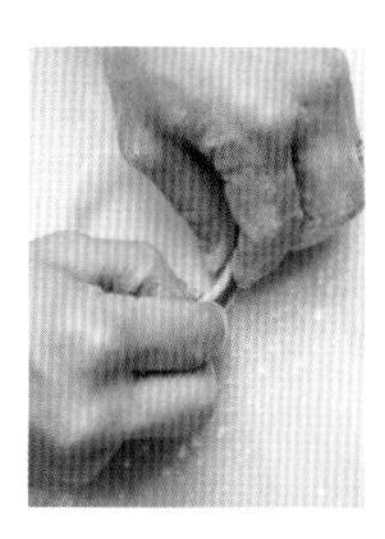

3
把塔皮蓋在慕斯圈正上方，雙手一邊慢慢地繞著模型移動一邊用大拇指將塔皮押進模型底部。這時，不要讓模型懸空於工作台上。

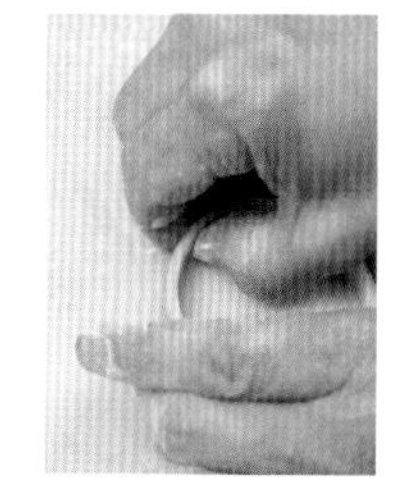

4
拇指壓住模型底部和側面邊角，將塔皮漂亮地鋪進各角落。用另一隻手旋轉模型，完成一圈作業。
＊如果塔皮沒有鋪到角落，烤好時側面塔皮會融化下陷裂開。

5
放在方盤上放進冰箱冷藏後，用小刀修整露出模型上方的多餘塔皮。

6
加了可可粉的塔皮，因為質地延展性較差，入模時的動作務必更仔細謹慎。

鋪入框模

（使用6×6cm、高2cm的框模）

準備

用手指在框模內側薄薄地抹上一層乳霜狀奶油備用。

1
將塔皮麵團（照片中是加了可可粉的麵團）擀壓成2.75mm厚，切成23×2cm和5.3cm見方，各使用1片。放進冰箱冷藏。

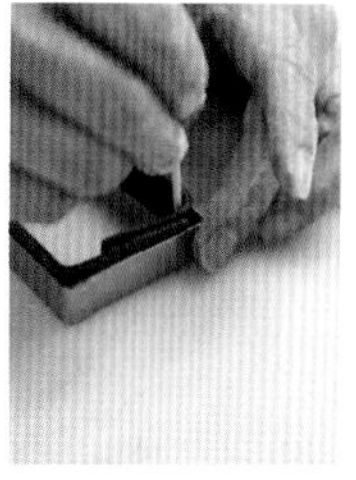

2
在23×2cm的塔皮撒上手粉，放在手掌上利用手溫回軟。把塔皮貼入框模側面使其密合沒有空隙。用沾了手粉的竹籤將塔皮確實壓進角落。

3
重疊的部分保留1～2mm，用小刀修除多餘塔皮。手指輕壓重疊部分調整厚度。

4
5.3cm見方的塔皮撒上手粉，放在手掌上利用手溫回軟後鋪進3中，和側面塔皮貼合做出漂亮邊角。平整鋪入不讓底部浮起。這時，不要讓模型懸空於工作台上。

5
放在方盤上放進冰箱冷藏後，用小刀修整露出模型上方的多餘塔皮。

烤塔皮麵團／空燒準備

1
把網狀矽膠烤墊鋪在烤盤上，排上已入模的塔皮。鋪入鋁杯貼緊擺上重石烘烤。
＊一旦鋁杯高於鋪在側面的塔皮，就會造成塔皮碎裂，所以配合模型內徑切齊備用（用於直徑6.5cm、高1.7cm的慕斯圈時切成直徑8.7cm的圓形）。

2
烤好後取下重石和鋁杯，置於室溫下放涼。

在烤盤上貼OPP紙

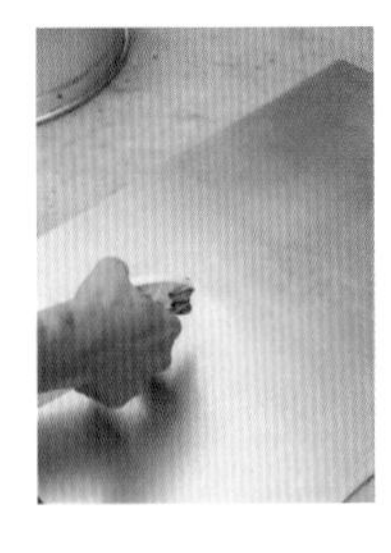

1
在烤盤或方盤上噴灑酒精。

2
拉緊OPP紙鋪上，用刮板從上方刮過排出空氣。

使用模板鋪平麵糊

1
把烘焙紙鋪在工作台上，放上模板。在模板內側倒入麵糊。

2
用抹刀稍微抹平。

3
使用鐵棒或平面蛋糕刀等平整器具從身體這側往前、再從前方往身體這側滑動抹平表面，同時刮除溢出模板的麵糊。

4
慢慢地取下模板，連同烘焙紙以滑入的方式放在烤盤上。

從烤盤取下蛋糕體／蛋糕體翻面

1
拿小刀插入烤好的蛋糕體和烤盤間，切開蛋糕體。

2
上面鋪上烘焙紙再放上網架。

3
連同網架一起翻面取下上面的烤盤。

4
撕除黏在蛋糕體上的烘焙紙。

5
在步驟 4 中撕掉紙的那一面之上方放好烘焙紙蓋上烤盤，連同烤盤翻面。取下上面的網架和烘焙紙。

刮除蛋糕體表皮／切齊蛋糕體厚度

1
要刮除蛋糕體底部或烤皮時，用鋸齒刀薄薄地刮下整平表面。

2
要切出厚度一致的蛋糕片時，在蛋糕體兩邊放上所需高度的鐵棒，拿鋸齒刀沿著鐵棒高度切除。

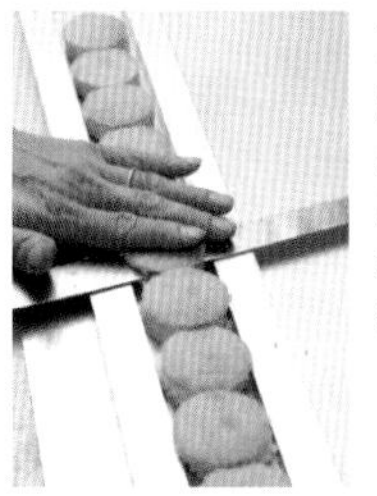

3
將蛋糕體分切成所需大小、或是避免脫模後切除表皮時造成厚度不一。排好蛋糕體，在兩邊放上鐵棒，沿著鐵棒高度用鋸齒刀切除。

分切甜點

1
分切甜點時，用噴槍稍微加熱平面蛋糕刀，先在上層劃下切痕。
＊不要一口氣切到底部，會造成表面出現裂痕，或是餡料掉落。

2
換拿鋸齒小刀。用噴槍稍微加熱後，在側面虛放刮板作為記號，一邊對準刮板一邊在甜點上垂直劃入5mm切痕。

3
用噴槍稍微加熱平面蛋糕刀，往下完全分切開來。

磨柑橘類皮屑

1
柑橘皮依目的可磨成細屑或粗屑。希望加強風味時使用細孔刨刀（照片右），單純增添香氣時則用粗孔刨刀（左）刮取。

使用粗孔刨刀「Microplane刨刀」。只刮取表皮。

累積細部基本功

「Paris S'éveille」做工繁雜的甜點都有其不可妥協的理由。例如甘納許。為了做出滑順入口即化的口感，乳化是絕對必要的。首先，將溫度調到40℃和鮮奶油混合，視情況一邊觀察調溫巧克力的融解狀態，一邊先融解備用。接

Un jour de Paris S'éveille

Paris S'éveille的日常作息

「Paris S'éveille」的早晨，從每天5點拉開序幕。光線微暗的店內，櫃檯工作人員拿著陸續在廚房完成的甜點和奶酥麵包，在架上排放整齊……。我相當喜歡這段整天中最安靜、精華的時間。透過大窗戶往店內看，美味的甜點和麵包排放在復古格調的大型陳列架上，陳舊的模具和工具散發出溫柔風情。造型略帶時髦的冷藏甜點，展現出自然清爽的姿態。我心中描繪的日常生活好物，就在這裡。

照片左起吉田昇平、後生川秀治郎、伊興田健人、佐藤光星、稚田健人、中本遼太、竹林奈緒、佐藤徹、片山美咲、武良遥香、高橋リサ、金子美明、大須賀千波、本田真実、岡澤高志、中澤紘平、尾藤貴史、伊丹友哉

Paris S'éveille工作團隊

2003年。要成立「Paris S'éveille」時，我選了去法國前就住慣的熟悉環境，位於東横線上的自由之丘。開設了包括自己在內共8人的西點店。店內總有怎麼做也做不完的工作，即便如此經營仍不見起色，心想這真是件苦差事啊。之後過了13年，如今已成為擁有20位員工的西點店，看著這張照片內心有些自豪。要開設這家店前，我大部分做的是店內主廚的工作。但是這裡擁有20位貨真價實的主廚。偶爾我會打開自己的想像抽屜，天馬行空地思考，提出的點子越難解副手佐藤就越開心。於是兩人彼此激盪出的創意，不知不覺變成原先未曾想過的樣式。為了確實傳達出細節，盡量和工作人員一對一地解釋細部差異。於是照片中的工作人員們，便運用自己的專長來解決難題。當做好的成品交到顧客手上時，他們一定很開心。不，那樣的經驗他們應該在Paris S'éveille遇過很多次了。

我希望照片中的每一位成員，不管辛苦或開心，都能有所成長。顧客願意大駕光臨。因為那是我們努力的結果。

給教導我創作樂趣的人們

20多歲時在設計師事務所工作，不知何時會有人看到自己的設計，事務所的總監前輩看到我一邊被堆積如山的繁瑣工作追著跑，一邊自暴自棄的樣子，就給我看他年輕時的作品集。和我的作品一樣，都是設計名片啦火柴盒之類，有時是超市廣告單等小案件。但是他做的名片每張都頗具特色，甚至連小火柴盒都是讓人「好想收藏」的魅力設計，只想問他花了多少時間在做這些小案件。在那渺小的工作中，可以感受到目前已成名的他，投入的精力和製作令人印象深刻的廣告均一視同仁的熱情。

我認為不管哪種工作、職場都有積極面和消極面。任何事情只要能找到樂趣，就會積極面對該工作，樂在其中，最後展現出個人魅力。對於20多歲時遇到的那位總監而言，是一張不知會交給誰的小名片設計也好，還是這輩子會耗資千萬請來大牌團隊和演員全力拍攝推出的廣告也好，都是一本初衷抱持樂趣完成的作品。簡而言之，完成理想作品的人不管面對什麼工作在什麼場所（職場）下，都是有能力提出魅力作品的人。他教了一邊想著「只要能接到這種引人注目的大案子，就連我也做得出這麼棒的設計」，一邊嫌名片設計很不起眼的我做事的真髓。

我經常和同事說：「店（公司）不是老闆的私有物，是屬於參與其中全體工作人員的。」現在，對於眼前的事物不能全力投入樂在其中的人，就算站上能成就偉大事業的舞台，也無法做出感動人心的作品。快樂的心情都被沉重的壓力擊潰了吧。

接下出書的重大任務，從構思開始2年內得以和衷心享受工作的專業人士共事。負責用語言描述「味道」想像世界這道難題的瀨戶理惠子女士。總是把我的甜點拍的美味無比，我最愛的攝影師合田昌弘先生，一直兢兢業業。有時還要邊聽我們任性的要求，邊整理總結的編輯鍋倉由記子女士，以及連細節都很堅持盡量提升甜點形象的設計師成澤豪先生。還有總是對我提出的100個要求給予120個回應的好幫手佐藤徹。然後幫忙把他丟出的難題做到萬全準備，讓攝影得以順利進行的「Paris S'éveille」同仁們、隨時給我最大支持的妻子，在此由衷地表達我的謝意。

2016年9月

金子美明

PROFILE

金子美明 Yoshiaki Kaneko

1964年生於千葉縣。1980年進入「雷諾特」（東京池袋。目前歇業）。曾任職於「PATISSERIE Pont des arts」（名古屋）等店，以設計師為志，進入松永真設計事務所。從事7年平面設計的工作。1994年再次回到甜點業界。進入「Restaurant PACHON」（東京代官山）、1998年起擔任「Le Petit Bedon」（東京代官山。目前歇業）的甜點主廚。1999年赴法國，在「Sucré Cacao」「LADURÉE」（以上在巴黎）「LE DANIE」（雷恩）「ARNAUD LARHER」「Alain Ducasse Hotel Plaza Athenee」（以上在巴黎）「Patrick Roger」（索城）等店服務累積經驗。2003年回日本，擔任「Paris S'éveille」的甜點主廚。2009年起成為行政總廚。2013年在法國凡爾賽開設「au chant du coq」。

Paris S'éveille
東京都目黑區自由之丘2-14-5　電話／03-5731-3230
營業時間／10：00～20：00（全年無休）

TITLE

金子美明 法式甜點經典配方　精美典藏版

STAFF

出版　瑞昇文化事業股份有限公司
作者　金子美明
譯者　郭欣惠

總編輯　郭湘齡
責任編輯　黃美玉
文字編輯　徐承義　蕭妤秦　張聿雯
美術編輯　許菩真
排版　二次方數位設計
製版　印研科技有限公司
印刷　龍岡數位文化股份有限公司
法律顧問　立勤國際法律事務所　黃沛聲律師

戶名　瑞昇文化事業股份有限公司
劃撥帳號　19598343
地址　新北市中和區景平路464巷2弄1-4號
電話　(02)2945-3191
傳真　(02)2945-3190
網址　www.rising-books.com.tw
Mail　deepblue@rising-books.com.tw

三版日期　2020年11月
定價　1500元

ORIGINAL JAPANESE EDITION STAFF

発行者　土肥大介
発行所　株式会社柴田書店
〒113-8477　東京都文京区湯島3-26-9 イヤサカビル
営業部　03-5816-8282（注文・問い合わせ）
書籍編集部　03-5816-8260
http://www.shibatashoten.co.jp
印刷・製本　凸版印刷株式会社

國家圖書館出版品預行編目資料

金子美明法式甜點經典配方 / 金子美明著；郭欣惠譯. -- 二版. -- 新北市：瑞昇文化, 2020.04
280面；21 X 27.2公分
譯自：金子美明の菓子パリセヴェイユ
ISBN 978-986-401-410-1(精裝)

1.點心食譜

427.16　　109003364

PATISSERIE